Hochschultext

Dieter Franke

Systeme mit örtlich verteilten Parametern

Eine Einführung in die Modellbildung, Analyse und Regelung

Mit 103 Abbildungen

Springer-Verlag Berlin Heidelberg GmbH 1987

Prof. Dr.-Ing. Dieter Franke

FB Elektrotechnik
Universität der Bundeswehr Hamburg

ISBN 978-3-540-17333-5   ISBN 978-3-662-13070-4 (eBook)
DOI 10.1007/978-3-662-13070-4

Vorwort

Systeme mit örtlich verteilten Parametern sind durch dynamische
Prozesse in räumlichen Kontinua charakterisiert. Ihr Verhalten
wird wesentlich bestimmt durch Transport- und Ausgleichvorgänge
oder auch Wellenausbreitung, Vorgänge also, denen man nur gerecht
wird, wenn man neben der Zeitkoordinate auch Ortskoordinaten als
unabhängige Variable einbezieht. Die mathematische Beschreibung
führt auf partielle Differentialgleichungen und damit auf ein
Teilgebiet der Mathematik, das sich dem anwendenden Ingenieur
nicht leicht erschließt. Indessen begegnet er derartigen Systemen auf Schritt und Tritt: Bei der Kontrolle thermischer Prozesse
in der Stahlindustrie und im Chemie-Ingenieurwesen, bei Rege-
lungsproblemen in ausgedehnten Gasnetzen und elektrischen Ener-
gieversorgungsnetzen, bei der Beherrschung mechanischer Schwingungen in elastischen Industrierobotern, um nur einige Beispiele
zu nennen.

Die Regelungstheorie für Systeme mit verteilten Parametern ist
noch verhältnismäßig jung. Mitte der 60er bis Anfang der 70er
Jahre erschienen grundlegende Werke aus der Feder namhafter Pio-
niere wie *W.L. Brogan* [10], *A.G. Butkovskiy* [11], *E.D. Gilles*
[14], *J.L. Lions* [16] und *P.K.C. Wang* [25]. Recht gut läßt sich
die Entwicklung dieses Spezialgebietes anhand der Tagungsbände
der seither vier internationalen IFAC-Symposien zur Regelung von
Systemen mit verteilten Parametern verfolgen: 1971 Banff, Kanada;
1977 Coventry, England; 1982 Toulouse, Frankreich; 1986 Los Ange-
les, USA.

Derartige Symposien haben ebenso wie die Mehrzahl der Publika-
tionen "the state of the art" zum Anliegen. Die Sprache der Mathematik herrscht vor, geprägt durch abstrakte Begriffsbildungen
und Methoden der Funktionalanalysis. Den Nichtspezialisten, der

eine elementare Einführung in das Gebiet sucht, erreichen diese Arbeiten kaum. Das vorliegende Lehrbuch, in der Sprache des Ingenieurs geschrieben, möchte dazu beitragen, hier eine Brücke zur klassischen Regelungstechnik zu schlagen.

An dieser Zielsetzung orientieren sich die inhaltlichen Schwerpunkte und die Art der Darstellung. Der mathematische Aufwand wird auf das für die Anwendung Wesentliche reduziert, ohne die Besonderheiten der Materie unzulässig zu vereinfachen. Zum Verständnis des elementar aufbereiteten Stoffes werden lediglich die Grundlagen der Regelungstechnik vorausgesetzt. Das Buch wendet sich insbesondere an fortgeschrittene Studenten technischer Studiengänge und an praktizierende Ingenieure in Forschung und Entwicklung.

Nach einer kurzen Einführung (Kapitel 1) werden im Kapitel 2 die Prinzipien der theoretischen Modellbildung mittels Bilanzgleichungen erörtert. Die physikalische Bedeutung der Randbedingungen wird herausgearbeitet.

Kapitel 3 bringt eine anschauliche Übersicht über die wichtigsten Grundstrukturen für die Regelung von Systemen mit verteilten Parametern, ohne bereits auf mathematische Methoden einzugehen.

Mit Kapitel 4 beginnt die analytische Behandlung der Systeme. Im wesentlichen werden lineare, zeitinvariante, zeitkontinuierliche, deterministische Systeme betrachtet. Insbesondere im Abschnitt 8.2 (Direkte Methode) werden jedoch auch Nichtlinearitäten einbezogen. Die Darstellung beschränkt sich auf örtlich eindimensionale Systeme, da man an ihnen bereits alle wichtigen Analyse- und Syntheseverfahren studieren kann.

Bei jedem technischen System ist zunächst der "Arbeitspunkt" festzulegen. Die hierzu erforderliche Analyse des statischen Verhaltens führt auf Randwertprobleme, ein Wesensmerkmal der Systeme mit verteilten Parametern. Im Kapitel 4 werden die wichtigsten Lösungsmethoden hierfür bereitgestellt.

Kapitel 5 geht auf einige Besonderheiten ein, die man bei nichtlinearen Systemen zu beachten hat, wenn man die klassische Line-

arisierung um einen Arbeitspunkt auf partielle Differentialgleichungen übertragen will.

Kapitel 6 wendet sich der Dynamik linearer bzw. linearisierter
Systeme zu und ist ähnlich untergliedert wie Kapitel 4. Mit Hilfe der Laplace-Transformation läßt sich nämlich die Analyse des
dynamischen Verhaltens auf ein Randwertproblem reduzieren. Dadurch ergeben sich zwar gewisse Wiederholungen, jedoch erschien
es aus didaktischen Erwägungen geboten, die Behandlung von Randwertaufgaben nicht im gleichen Schritt mit dem Anfangswertpro-
blem zu kombinieren.

Sowohl das statische als auch das dynamische Verhalten dieser Systeme wird in der Literatur meist mittels des Greenschen Satzes
und des adjungierten Differentialoperators eingeführt. In den Kapiteln 4 und 6 wird stattdessen ein unkonventioneller direkter
Weg gewählt, der ohne diese Begriffe auskommt.

Bei Systemen mit verteilten Parametern sind die Struktureigen-
schaften Steuerbarkeit, Beobachtbarkeit und Stabilität diffizi-
ler als in der klassischen Regelungstechnik. Sieht man von Spe-
zialfällen ab, so gerät die Diskussion rasch zu einem Exkurs in
Teilgebiete der Funktionalanalysis. Ich habe einen eher anschau-
lichen Weg gewählt, indem ich diese Fragen exemplarisch in die
Reglerentwurfsverfahren habe einfließen lassen, die Gegenstand
der Kapitel 7 und 8 sind.

Kapitel 7 gilt dem Reglerentwurf im Frequenzbereich und beginnt
mit dem einschleifigen Standardregelkreis. Für Mehrgrößensysteme
mit verteilten Parametern wird ein Verfahren zur näherungsweisen
Entkopplung vorgestellt (Abschnitt 7.2), das denkbar einfach
technisch realisierbar ist und das mir nicht aus der Literatur
bekannt ist. Schließlich wird auch die modale Regelung ortsab-
hängiger Größen nach *E.D. Gilles* gebracht.

Der Reglerentwurf im Zeitbereich (Kapitel 8) konzentriert sich
auf zwei für die Anwendung besonders interessante Verfahren:
die Polvorgabe bei linearer Zustandsrückführung und den Entwurf
mit der Direkten Methode von *A.M. Ljapunow/V.I. Zubow*. Auch in
diesem Kapitel werden einige Gesichtspunkte herausgearbeitet,

die meines Wissens in der Literatur noch nicht bedacht worden sind, wenngleich das benötigte theoretische Werkzeug elementar ist. Das gilt für den Vorfilterentwurf (Abschnitt 8.1.2) und für die Ljapunow-Synthese (Abschnitt 8.2.3).

Eine Fallstudie soll im abschließenden Kapitel 9 die praktische Anwendung der Methoden illustrieren. Für einen Labordurchlaufofen wird in mehreren Schritten eine bereits recht komplexe Anfahrregelung entworfen, per Simulation erprobt und dann real in Betrieb genommen. Das Labormodell entstand im Rahmen eines von der Deutschen Forschungsgemeinschaft geförderten Projektes zur Regelung von Energie- und Stofftransportvorgängen mit verstellbarem Durchsatz.

Zahlreiche Bilder und textbegleitende Beispiele sollen die Anschauung fördern. Zur besseren Übersicht ist das Ende jedes Beispiels durch das Zeichen ■ am rechten Blattrand kenntlich gemacht. Eine Kurzbeschreibung aller Beispiele findet sich im Anschluß an das Literaturverzeichnis.

Numerische Methoden werden nur am Rande angesprochen. Nicht wenige Anwender neigen zu frühzeitigem Einsatz der heute nahezu überall verfügbaren Rechnerkapazität. Dieses Buch versucht aufzuzeigen, daß der (halb)analytische Weg nicht nur mit vertiefter Einsicht in die Problemstruktur belohnt wird, sondern eine adäquate Problemlösung oft erst ermöglicht.

Zur Bezeichnungsweise sei angemerkt, daß die Symbole u für Steuergrößen, x für Zustandsgrößen, y für Ausgangs- bzw. Regelgrößen und e("error") für die Regeldifferenz verwendet werden. Vektoren und Matrizen werden unterstrichen. In den Strukturbildern werden die linearen Übertragungsglieder häufig durch komplexe Übertragungsfunktionen charakterisiert, wenngleich die Wirkungslinien reelle Zeitfunktionen übertragen. Bei Systemen mit verteilten Parametern spielen neben dem bekannten Dirac-Impuls $\delta(t)$ auch örtliche Impulsfunktionen eine Rolle, beispielsweise zur Beschreibung punktförmig wirkender Kräfte. Die Schreibweise $\delta(z,z_1)$ - gebräuchlich ist auch $\delta(z - z_1)$ - meint dann eine an der Stelle $z = z_1$ wirkende Einzelkraft.

Dieses Buch entstand durch völlige Überarbeitung und Erweiterung einer Vorlesung, die ich von 1971 bis 1975 an der Universität Karlsruhe hielt und danach an der Universität der Bundeswehr Hamburg. Mein Dank gilt im besonderen meinem verehrten Lehrer, Herrn Prof. Dr. rer. nat. Dr.-Ing. E.h. O. Föllinger, der mich schon 1968 auf dieses überaus interessante Gebiet aufmerksam machte. Den Herren Prof. Dr.-Ing. M. Köhne, Prof. Dr.-Ing. A. Munack und Prof. Dr.-Ing. M. Zeitz danke ich sehr für die Durchsicht des Manuskriptes, wonach noch einige Ungenauigkeiten bereinigt werden konnten. Meine Mitarbeiter, die Herren Dr.-Ing. K. Frick, P. Schröder und P. Canis haben mit dem Aufbau des Labordurchlaufofens samt zugehöriger Elektronik sowie der Durchführung der Rechnersimulationen entscheidend zur Anwendungsnähe des Buches beigetragen. Nicht zuletzt danke ich Frau H. Eskau für die sorgfältige Reinschrift des Manuskriptes sowie Herrn Brendel und seinen Mitarbeitern für das Anfertigen der Zeichnungen. Dem Springer-Verlag sei für die zügige Verwirklichung dieser Publikation gedankt.

Hamburg, im Herbst 1986   D. Franke

Inhaltsverzeichnis

1 Einführung

Zur Verdeutlichung und Einordnung des Begriffs "System mit
(örtlich) verteilten Parametern" werde ein anschauliches Beispiel aus der Elektrotechnik betrachtet, eine elektrische Leitung der Länge ℓ nach Bild 1.1.

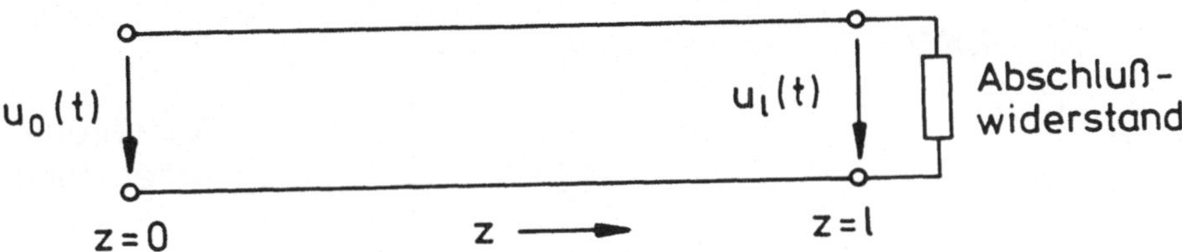

Bild 1.1: Elektrische Leitung

Man interessiert sich vor allem für das Übertragungsverhalten
einer derartigen Leitung, also für den Einfluß der angelegten
Spannung $u_0(t)$ auf die Spannung $u_\ell(t)$ am Verbraucher. Will man
eine Modellvorstellung für das Übertragungsverhalten gewinnen,
so ist es zweckmäßig, verschiedene typische Betriebszustände
ins Auge zu fassen.

Ist $u_0(t)$ niederfrequent bzw. langsam veränderlich, so lassen
sich die Eigenschaften der Leitung gut beschreiben durch einen
ohmschen Widerstand R, eventuell ergänzt durch einen Querleit-
wert G bei nichtidealer Isolation der beiden Leiter (Bild 1.2).

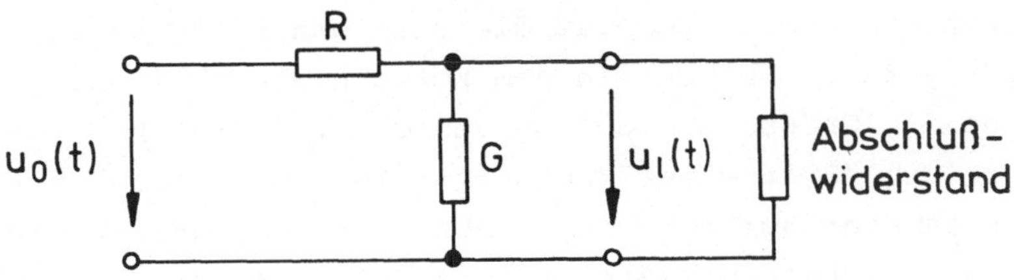

Bild 1.2: Einfaches Ersatzschaltbild der
          elektrischen Leitung

2

Betrachtet man schneller veränderliche Spannungen $u_o(t)$, so
machen sich Leitungsinduktivität L und Leitungskapazität C bemerkbar. Für diesen Betriebsfall gibt Bild 1.3 ein verbesser-
tes Ersatzschaltbild wieder.

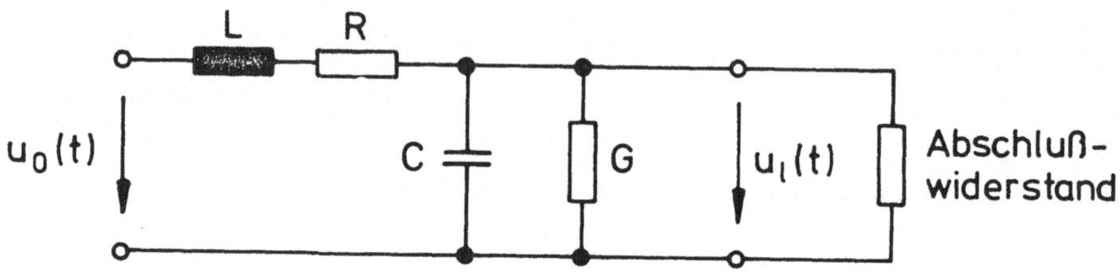

<u>Bild 1.3</u>: Verbessertes Ersatzschaltbild der
elektrischen Leitung

Nun ist die reale Leitung ja nicht aus konzentrierten Bauelementen R, G, L und C aufgebaut, vielmehr sind diese elektrischen Eigenschaften gleichmäßig über die Länge ℓ verteilt. Man
spricht deshalb auch vom Widerstands*belag* R', Induktivitäts*belag* L' usw. Dabei bedeuten

    R' Widerstand pro Länge,
    L' Induktivität pro Länge usw.

Systeme, deren Parameter nicht in konzentrierten Bauelementen
lokalisiert werden können, heißen in der modernen Systemtheo-
rie und Regelungstechnik "Systeme mit (örtlich) verteilten Parametern" oder auch "verteiltparametrische Systeme". Im eng-
lischsprachigen Schrifttum ist die Bezeichnung "distributed
parameter systems" üblich. In dem betrachteten Leitungsbeispiel sind die Größen R', G', L' und C' die örtlich verteilten
Parameter. Ein "System mit konzentrierten Parametern" (engl.
"lumped parameter system") ist demgegenüber dadurch charakterisiert, daß es ausschließlich aus lokalisierbaren Einzelbau-
elementen besteht. Bild 1.3 zeigt also ein Näherungsmodell mit
konzentrierten Parametern für ein reales System mit verteilten
Parametern.

Diese Näherung läßt sich noch verbessern. Man modelliert jetzt nicht mehr die gesamte Leitung nach Art von Bild 1.3, sondern greift ein kurzes Leitungsstück der Länge Δz heraus (Bild 1.4) und arbeitet mit den Belägen R', G', L' und C'. Die gesamte Leitung denkt man sich dann als Kettenschaltung aus vielen Elementarbausteinen nach Bild 1.4 zusammengesetzt.

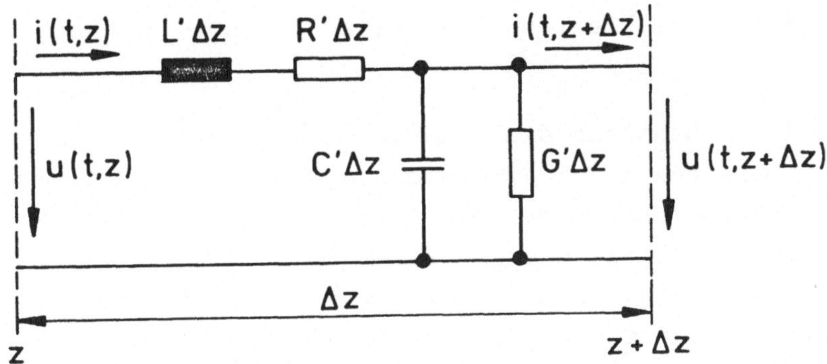

Bild 1.4: Ersatzschaltbild eines kurzen Leitungsstücks

Durch Anwenden elementarer Gesetzmäßigkeiten der elektrischen Schaltungstechnik (Maschenregel und Knotenregel) erhält man für Bild 1.4 die Gleichungen

$$u(t,z+\Delta z) = u(t,z) - R'\Delta z\, i(t,z) - L'\Delta z\, \partial i(t,z)/\partial t, \tag{1.1}$$

$$i(t,z+\Delta z) = i(t,z) - G'\Delta z\, u(t,z+\Delta z) - C'\Delta z\, \partial u(t,z+\Delta z)/\partial t. \tag{1.2}$$

Formt man diese um,

$$\frac{u(t,z+\Delta z) - u(t,z)}{\Delta z} = -R'i(t,z) - L'\partial i(t,z)/\partial t, \tag{1.3}$$

$$\frac{i(t,z+\Delta z) - i(t,z)}{\Delta z} = -G'u(t,z+\Delta z) - C'\partial u(t,z+\Delta z)/\partial t, \tag{1.4}$$

so sieht man, daß diese Darstellung sich eignet für beliebig feine Unterteilung der Leitung. Beim Grenzübergang $\Delta z \to o$ gehen die Differenzenquotienten in Gl. (1.3) und (1.4) in Differentialquotienten über:

$$\partial u(t,z)/\partial z = -R'i(t,z) - L'\partial i(t,z)/\partial t, \qquad (1.5)$$

$$\partial i(t,z)/\partial z = -G'u(t,z) - C'\partial u(t,z)/\partial t. \qquad (1.6)$$

Die Beziehungen (1.5) und (1.6) stellen offenbar die adäquate mathematische Beschreibung des Systems "Elektrische Leitung" dar für beliebige Betriebsfälle. In der Tat erweisen sie sich als zutreffend bis zu höchsten Betriebsfrequenzen. Sie bilden daher die Grundlage der Leitungstheorie in der Hochfrequenztechnik.

Selbstverständlich behalten die Näherungen nach Bild 1.2 und Bild 1.3 sowie die aus $n = \ell/\Delta z$ Elementen nach Bild 1.4 gebildete Kettenschaltung ihren Wert mit jeweils eingeschränktem Gültigkeitsbereich. In all diesen Fällen führt die mathematische Beschreibung auf *gewöhnliche* Differentialgleichungen (oder gar algebraische Gleichungen im Bild 1.2), also auf ein System mit konzentrierten Parametern.

Das Beispiel der Leitungsgleichungen soll hier nicht im einzelnen weitergeführt werden. Für unsere Belange genügt es, an dieser Stelle folgendes festzuhalten:

a) Genau genommen haben alle realen Systeme örtlich verteilte Parameter. In vielen Fällen ist jedoch die näherungsweise Beschreibung eines Systems mit verteilten Parametern (SVP) durch ein System mit konzentrierten Parametern (SKP) legitim und zweckmäßig. Das gilt immer dann, wenn die zu erwartenden äußeren Anregungen nicht zu schnell veränderlich sind im Vergleich zur Eigendynamik des Systems (vgl. Bilder 1.2 und 1.3). Ob eine Anregung als "langsam" oder "schnell" zu beurteilen ist, hängt dabei maßgeblich von der räumlichen Ausdehnung des SVP ab, im obigen Beispiel also von der Länge ℓ der Leitung. Für eine viele Kilometer lange Übertragungsleitung in der elektrischen Energieversorgung ist eine Anregungsfrequenz von 50 Hz bereits so "schnell", daß eine Näherung nach Bild 1.3 zu grob ist.

b) Verwendet man sehr viele konzentrierte Speicherglieder zur Näherungsbeschreibung des SVP, so führt dies auf entsprechend viele gekoppelte gewöhnliche Differentialgleichungen nach Art von Gl. (1.1) und (1.2). Ein sehr umfangreiches Differentialgleichungssystem verdeckt jedoch häufig die dem System innewohnende Struktur und erschwert so die Einsicht in das Übertragungsverhalten. Deshalb wird dieser Weg nur dann empfohlen, wenn das Problem von Anfang an rechnergestützt mit numerischen Verfahren bearbeitet werden soll.

c) Der Übergang zum Kontinuum, im obigen Beispiel mit Gl. (1.5) und (1.6) vollzogen, führt im allgemeinen auf *wenige*, allerdings *partielle Differentialgleichungen* für die nun *zeit- und ortsabhängigen Zustandsgrößen* des Systems. Im Beispiel sind dies der Strom $i(t,z)$ und die Spannung $u(t,z)$. Ein SVP kann man daher definieren als ein dynamisches System, bei dem mindestens eine innere Zustandsgröße als Funktion von Zeit und Ort einer partiellen Differentialgleichung genügt. Sie enthält partielle Ableitungen nach den unabhängigen Variablen t und z. Die Ableitung $\partial/\partial t$ charakterisiert dabei die zeitliche Änderung an einem festgehaltenen Ortspunkt, die Ableitung $\partial/\partial z$ die örtliche Änderung zu einem festgehaltenen Zeitpunkt.

Für die Regelungstechnik sind natürlich nicht nur Anwendungen aus der elektrischen Leitungs- und Energietechnik von Belang. Besonders interessante Aufgabenstellungen kommen häufig aus Bereichen außerhalb der Elektrotechnik. So spielen in der Eisen- und Stahlindustrie thermische Vorgänge eine große Rolle, vom Hochofen und der Erstarrung des flüssigen Stahls in Kokillen bis zur Wärmebehandlung gegossener Blöcke oder gewalzter Bleche in speziellen Öfen. Die Temperatur als eine von Zeit und Ortskoordinaten abhängige Zustandsgröße führt hier zu Systemen mit verteilten Parametern.

In der chemischen Verfahrenstechnik trifft man besonders häufig auf Systeme mit verteilten Parametern, da die chemischen Reaktionen und Stofftrennprozesse in ausgedehnten Apparaturen vor sich gehen, man denke etwa an Rohrreaktoren und Destillationskolonnen. Zur Temperatur treten hier die Konzentrationen der beteiligten Stoffe als weitere zeit- und ortsabhängige Zustandsvariable hinzu.

Bei räumlich ausgedehnten Konstruktionen sieht man sich auch vor rein mechanische Probleme gestellt. Große Gebilde wie beispielsweise Rotoren, Brücken, Parabolantennen, Großflugzeuge oder Tiefseeförderrohre neigen zu gefährlichen Eigenschwingungen, wenn sie entsprechend angeregt werden.

Damit sollen nur einige besonders augenfällige technische Beispiele für SVP aufgezählt sein. Sie machen bereits deutlich, von welch vielfältiger physikalischer Natur die Aufgabengrößen im Sinne der Regelungstechnik sein können; Temperaturen, Drücke, Konzentrationen, Durchflüsse, Feuchtigkeiten, mechanische Auslenkungen sind typische Beispiele. In allen Fällen besteht die Aufgabe der Regelungstechnik darin, gezielt auf den Prozeßablauf einzuwirken, um ein gutes statisches und dynamisches Gesamtverhalten zu erreichen. In welchem Maß dieses Ziel verwirklicht werden kann, hängt natürlich entscheidend davon ab, ob und gegebenenfalls wo und wie man stellen und messen kann. Dieser Gesichtspunkt wird noch genauer zu erörtern sein.

2 Mathematische Modelle für Systeme mit verteilten Parametern

Die Analyse des statischen und dynamischen Verhaltens eines Systems und insbesondere der Reglerentwurf setzen eine geeignete mathematische Beschreibung voraus. Die mathematische Modellbildung gehört zu den schwierigsten Teilgebieten der Regelungstechnik, da nahezu jedes Problem individuell behandelt werden muß. Man unterscheidet experimentelle und theoretische Methoden der Modellbildung, und meist führt erst die Kombination beider Wege zu einer guten Modellbeschreibung.

2.1 Experimentelle Modellbildung

Dieser Weg, auch als *experimentelle Identifikation* bezeichnet, hat sich zu einem großen Teilgebiet der Regelungstechnik entwickelt, dem wissenschaftliche Symposien und Lehrbücher gewidmet sind [48], [65], [82], [85]. Es soll hier in aller Kürze nur der Grundgedanke dieser Methoden skizziert werden, um den Unterschied zur anschließend zu erörternden theoretischen Modellbildung herauszustellen. Nach einer Definition von *Zadeh* [48] ist Identifikation die auf Messungen der Ein- und Ausgangssignale basierende Bestimmung eines Systems innerhalb einer vorgegebenen Systemklasse, welches dem untersuchten System äquivalent ist. Man hat also eine Systemklasse zu wählen, die als Modell in Betracht kommt, ferner eine Klasse geeigneter Testsignale, und schließlich benötigt man ein Kriterium zur Beurteilung der Äquivalenz.

In die Wahl der Systemklasse wird man natürlich möglichst viel a priori-Information einfließen lassen. Ist z.B. bekannt, daß das betrachtete System zeitinvariant und wenigstens in einem gewissen Arbeitsbereich linear ist, so bieten sich rationale Übertragungsfunktionen an,

$$G(s) = \frac{b_m s^m + b_{m-1} s^{m-1} + \ldots + b_1 s + b_o}{s^n + a_{n-1} s^{n-1} + \ldots + a_1 s + a_o} \quad , \ m \leq n, \qquad (2.1)$$

unabhängig davon, ob das System konzentrierte oder verteilte Parameter hat.

8

Damit kommen auch sogleich Sprung-, Impuls- oder Sinusanregung
als besonders geeignete Testsignale in Frage.

Beispielsweise wirke bei einer Temperaturregelstrecke die Heiz-
spannung u(t) als Eingangsgröße, und die Ausgangsgröße sei die
an einer bestimmten Meßstelle verfügbare Temperatur y(t). Die
Sprungantwort sei etwa wie im Bild 2.1 dargestellt meßtechnisch
gewonnen worden.

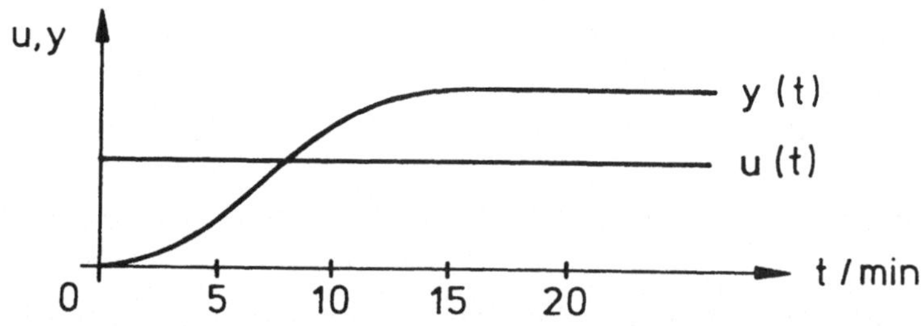

__Bild 2.1__: Sprungantwort einer Temperaturregelstrecke

Dann kann man das Übertragungsverhalten offenbar recht gut
durch eine Übertragungsfunktion der Form

$$G(s) = \frac{V}{(1+T_1 s)\,(1+T_2 s)\,(1+T_3 s)} \qquad (2.2)$$

wiedergeben. Die Identifikation ist damit auf die Ermittlung
weniger Kennwerte (hier: T_1, T_2, T_3, V) zurückgeführt. Hierzu
gibt es eine ganze Reihe von Kennwertmethoden, die das Modell-
verhalten möglichst gut an das Originalverhalten angleichen.

Die Güte der Äquivalenz läßt sich dann durch ein geeignetes
Fehlerkriterium bewerten, in diesem Fall z.B. durch

$$\delta = \max_t |y(t)_{Original} - y(t)_{Modell}| . \qquad (2.3)$$

Die experimentelle Identifikation vermag für eine konkrete An-
lage ein recht genaues mathematisches Modell für das Eingangs-
Ausgangsverhalten zu liefern. Dem stehen jedoch einige gravierende
Nachteile gegenüber:

a) Die so erhaltenen Ergebnisse sind nicht ohne erneute Messungen übertragbar auf ähnliche Prozesse, die sich z.B. nur durch Geometriedaten oder Zahlenwerte der Stoffparameter unterscheiden.

b) Man verzichtet von vornherein auf jedes Verständnis der im System ablaufenden physikalischen oder auch chemischen Elementarvorgänge. Gerade das Verständnis dieser Vorgänge gibt aber in vielen Fällen bereits Hinweise zur begründeten Vereinfachung eines Modells ("Modellreduktion"), indem man wesentliche und unwesentliche Parameter unterscheidet.

c) Systeme mit örtlich verteilten Parametern sind häufig so komplex strukturiert, daß man ihrer Natur durch die simplifizierende Methode der Kennwertermittlung nicht gerecht wird. Das gilt insbesondere dann, wenn wesentliche Nichtlinearitäten in Erscheinung treten.

Der Leser wird feststellen, daß in den folgenden Kapiteln Näherungsmethoden zur Modellvereinfachung eine zentrale Rolle spielen. Diese Methoden gehen jedoch stets von einem zunächst möglichst detaillierten, auf theoretischem Wege gewonnenen Modell aus. Die Angewandte Mathematik stellt nämlich sehr leistungsfähige Verfahren zur Konstruktion von Lösungen zur Verfügung, die die Lösung einer partiellen Differentialgleichung approximieren. Es wird daher davon abgeraten, *bereits im Stadium der Modellbildung* eines SVP mit konzentrierten Näherungen zu arbeiten.

2.2 Theoretische Modellbildung

Die theoretische Modellbildung eines SVP geht von einer detaillierten mathematischen Formulierung der dem jeweiligen Prozeß zugrundeliegenden physikalischen Gesetzmäßigkeiten aus. Dabei kommt dem Aufstellen von Bilanzgleichungen, z.B. für Masse oder Energie, eine fundamentale Bedeutung zu.

Dieser Abschnitt 2.2 soll auch dazu dienen, eine Sammlung wirklichkeitsnaher mathematischer Modelle zusammenzutragen, an denen dann später Analyse- und Synthesemethoden erläutert werden.

2.2.1 <u>Allgemeine Bezeichnungen</u>

Für die im allgemeinen geometrisch dreidimensionale Regelstrekke mit verteilten Parametern sollen zunächst einige allgemeine
Bezeichnungen vereinbart werden, die auch weiterhin ständig
verwendet werden.

Bild 2.2 zeigt schematisch, ohne Festlegung der geometrischen
Gestalt, ein mehrdimensionales SVP.

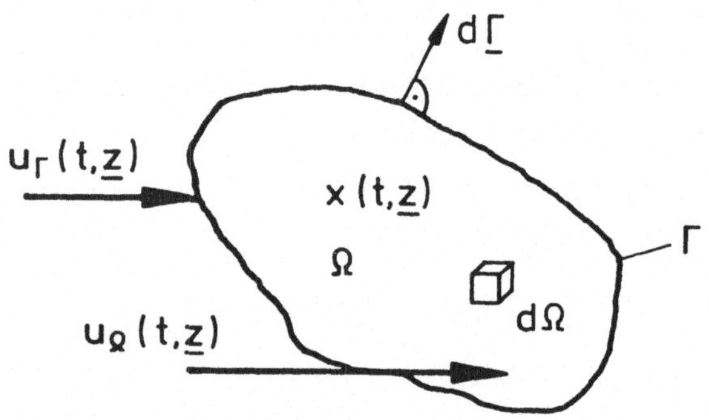

<u>Bild 2.2</u>: Schematische Darstellung der Regelstrecke

Dabei bedeuten

Ω zusammenhängender örtlicher Bereich von endlicher Aus-
     dehnung,

Γ Rand (Oberfläche) von Ω,

dΩ infinitesimales Bereichselement,

d$\underline{\Gamma}$ nach außen weisender, infinitesimaler Normalenvektor
     auf Γ,

$\underline{z} = (z_1, z_2, z_3)^T$ Vektor der Ortskoordinaten (z.B. kartesisch),

x(t,$\underline{z}$)   zeit- und ortsabhängige innere Zustandsgröße des
     Systems ($t \geq t_o$; $\underline{z} \in \Omega$),

u$_\Omega$(t,$\underline{z}$)   in Ω wirkende Eingangsgröße (Quelle) des Systems,

u$_\Gamma$(t,$\underline{z}$) auf Γ wirkende Eingangsgröße.

Im Beispiel der elektrischen Leitung aus Kapitel 1 ist Ω das
eindimensionale Intervall (O,ℓ), der Rand Γ besteht aus den
beiden Endpunkten z = O und z = ℓ; u(t,z) und i(t,z) sind die
beiden hier zu unterscheidenden Zustandsgrößen, die speisende

Spannung $u_0(t)$ hat den Charakter einer auf Γ wirkenden Eingangsgröße, während Quellen $u_\Omega(t,z)$ in diesem Beispiel fehlen.

Um zusätzliche Komplikationen zu vermeiden, seien x, u_Ω und u_Γ vorerst als skalare Größen angenommen.

2.2.2 Die Methode infinitesimaler Bilanzräume

Die im folgenden vorgestellten Beispiele zur Gewinnung der mathematischen Gleichungsmodelle beanspruchen keineswegs Vollständigkeit. Sie verdeutlichen aber eine grundlegende Technik, die zur Modellierung von SVP besonders geeignet ist, die Methode infinitesimaler Bilanzräume.

In völliger Analogie zu dem einführenden Leitungsbeispiel geht man zunächst von einem *finiten* Teilvolumen $\Delta\Omega \subset \Omega$ aus (dort $\Delta z \subset (0,\ell)$) und stellt hierfür die Bilanzgleichungen für die in Frage stehenden physikalischen Größen auf. Häufig handelt es sich dabei um Energie- und Massenbilanzen (auch Impuls- und Entropiebilanzen können erforderlich werden). Die Bilanzgleichung für $\Delta\Omega$ hat dann folgende allgemeine Gestalt:

Die zeitliche Zunahme der Energie (Masse) in $\Delta\Omega$ ist gleich dem durch Transportvorgänge zugeführten Energiestrom (Massenstrom) plus der durch Quellen pro Zeiteinheit in $\Delta\Omega$ entstehenden Energie (Masse). $\hfill$ (2.4)

a) Thermische Transportvorgänge in Flüssigkeiten
   und festen Körpern

Für die in den Anwendungen häufig vorkommende Energieform der Wärme sollen die Bilanzgleichungen im einzelnen aufgestellt werden, ohne zu weitschweifig zu werden. Der näher interessierte Leser sei auf die thermodynamische Spezialliteratur verwiesen.

Für den Energieinhalt J in $\Delta\Omega$ gilt

$$J = \int_{\Delta\Omega} c\rho\theta(t,\underline{z})\,d\Omega. \qquad (2.5)$$

Dabei bedeuten

C   spezifische Wärme,

ρ Dichte,

$\theta(t,\underline{z})$ Temperatur.

Als Transportvorgänge kommen Wärmeleitung und Wärmekonvektion (mitgeführt durch Stoffströmung) in Frage.

Für die durch Wärmeleitung bedingte (vektorielle) Wärmestromdichte $\underline{q}_L$ gilt

$$\underline{q}_L(t,\underline{z}) = -\lambda \cdot \mathrm{grad}\,\theta(t,\underline{z}), \qquad (2.6)$$

mit λ als Wärmeleitfähigkeit.

Der Konvektionsanteil wird durch die Wärmestromdichte

$$\underline{q}_K(t,\underline{z}) = C\rho\,\underline{v}(t,\underline{z}) \cdot \theta(t,\underline{z}) \qquad (2.7)$$

beschrieben, mit $\underline{v}$ als dem Vektor der Strömungsgeschwindigkeit.

Eine eventuell vorhandene Wärmequelle $u_\Omega(t,\underline{z})$ kann z.B. durch eine chemische Reaktion bedingt sein, mit der häufig eine "Wärmetönung" einhergeht.

Nach Gl. (2.4) erhält man damit die folgende Energiebilanz für den *finiten* Bilanzraum $\Delta\Omega$:
(Anmerkung: Um die Gleichungen nicht formal zu überladen, werden die Argumente $t,\underline{z}$ im folgenden häufig weggelassen.)

$$\frac{d}{dt} \int_{\Delta\Omega} C\rho\theta\,d\Omega = -\oint_{\Delta\Gamma} (\underline{q}_L + \underline{q}_K)\,d\underline{\Gamma} + \int_{\Delta\Omega} u_\Omega\,d\Omega. \qquad (2.8)$$

Dabei bedeutet $\Delta\Gamma$ die Hüllfläche von $\Delta\Omega$. Das Hüllintegral $\oint_{\Delta\Gamma}$ ist mit einem Minuszeichen versehen, da $d\underline{\Gamma}$ vereinbarungsgemäß nach *außen* weist, hier aber der *zu*geführte Wärmestrom benötigt wird.

Nach dem Gauß'schen Integralsatz läßt sich ein Hüllintegral als Volumenintegral schreiben:

$$\oint_{\Delta\Gamma} \underline{q} \cdot d\underline{\Gamma} = \int_{\Delta\Omega} \mathrm{div}\,\underline{q}\,d\Omega. \qquad (2.9)$$

Damit enthält Gl. (2.8) nur noch Volumenintegrale, und man kann zusammenfassen:

$$\int\limits_{\Delta\Omega} [\frac{\partial}{\partial t}(C\rho\theta) + \mathrm{div}\ \underline{q}_L + \mathrm{div}\ \underline{q}_K - u_\Omega]d\Omega = 0. \tag{2.10}$$

Diese Gleichung gilt unabhängig von der Wahl des Bilanzraumes $\Delta\Omega\subset\Omega$. Sie eignet sich daher für den Übergang zum *infinitesimalen* Bilanzraum $d\Omega$, bei dem dann einfach die Integration entfällt. Mit Gl. (2.6) und (2.7) erhält man so die partielle Differentialgleichung, der die Temperatur $\theta(t,\underline{z})$ genügt:

$$\boxed{\frac{\partial}{\partial t}(C\rho\theta) + \mathrm{div}(C\rho\underline{v}\theta) - \mathrm{div}(\lambda\ \mathrm{grad}\ \theta) = u_\Omega.} \tag{2.11}$$

$\theta(t,\underline{z})$ repräsentiert hier die innere Zustandsgröße $x(t,\underline{z})$ des Systems. $\underline{v}(t,\underline{z})$ *kann* den Charakter einer weiteren Zustandsgröße haben, häufig hat jedoch $\underline{v}$ die Bedeutung einer Eingangsgröße, die sogar gezielt zur dynamischen Beeinflussung verwendet werden kann. Wir werden darauf noch zurückkommen.

Die Stoffparameter C, ρ, λ sind häufig nur in Grenzen temperaturabhängig und können dann vereinfachend als konstant angenommen werden. Hat außerdem $\underline{v}$ nur eine und darüber hinaus ortsunabhängige Komponente $v(t)$, etwa in z_1-Richtung, so wird aus Gl. (2.11)

$$C\rho\ \frac{\partial\theta}{\partial t} + C\rho v(t)\frac{\partial\theta}{\partial z_1} - \lambda\cdot\Delta\theta = u_\Omega. \tag{2.12}$$

Dabei ist $\Delta = \mathrm{div}\ \mathrm{grad}$ der Laplace-Operator, in kartesischen Koordinaten

$$\Delta = \frac{\partial^2}{\partial z_1^2} + \frac{\partial^2}{\partial z_2^2} + \frac{\partial^2}{\partial z_3^2}. \tag{2.13}$$

Ob im konkreten Anwendungsfall die Wahl kartesischer oder z.B. zylindrischer Koordinaten zweckmäßiger ist, hängt von der geometrischen Gestalt des Bereiches Ω ab.

14

Häufig sind dieser Bereich und die Wirkungsweise der Eingangsgrößen so geartet, daß θ dominierend nur von *einer* der Ortskoordinaten abhängt, z.B. von z_1. Dann wird aus Gl. (2.12) ein
örtlich eindimensionales Problem ($z_1 = z$ gesetzt):

$$C\rho \frac{\partial \theta}{\partial t} + C\rho v \frac{\partial \theta}{\partial z} - \lambda \frac{\partial^2 \theta}{\partial z^2} = u_\Omega . \qquad (2.14)$$

Der Spezialfall $v = 0$ führt zur bekannten Differentialgleichung
der Wärmeleitung in einem festen Körper,

$$C\rho \frac{\partial \theta}{\partial t} - \lambda \frac{\partial^2 \theta}{\partial z^2} = u_\Omega , \qquad (2.15)$$

die meist sogar frei von inneren Quellen ist ($u_\Omega = 0$).

Bei nicht zu kleinen Transportgeschwindigkeiten $v(t)$ kann in Gl.
(2.14) der sehr viel langsamere Leitungsvorgang vernachlässigt
werden:

$$C\rho \frac{\partial \theta}{\partial t} + C\rho v \frac{\partial \theta}{\partial z} = u_\Omega . \qquad (2.16)$$

Diese Gleichung modelliert z.B. die Erwärmung einer durch ein
Rohr strömenden Flüssigkeit oder eines festen Materials, das mit
der Geschwindigkeit v durch eine Heizzone geführt wird.

Die Beispiele der Gln. (2.11) - (2.16) zeigen, daß selbst so einfache Vorgänge wie Erwärmung oder Abkühlung zu ganz unterschied-
lichen Gleichungsmodellen führen können. Die Entscheidung für
eine dem konkreten Fall adäquate Beschreibung setzt eine gewisse
Erfahrung voraus.

b) Stofftransportvorgänge

Da die Mechanismen weitgehend analog zu den thermischen Vorgängen sind, sollen sie etwas knapper dargestellt werden.

Ist $c(t,\underline{z})$ die Konzentration eines in einer Flüssigkeit gelös-
ten Stoffes, so lautet die aus Gl. (2.4) ableitbare Stoffbilanz
in weitgehender Analogie zu Gl. (2.11)

$$\boxed{\frac{\partial c}{\partial t} + \mathrm{div}(\underline{v} \cdot c) - \mathrm{div}(D \cdot \mathrm{grad}\ c) = u_\Omega.}$$

$$(2.17)$$

Dabei bedeuten

$\underline{v}(t,\underline{z})$ Strömungsgeschwindigkeit,

D   Diffusionskoeffizient.

Der Diffusionsvorgang bildet dabei eine direkte Analogie zur Wärmeleitung.

Mathematische Gleichungsmodelle vom Typ (2.17) sind grundlegend für Prozesse in der chemischen Verfahrenstechnik. *E. D. Gilles* hat schon früh auf die Bedeutung derartiger Modelle für das Verständnis komplexer Vorgänge in der chemischen Technik hingewiesen und sie zur Verbesserung der Prozeßführung herangezogen [55], [56], [58], [59].

In diesem außerordentlich schwierigen Anwendungsgebiet muß für jede beteiligte Stoffkomponente eine Bilanz vom Typ (2.17) aufgestellt werden. Der chemische Reaktionsvorgang führt zu Quellen u_Ω sowohl in den Stoffbilanzen als auch in der Wärmebilanz. Da u_Ω oft stark nichtlinear von den Konzentrationen und von der Temperatur abhängt, entsteht ein System nichtlinear verkoppelter partieller Differentialgleichungen.

Manchmal läßt sich die Grundgleichung (2.17) ähnlich vereinfachen wie die Gleichung (2.11) im vorigen Abschnitt a). Unter entsprechenden Annahmen gilt dann

in Analogie zu Gl. (2.12):

$$\frac{\partial c}{\partial t} + v(t) \cdot \frac{\partial c}{\partial z_1} - D \cdot \Delta c = u_\Omega, \qquad (2.18)$$

in Analogie zu Gl. (2.14):

$$\frac{\partial c}{\partial t} + v\, \frac{\partial c}{\partial z} - D\, \frac{\partial^2 c}{\partial z^2} = u_\Omega, \qquad (2.19)$$

in Analogie zu Gl. (2.15):

$$\frac{\partial c}{\partial t} - D\,\frac{\partial^2 c}{\partial z^2} = u_\Omega \qquad\qquad (2.20)$$

und in Analogie zu Gl. (2.16):

$$\frac{\partial c}{\partial t} + v\,\frac{\partial c}{\partial z} = u_\Omega . \qquad\qquad (2.21)$$

Gl. (2.21) beschreibt auch das relativ einfache Beispiel eines Förderbandes zum Transport von Schüttgut. $v(t)$ ist dann die Bandgeschwindigkeit, $c(t,z)$ die Schüttgutverteilung und $u_\Omega(t,z)$ die durch (evtl. mehrere) Schüttstellen bedingte Quellenfunktion.

c) Mechanische Schwingungsvorgänge

Kraft- bzw. Drehmomenteinwirkungen sind die Ursache mechanischer Bewegungen und Schwingungen, und daher basiert die mathematische Modellbildung für derartige Systeme im wesentlichen auf den Newtonschen Grundgleichungen der Mechanik sowie dem Hookeschen Deformationsgesetz. Diese Gesetzmäßigkeiten hat man jetzt bei der Methode infinitesimaler Bilanzräume anzuwenden.

Die Mechanik ist eine eigenständige Wissenschaft, und daher können hier nur exemplarisch einige technisch interessante Beispiele für die Bewegungsgleichungen schwingender Kontinua vermittelt werden.

c1) Rotationsschwingungen von Wellen

Bei dem im Bild 2.3 skizzierten Ausschnitt aus einer rotierenden Welle kann man sich bezüglich Rotationsschwingungen auf die z-Achse als einzige wesentliche Ortskoordinate beschränken. $\varphi(t,z)$ sei der Drehwinkel und $m(t,z)$ das *innere*, durch die Welle übertragene Drehmoment.

Für die Modellbildung denkt man sich eine dünne Scheibe an der Stelle z als infinitesimalen Bilanzraum herausgeschnitten.

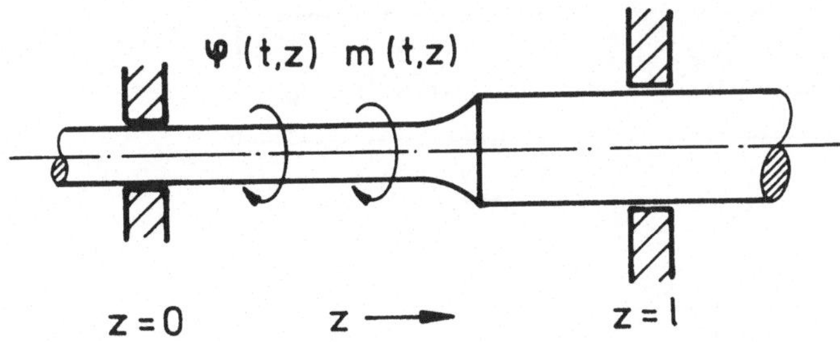

Bild 2.3: Rotierende Welle

Nach dem Hookeschen Deformationsgesetz gilt dann

$$\frac{\partial \varphi}{\partial z} = - \frac{1}{G\, J_T(z)}\, m \tag{2.22}$$

mit G als Schubmodul und $J_T(z)$ als Torsionsträgheitsmoment [72].

Ferner erhält man nach dem Newtonschen Axiom bei Vernachlässigung innerer und äußerer Dämpfung

$$\frac{\partial m}{\partial z} = - \Theta(z)\, \frac{\partial^2 \varphi}{\partial t^2}, \tag{2.23}$$

wobei $\Theta(z) = \rho J_T(z)$ das Massenträgheitsmoment pro Länge ist (ρ konstant angenommene Dichte).

Differenziert man Gl. (2.22) nochmals nach z, so lassen sich Gl. (2.22) und (2.23) zusammenfassen zu

$$\Theta(z)\, \frac{\partial^2 \varphi}{\partial t^2} = \frac{\partial}{\partial z}[G\, J_T(z)\, \frac{\partial \varphi}{\partial z}].$$

Bei Einwirken eines *äußeren* Drehmomentes $u_\Omega(t,z)$ pro Länge wird daraus

$$\rho J_T(z)\, \frac{\partial^2 \varphi}{\partial t^2} - \frac{\partial}{\partial z}[G\, J_T(z)\, \frac{\partial \varphi}{\partial z}] = u_\Omega.$$

Durch elementare Umformung läßt sich diese Differentialgleichung auch auf folgende Form bringen:

$$\rho \, \frac{\partial^2 \varphi}{\partial t^2} - G \, \frac{\partial^2 \varphi}{\partial z^2} - G \, \frac{\partial \varphi}{\partial z} \cdot \frac{d}{dz}[\ln J_T(z)] = \frac{1}{J_T(z)} \, u_\Omega. \qquad (2.24)$$

Wegen des kreisförmigen Wellenquerschnitts gilt

$$\Theta(z) = \rho J_T(z) = \rho \frac{\pi}{2} \, r^4(z),$$

mit $r(z)$ als ortsabhängigem Radius.

Ist speziell $r = $ const., so erhält man schließlich

$$\rho \, \frac{\partial^2 \varphi}{\partial t^2} - G \, \frac{\partial^2 \varphi}{\partial z^2} = \frac{1}{J_T} \, u_\Omega. \qquad (2.25)$$

Als Folge der Newtonschen Grundgleichung tritt hier also die zweite partielle Ableitung der Zustandsgröße $\varphi(t,z)$ nach der Zeit auf.

c2) Transversalschwingungen von Stäben bzw. Balken

Ohne Herleitung sei noch die Differentialgleichung für den transversal schwingenden Balken nach Bild 2.4 angegeben [26].

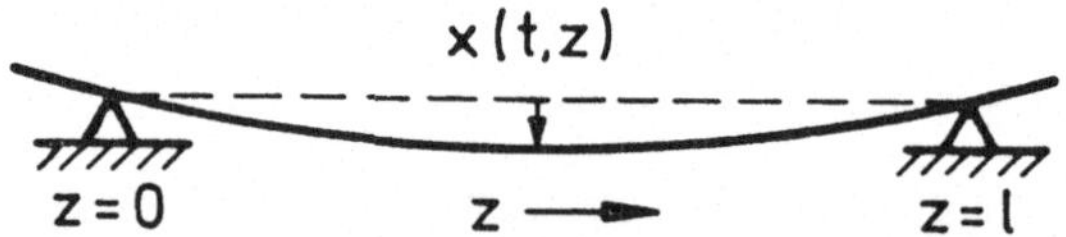

Bild 2.4: Schwingender Balken

Bei Vernachlässigung innerer und äußerer Dämpfung genügt die Auslenkung $x(t,z)$ der Differentialgleichung

$$\rho F \, \frac{\partial^2 x}{\partial t^2} + \frac{\partial^2}{\partial z^2} \left(EI \, \frac{\partial^2 x}{\partial z^2} \right) = u_\Omega, \qquad (2.26)$$

die im Unterschied zu allen vorher genannten Beispielen von vierter Ordnung bezüglich z ist.

Dabei bedeuten

  ρ Dichte

  F Querschnittsfläche

  E Elastizitätsmodul

  I Flächenträgheitsmoment
    (EI = α Biegesteifigkeit)

  $u_\Omega(t,z)$ Streckenlast (Kraft pro Länge)

Bei konstantem Querschnitt F erhält man aus Gl. (2.26)

$$\rho F \, \frac{\partial^2 x}{\partial t^2} + EI \, \frac{\partial^4 x}{\partial z^4} = u_\Omega . \qquad (2.27)$$

Sind die Querschnittsabmessungen nicht klein gegenüber der Länge des Balkens, so sind weitere Terme in Gl. (2.26) einzuarbeiten. Die Gleichung läßt sich auf mehrdimensionale Kontinua erweitern.

M. Köhne [70] hat die Dynamik schwingender Kontinua eingehend unter regelungstechnischem Aspekt studiert und daraus u.a. Vorschläge zur Schwingungsdämpfung bei langen Tiefseeförderrohren entwickelt.

2.2.3 Anfangs- und Randbedingungen

Bei dynamischen Untersuchungen in der Regelungstechnik interessiert man sich meist für das Systemverhalten ab einem bestimmten Anfangszeitpunkt $t = t_o$. Ist das System *zeitinvariant*, was im folgenden stets vorausgesetzt sei, so kann man ohne Einschränkung $t_o = 0$ setzen. In Analogie zum konzentrierten Fall liegt Zeitinvarianz dann vor, wenn das mathematische Gleichungsmodell nicht explizit von der Zeit t abhängt. Jedoch kann das Gleichungsmodell durchaus explizit von den Ortskoordinaten $\underline{z}$ abhängen, wie die Beispiele im Abschnitt 2.2.2 zeigen.

Wie bei einem SKP wird der Momentanzustand $x(t,\underline{z})$ eines SVP für $t > 0$ nicht nur von der Art der äußeren Anregung bestimmt, sondern auch vom Anfangszustand. In völliger Analogie benötigt man demnach n Anfangsbedingungen, wenn das mathematische Modell von n-ter Ordnung bezüglich der Zeit t ist:

$$\left. \frac{\partial^i x(t,\underline{z})}{\partial t^i} \right|_{t=o} = x_o^{(i)}(\underline{z}), \quad i = 0, \ldots, n-1. \tag{2.28}$$

In dem thermischen Beispiel, Gl. (2.11), ist also der Anfangszustand vollständig durch

$$\theta(o,\underline{z}) = \theta_o(\underline{z}), \quad \underline{z}\in\Omega, \tag{2.29}$$

charakterisiert, bei der Stoffbilanz Gl. (2.17) durch

$$c(o,\underline{z}) = c_o(\underline{z}), \quad \underline{z}\in\Omega. \tag{2.30}$$

Bei dem elastischen mechanischen Kontinuum, Gl. (2.24), wird
der Anfangszustand durch Anfangswinkel und Anfangswinkelge-
schwindigkeit beschrieben,

$$\varphi(o,z) = \varphi_o(z), \tag{2.31}$$
$$0 \leq z \leq \ell,$$
$$\left. \frac{\partial\varphi(t,z)}{\partial t} \right|_{t=o} = \varphi_{to}(z), \tag{2.32}$$

entsprechend auch bei dem Gleichungsmodell (2.26) durch Anfangsauslenkung und Anfangsgeschwindigkeit.

Ein System der Ordnung n = 2 liegt offenbar auch bei dem Leitungsbeispiel nach Gl. (1.5) und (1.6) vor. In der Tat erhält
man daraus nach einfacher Zwischenrechnung *eine* Differentialgleichung 2. Ordnung, die für die Leitungstheorie grundlegende
Telegrafengleichung:

$$L'C'\,\frac{\partial^2 u}{\partial t^2} + (R'C' + L'G')\frac{\partial u}{\partial t} + R'G'u - \frac{\partial^2 u}{\partial z^2} = 0. \tag{2.33}$$

Bleibt man bei der ursprünglichen Beschreibung, so kann man den
Anfangszustand der Leitung auch durch

$$u(o,z) = u_o(z), \tag{2.34}$$
$$i(o,z) = i_o(z) \tag{2.35}$$

beschreiben.

Dem Leser mag aufgefallen sein, daß die im Bild 2.2 definierte, auf dem Rand Γ wirkende Eingangsgröße $u_\Gamma(t,\underline{z})$ seither in die theoretische Modellbildung noch gar nicht einging. Dies liegt daran, daß der infinitesimale Bilanzraum stets stillschweigend im *Inneren* von Ω gewählt wurde. Andererseits steht das SVP über seinen Rand Γ in einer *Wechselwirkung mit seiner Umgebung*, die den inneren Zustand des Systems entscheidend mitbestimmt.

So findet bei thermischen Vorgängen ein Wärmeaustausch, bei Stofftransportvorgängen ein Stoffaustausch mit der Umgebung statt, auch die Kombination von Energie- und Stoffaustausch kommt häufig vor. Bei den mechanischen Beispielen werden durch die Art der Lagerung am Rand Kräfte bzw. Drehmomente übertragen. Bei dem elektrotechnischen Beispiel nach Bild 1.1 wird die Übertragung elektrischer Energie entscheidend von den Eigenschaften der Spannungsquelle am Rand $z = o$ sowie des Verbrauchers am Rand $z = \ell$ mitbestimmt.

Die Verhältnisse auf dem Rand Γ werden also durch die partielle Differentialgleichung des Systems noch nicht vollständig wiedergegeben. Daher sind zusätzliche *Randbedingungen* erforderlich. Diese geben einerseits die *physikalische Realität* auf dem Rand wieder und machen andererseits die Lösung des Problems erst *eindeutig*.

Für das Beispiel eines örtlich eindimensionalen Systems, $z \in [o,\ell]$, verdeutlicht Bild 2.5 die Begriffe "Anfangs- und Randbedingungen" in der z,t-Ebene. Der Rand besteht hier aus den Endpunkten $z = o$ und $z = \ell$. Aus dem Bild ist ersichtlich, daß Anfangszustände Funktionen des Ortes sind, während die Randwerte Funktionen der Zeit sind.

Die Anzahl der Randbedingungen ist bei einem örtlich eindimensionalen System gleich der Ordnung der Differentialgleichung bezüglich z. So ist etwa der rein konvektive Transportvorgang nach Gl. (2.16) oder Gl. (2.21) von erster Ordnung bezüglich z. Bild 2.6 veranschaulicht einen derartigen Vorgang am Beispiel eines durchströmten Rohres.

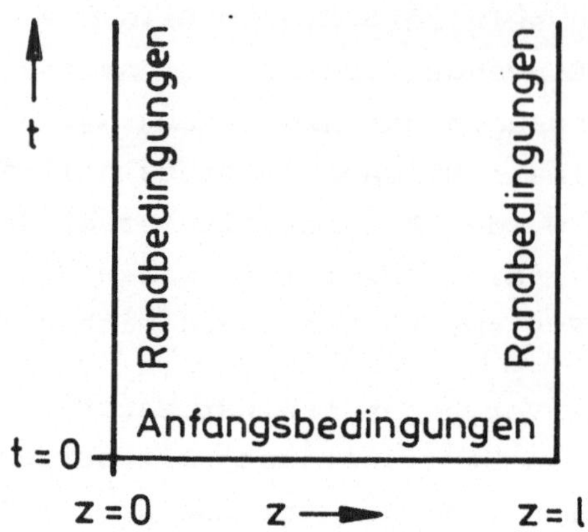

Bild 2.5: Verdeutlichung der Begriffe
"Anfangsbedingung" und "Randbedingung"

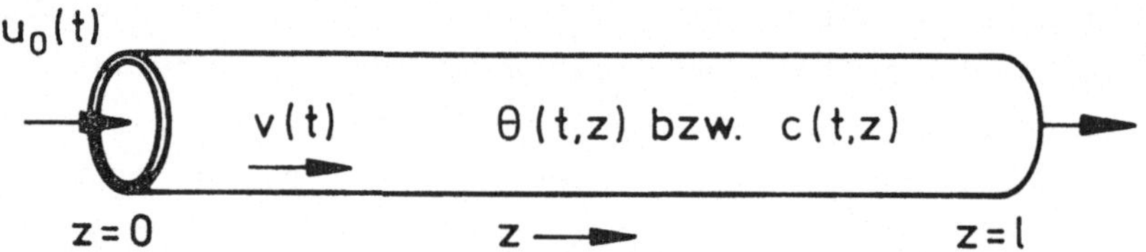

Bild 2.6: Veranschaulichung der Randbedingung
beim Strömungsvorgang

Es ist physikalisch evident, daß zur vollständigen Beschreibung
dieses Prozesses noch die Angabe von Temperatur bzw. Konzentration an der Eintrittsstelle (hier z = o) erforderlich ist:

$$\theta(t,o) = u_o(t) \tag{2.36}$$

bzw.

$$c(t,o) = u_o(t). \tag{2.37}$$

Man benötigt also genau eine Randbedingung. Sind z.B. bei einem chemischen Rohrreaktor die Gln. (2.16) und (2.21) über eine gemeinsame Quelle u_Ω miteinander gekoppelt, so treten $\theta(t,o)$ *und* $c(t,o)$ als Randbedingungen auf.

Bei SVP von zweiter Ordnung bezüglich $\underline{z}$ unterscheidet man drei besonders wichtige Typen von Randbedingungen. Sie sollen am Beispiel der Wärmeleitung in einem dreidimensionalen festen Körper vorgestellt werden.

Ist auf dem Rand Γ die Temperatur von außen vorgegeben,

$$\boxed{\ \theta(t,\underline{z})\big|_\Gamma = u_\Gamma(t,\underline{z})\,,\ } \tag{2.38}$$

so spricht man von der *Randbedingung 1. Art* oder auch von der *Dirichletschen Randbedingung*. Sie liegt z.B. dann vor, wenn bei einem Schmelz- oder Erstarrungsvorgang das feste Material von seiner eigenen Schmelze umgeben ist. u_Γ ist dann die Schmelz- bzw. Erstarrungstemperatur. (Freilich geht dieser Vorgang mit einer Verkleinerung bzw. Vergrößerung des Bereiches Ω einher, was zu einer gewissen Komplexität dieses hier nicht weiter betrachteten Problems führt).

Im örtlich eindimensionalen Modell (vgl. Bild 2.5) lauten die Dirichletschen Randbedingungen (Bild 2.7)

$$\begin{aligned} \theta(t,o) &= u_o(t)\,, \\ \theta(t,\ell) &= u_\ell(t)\,. \end{aligned} \tag{2.39}$$

Häufig ist auf dem Rand Γ die zugeführte Wärmestromdichte eingeprägt, z.B. wenn an der Oberfläche Γ elektrische Heizwicklungen angebracht sind. Bezeichnet $q(t,\underline{z})$ die pro Flächen- und Zeiteinheit über Γ zugeführte Wärmemenge, so muß diese durch Wärmeleitung in das *Innere* des Bereiches Ω abtransportiert werden. Man hat daher auf Γ die Bilanz

$$(-\lambda\,\mathrm{grad}\,\theta)\cdot(-\underline{n}) = q(t,\underline{z}) := u_\Gamma(t,\underline{z})\,,$$

kurz

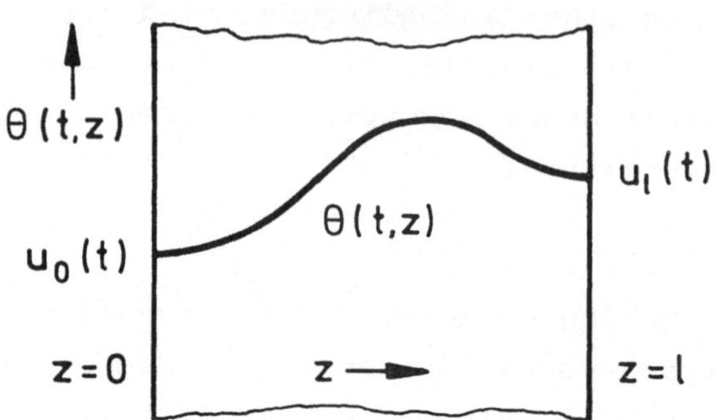

__Bild 2.7__: Veranschaulichung der Dirichletschen
Randbedingungen

$$\lambda \left. \frac{\partial \theta}{\partial n} \right|_{\Gamma} = u_{\Gamma}(t,\underline{z}).$$

$$(2.40)$$

Dabei ist $\underline{n}$ der nach *außen* gerichtete Normalen-Einheitsvektor
auf Γ, und $\partial\theta/\partial n$ ist die sog. Richtungsableitung. Die Beziehung
(2.40) heißt *Randbedingung 2. Art* oder auch *Neumannsche Randbe-*
dingung. Im örtlich eindimensionalen Modell (vgl. Bild 2.5)
wird aus Gl. (2.40)

$$-\lambda \left. \frac{\partial \theta}{\partial z} \right|_{z=o} = u_{o}(t),$$

$$(2.41)$$

$$\lambda \left. \frac{\partial \theta}{\partial z} \right|_{z=\ell} = u_{\ell}(t).$$

Ist in Gl. (2.40) speziell $u_{\Gamma} \equiv 0$, so liegt Wärmeisolation vor.

Noch häufiger als die Randbedingungsformen (2.38) und (2.40)
ist eine dritte, die den freien Wärmeübergang beschreibt (Bild
2.8).

Die pro Flächen- und Zeiteinheit dem festen Körper über Γ zugeführte Wärmemenge ist

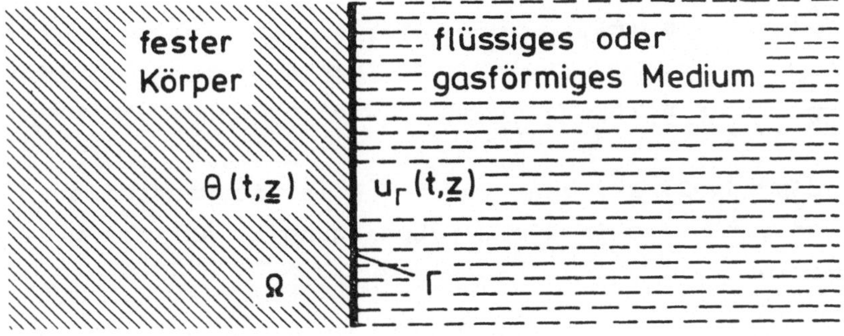

<u>Bild 2.8</u>: Zum freien Wärmeübergang

$$\alpha \cdot [u_\Gamma(t,\underline{z}) - \theta(t,\underline{z}) \big|_\Gamma]. \tag{2.42}$$

Dabei bedeutet $u_\Gamma(t,\underline{z})$ die Temperatur des Mediums in unmittel-
barer Nähe von Γ, und α ist die von vielen Faktoren abhängige
Wärmeübergangszahl. Zur genaueren Begründung des Terms (2.42)
benötigt man eine kompliziertere Grenzschichttheorie, auf die
hier verzichtet wird.

Die Wärmebilanz am Rand lautet nun

$$\lambda \left.\frac{\partial \theta}{\partial n}\right|_\Gamma = \alpha \cdot [u_\Gamma(t,\underline{z}) - \theta(t,\underline{z})\big|_\Gamma],$$

bzw.

$$[\theta(t,\underline{z}) + \frac{\lambda}{\alpha} \frac{\partial \theta}{\partial n}]_\Gamma = u_\Gamma(t,\underline{z}). \tag{2.43}$$

Man spricht von der *Randbedingung 3. Art* oder auch der *gemisch-
ten Randbedingung*. Im örtlich eindimensionalen Modell (Bild 2.5)
geht sie über in

$$\left[\theta - \frac{\lambda}{\alpha}\,\frac{\partial\theta}{\partial z}\right]_{z=o} = u_o(t),$$

$$\left[\theta + \frac{\lambda}{\alpha}\,\frac{\partial\theta}{\partial z}\right]_{z=\ell} = u_\ell(t). \tag{2.44}$$

Die Randbedingung 3. Art geht für $\alpha \to \infty$ in die Randbedingung 1. Art über und für $\alpha \to o$ in die Randbedingung 2. Art mit $u_\Gamma = o$ (Wärmeisolation).

Nicht immer sind die Randbedingungen auf dem gesamten Rand Γ vom gleichen Typ. Beim eindimensionalen Modell kann z.B.

$$\left[\theta - \frac{\lambda}{\alpha}\,\frac{\partial\theta}{\partial z}\right]_{z=o} = u_o(t),$$

$$\theta(t,\ell) = u_\ell(t)$$

vorkommen. Entsprechendes gilt erst recht, wenn zwei oder drei Ortskoordinaten zu berücksichtigen sind.

Angemerkt sei noch der Begriff des *Wärmedurchgangs* durch eine dünne Wand. Ist in Gl. (2.44)

$$\ell \ll \frac{\lambda}{\alpha},$$

so kann man die Speicherwirkung der Wand vernachlässigen und den Wärmedurchgang pauschal durch eine Wärmedurchgangszahl k beschreiben, mit

$$\frac{1}{k} = \frac{1}{\alpha_o} + \frac{1}{\alpha_\ell} + \frac{\ell}{\lambda}. \tag{2.45}$$

Diese Beziehung läßt sich mittels eines bezüglich z linearen Ansatzes für $\theta(t,z)$ herleiten. Die Wärmestromdichte durch die Wand ist dann im Beispiel (2.44)

$$q(t) = k \cdot [u_\ell(t) - u_o(t)]. \tag{2.46}$$

Das Beispiel der rotierenden Welle, Gl. (2.24), ist ebenfalls von 2. Ordnung bezüglich z. Durch die andersartige Physik dieses Systems treten jedoch jetzt andere Randbedingungen auf.

Ist z.B. die Drehzahl (bzw. Winkelgeschwindigkeit) am Wellenanfang oder -ende eingeprägt, so führt dies zu Randbedingungen vom Typ

$$\frac{\partial \varphi}{\partial t}\bigg|_{z=o} = u_o(t) \;\sim\; \varphi(t,o) = \int\limits_{\tau=o}^{t} u_o(\tau)\,d\tau + \varphi_o,$$

bzw. $\qquad\qquad\qquad\qquad\qquad\qquad\qquad\qquad\qquad$ (2.47)

$$\frac{\partial \varphi}{\partial t}\bigg|_{z=\ell} = u_\ell(t) \;\sim\; \varphi(t,\ell) = \int\limits_{\tau=o}^{t} u_\ell(\tau)\,d\tau + \varphi_\ell.$$

Der Spezialfall des festgebremsten Wellenendes ist darin mit

$$\varphi(t,o) = \varphi_o \qquad \text{bzw.} \qquad \varphi(t,\ell) = \varphi_\ell$$

enthalten.

Realistischer ist bei dieser Anwendung das eingeprägte Drehmoment am Wellenende. Nach Gl. (2.22) gilt dann am Rand

$$-GJ_T(o)\;\frac{\partial \varphi}{\partial z}\bigg|_{z=o} = u_o(t)$$

bzw. $\qquad\qquad\qquad\qquad\qquad\qquad\qquad\qquad\qquad$ (2.48)

$$GJ_T(\ell)\;\frac{\partial \varphi}{\partial z}\bigg|_{z=\ell} = u_\ell(t).$$

$u_o(t)$ und $u_\ell(t)$ bedeuten hier Antriebs- oder Lastmomente.

Meist ist jedoch eine Welle, wie im Bild 2.9 dargestellt, durch *konzentrierte* Schwungmassen abgeschlossen (konzentrierte Energiespeicher in Form von Rotoren elektrischer Antriebsmaschinen, Seilwinden usw.). Arbeitet man auch noch die Lagerreibungsmomente (Beiwerte γ_o und γ_ℓ) ein, so liefert das Newtonsche Axiom die Randbedingungen:

$$\begin{pmatrix} \text{Beschleunigungs-} \\ \text{moment} \end{pmatrix} = \begin{pmatrix} \text{Äußere} \\ \text{Momente} \end{pmatrix} + \begin{pmatrix} \text{Torsions-} \\ \text{momente} \end{pmatrix} - \begin{pmatrix} \text{Reibungs-} \\ \text{momente} \end{pmatrix},$$

also

$$\Theta_o \left.\frac{\partial^2 \varphi}{\partial t^2}\right|_{z=o} = u_o(t) + GJ_T \left.\frac{\partial \varphi}{\partial z}\right|_{z=o} - \gamma_o \left.\frac{\partial \varphi}{\partial t}\right|_{z=o} \; ,$$

$$\Theta_\ell \left.\frac{\partial^2 \varphi}{\partial t^2}\right|_{z=\ell} = u_\ell(t) - GJ_T \left.\frac{\partial \varphi}{\partial z}\right|_{z=\ell} - \gamma_\ell \left.\frac{\partial \varphi}{\partial t}\right|_{z=\ell}$$

$$(2.49)$$

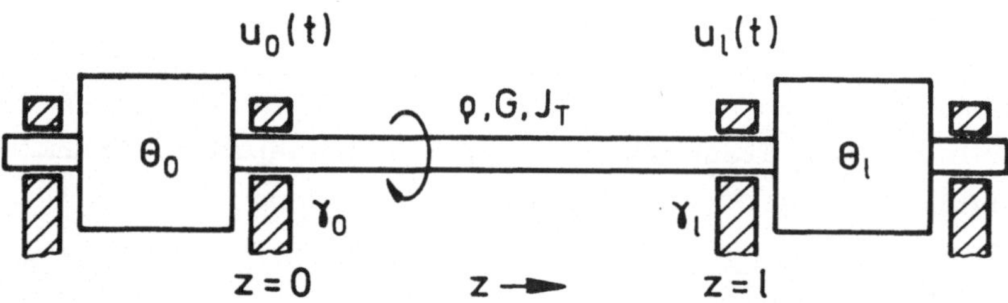

Bild 2.9: Mit konzentrierten Speichergliedern
abgeschlossene Welle

Die konzentrierten Speicherglieder am Rand führen hier zu zeitlichen Ableitungen in den Randbedingungen. Dies gilt auch allgemein:

*Ist ein SVP am Rand mit einem SKP gekoppelt, so treten in den
Randbedingungen zeitliche Differentialoperatoren auf.*

Der Vollständigkeit halber seien auch für den transversal
schwingenden Balken nach Bild 2.4 noch die Typen möglicher Randbedingungen ohne Herleitung angegeben. Näheres kann in Lehrbü-
chern der theoretischen Mechanik nachgelesen werden.

An jedem Ende ergeben sich je nach Art der Lagerung zwei, insgesamt also vier Randbedingungen, wie es der Ordnung der partiel-

len Differentialgleichung (2.26) bezüglich z entspricht. Die grundsätzlichen Möglichkeiten sind in Tabelle 2.1 für den Rand z=o zusammengestellt. Für z=ℓ gilt Entsprechendes.

2.2.4 Reduktion der geometrischen Dimension

Die Beispiele aus Abschnitt 2.2.2 und 2.2.3 zeigen, daß einerseits jedes reale SVP geometrisch dreidimensional ist, daß aber für die mathematische Modellbildung in bestimmten Fällen nur *eine* Ortskoordinate relevant ist. Für die weitere mathematische

Balkenlagerung	Randbedingungen
fest eingespannt z = 0	$x(t,o) = 0,$ $\left.\dfrac{\partial x}{\partial z}\right\|_{z=o} = 0$
drehbar z = 0	$x(t,o) = 0,$ $\left.\alpha(o)\,\dfrac{\partial^2 x}{\partial z^2}\right\|_{z=o} = 0$
gleitend z = 0	$\left.\dfrac{\partial x}{\partial z}\right\|_{z=o} = 0,$ $\left.\dfrac{\partial}{\partial z}\left[\alpha(z)\,\dfrac{\partial^2 x}{\partial z^2}\right]\right\|_{z=o} = 0$
frei z = 0	$\left.\alpha(o)\,\dfrac{\partial^2 x}{\partial z^2}\right\|_{z=o} = 0,$ $\left.\dfrac{\partial}{\partial z}\left[\alpha(z)\,\dfrac{\partial^2 x}{\partial z^2}\right]\right\|_{z=o} = 0.$

Tabelle 2.1: Randbedingungsformen beim schwingenden Balken

Behandlung bedeutet dies eine erhebliche Erleichterung. Man
wird deshalb bereits bei der Modellbildung versuchen, wesentliche von unwesentlichen Ortskoordinaten zu unterscheiden, um die
Anzahl der unabhängigen Variablen reduzieren zu können. Im Ergebnis läuft dies auf eine *teilweise Näherung durch konzentrierte Parameter* hinaus. Ob der damit einhergehende Fehler tolerier-
bar ist, hängt vom konkreten Problem ab.

Betrachten wir als Beispiel erneut den Transport eines flüssigen
Mediums durch ein dünnwandiges Rohr (Bild 2.10), mit $u_o(t)$ als
Eintrittstemperatur und $u_\Gamma(t,z)$ als Umgebungstemperatur längs
des Rohres. Das strömende Medium selbst sei frei von inneren
Wärmequellen.

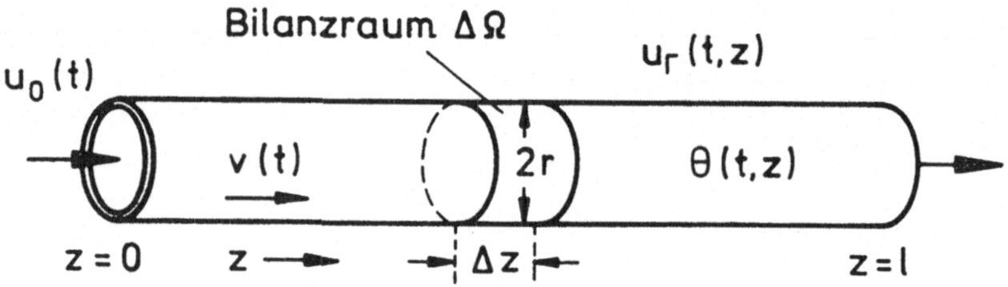

<u>Bild 2.10</u>: Zur Modellvereinfachung

Bei einer derartigen Anordnung darf man mit guter Näherung eine
radiale Temperaturabhängigkeit vernachlässigen. Für das somit
geometrisch eindimensionale Modell lautet die Randbedingung
(vgl. Abschnitt 2.2.3)

$$\theta(t,o) = u_o(t) .$$

Die Umgebungstemperatur u_Γ, physikalisch eine wesentliche *Rand-*
einflußgröße längs der Mantelfläche, läßt sich nicht mehr in
eine Randbedingung einarbeiten, da der Rand des *Modells* nur noch
aus den Punkten z=o und z=ℓ besteht. Man muß daher *bereits beim*
Aufstellen der Bilanzgleichung den Bilanzraum so wählen, daß er

den im Modell nicht mehr erscheinenden Rand enthält (Bild 2.10).

In sinngemäßer Anwendung von Gl. (2.46) läßt sich jetzt der Wärmedurchgang durch die Rohrwand in die Bilanzgleichung für $\Delta\Omega$ einarbeiten (Wärmeleitung vernachlässigt):

$$\frac{d}{dt} \int_{\Delta\Omega} C\rho\theta d\Omega = - \oint_{\Delta\Gamma} \underline{q}_K d\underline{\Gamma} + k(u_\Gamma - \theta) 2\pi r \Delta z.$$

Mit Gl. (2.7) und (2.9) erhält man nach Übergang zum infinitesimalen Bilanzraum

$$[\frac{\partial}{\partial t}(C\rho\theta) + v \operatorname{div}(C\rho\theta)]d\Omega = k(u_\Gamma - \theta) 2\pi r dz,$$

also mit $d\Omega = \pi r^2 dz$ und konstant angenommenem C und ρ

$$\boxed{\frac{\partial\theta}{\partial t} + v\frac{\partial\theta}{\partial z} + \frac{2k}{C\rho r}\theta = \frac{2k}{C\rho r} u_\Gamma.} \qquad (2.50)$$

Das mathematische Gleichungsmodell nimmt also eine gegenüber Abschnitt 2.2.2 völlig andere Form an. Gleichungen vom Typ (2.50) sind von Bedeutung bei Wärmeaustauschprozessen in der Technik.

Die Reduktion der geometrischen Dimension führt dazu, daß

a) ursprüngliche Randeinflußgrößen, hier $u_\Gamma(t,z)$, als Quelle in der partiellen Differentialgleichung erscheinen und

b) auch Geometriedaten, hier der Radius r, in den Koeffizienten auftreten.

Geometrisch eindimensionale Modelle werden in den Anwendungen gern verwendet. Sie sind häufig gerechtfertigt und erleichtern erheblich die weitere Behandlung. Alle wichtigen Methoden der Theorie der SVP kann man bereits an ihnen studieren. Daher beschränken wir uns im folgenden auf eindimensionale SVP. Auf der Grundlage dieser Darstellung wird der interessierte Leser sich anhand weiterführender Literatur auch in mehrdimensionale Probleme einarbeiten können.

2.2.5 Zustandsdarstellung linearer Systeme mit verteilten Parametern

In der modernen Regelungstheorie der SKP ist die Zustandsdarstellung dynamischer Systeme von grundlegender Bedeutung [1]. Im linearen, zeitinvarianten Fall sind die Zustandsgleichungen von der Form

$$\dot{\underline{x}}(t) = \underline{A}\,\underline{x}(t) + \underline{B}\,\underline{u}(t), \tag{2.51}$$

$$\underline{y}(t) = \underline{C}\,\underline{x}(t). \tag{2.52}$$

Dabei ist $\underline{x}(t)$ der n-dimensionale Zustandsvektor, $\underline{u}(t)$ der p-dimensionale Steuervektor, $\underline{y}(t)$ der q-dimensionale Ausgangsvektor, und $\underline{A}$, $\underline{B}$, $\underline{C}$ sind konstante Matrizen von passender Dimension.

Auf eine Darstellung der Form (2.51) stößt man bei der Modellbildung ganz natürlich, indem man für jedes der n konzentrierten Speicherglieder die entsprechende Bilanzgleichung für den Speicherinhalt anschreibt.

Das Konzept der Zustandsdarstellung läßt sich auf SVP übertragen. Die Methode der infinitesimalen Bilanzräume aus Abschnitt 2.2.2 führt bei einem SVP immer dann auf eine partielle Differentialgleichung *erster* Ordnung bezüglich der Zeit t, wenn das SVP genau *ein* örtlich ausgedehntes Speicherglied enthält. Das trifft für den Energiespeicher in Gl. (2.11) ebenso zu wie für den Massespeicher in Gl. (2.17). Daher hat man hier eine *skalare* Zustandsgröße $x(t,\underline{z})$, die einer *skalaren Zustandsdifferentialgleichung* genügt.

Dagegen ist das einführende Beispiel, Gln. (1.5) und (1.6), durch die beiden Zustandsgrößen $u(t,z)$ und $i(t,z)$ charakterisiert. Dies spiegelt die Tatsache wider, daß dieses System zwei verschiedenartige Speicher enthält: einen Speicher magnetischer Energie (L') und einen solchen elektrischer Energie (C'). Löst man diese Differentialgleichungen nach den zeitlichen Ableitungen auf, so kann man sie formal ähnlich wie Gl. (2.51) schreiben:

$$\frac{\partial}{\partial t}\begin{bmatrix} i(t,z) \\ u(t,z) \end{bmatrix} = \begin{bmatrix} -\dfrac{R'}{L'} & -\dfrac{1}{L'}\cdot\dfrac{\partial}{\partial z} \\ -\dfrac{1}{C'}\cdot\dfrac{\partial}{\partial z} & -\dfrac{G'}{C'} \end{bmatrix} \begin{bmatrix} i(t,z) \\ u(t,z) \end{bmatrix} , \qquad (2.53)$$

kurz

$$\frac{\partial}{\partial t}\,\underline{x}(t,z) = \underline{A}_z\,\underline{x}(t,z). \qquad (2.54)$$

Ein dem Term $\underline{B}\,\underline{u}(t)$ analoger Term tritt bei diesem Beispiel wegen Quellenfreiheit nicht auf. Der Matrix $\underline{A}$ aus Gl. (2.51) entspricht der *Matrix-Differentialoperator* $\underline{A}_z$ in Gl. (2.54). Die Elemente dieser Matrix sind partielle Differentialoperatoren bezüglich z.

Ein anderes Beispiel mit zwei Zustandsgrößen ist der im Bild 2.11 skizzierte Wärmetauscher, der in dieser oder ähnlichen Bauformen ein wichtiges Grundelement in verfahrenstechnischen Prozessen ist. Das wärmeisolierte Außenrohr wird z.B. von der Kühlflüssigkeit durchflossen, das konzentrische Innenrohr im Gegenstrom von der zu kühlenden Flüssigkeit. Die beiden Zustandsgrößen sind hier die Temperaturen $\theta_i(t,z)$ im Innenrohr und $\theta_a(t,z)$ im Außenrohr.

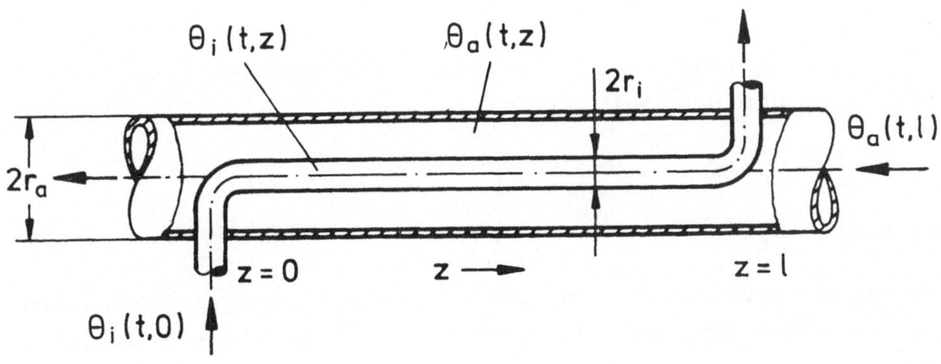

<u>Bild 2.11</u>: Gegenstromwärmetauscher

Dem Leser wird zur Übung empfohlen, anhand der Ausführungen im Abschnitt 2.2.4 das folgende Gleichungsmodell herzuleiten und sich dabei die Vernachlässigungen und Vereinfachungen bewußt zu machen.

$$\frac{\partial \theta_i}{\partial t} + v_i \frac{\partial \theta_i}{\partial z} = \frac{k\kappa_i}{C_i \rho_i}(\theta_a - \theta_i),$$

$$0 < z < \ell,$$

$$\frac{\partial \theta_a}{\partial t} - v_a \frac{\partial \theta_a}{\partial z} = \frac{k\kappa_a}{C_a \rho_a}(\theta_i - \theta_a),$$

mit den Geometriefaktoren

$$\kappa_i = \frac{2}{r_i}, \qquad \kappa_a = \frac{2r_i}{r_a^2 - r_i^2}.$$

Führt man auch hier einen Zustandsvektor ein,

$$\underline{x}(t,z) = \begin{bmatrix} x_1(t,z) \\ x_2(t,z) \end{bmatrix} = \begin{bmatrix} \theta_i(t,z) \\ \theta_a(t,z) \end{bmatrix},$$

so lauten die Zustandsdifferentialgleichungen des Gegenstromwärmetauschers

$$\frac{\partial}{\partial t}\, \underline{x}(t,z) = \begin{bmatrix} -\dfrac{k\kappa_i}{C_i \rho_i} - v_i\dfrac{\partial}{\partial z} & \dfrac{k\kappa_i}{C_i \rho_i} \\[2ex] \dfrac{k\kappa_a}{C_a \rho_a} & -\dfrac{k\kappa_a}{C_a \rho_a} + v_a\dfrac{\partial}{\partial z} \end{bmatrix} \underline{x}(t,z). \qquad (2.55)$$

Auch dieses Beispiel ist quellenfrei. Die Anregung des Systems erfolgt über die Randbedingungen

$$x_1(t,o) = u_o(t),$$

$$x_2(t,\ell) = u_\ell(t),$$

sowie gegebenenfalls über verstellbare Strömungsgeschwindigkeiten $v_i(t)$ und $v_a(t)$. Im letzteren Fall ist das System wegen der multiplikativen Verknüpfungen allerdings nicht mehr linear.

Liegt das mathematische Gleichungsmodell als partielle Differentialgleichung n-ter Ordnung bezüglich t vor, so kann man ebenfalls Zustandsvariable einführen. Wählt man etwa bei der rotierenden Welle, Gl. (2.25), die Zustandsgrößen

$$x_1(t,z) = \varphi(t,z), \qquad x_2(t,z) = \frac{\partial \varphi(t,z)}{\partial t}, \tag{2.56}$$

so erhält man sofort

$$\frac{\partial x_1}{\partial t} = x_2, \qquad \frac{\partial x_2}{\partial t} = \frac{G}{\rho} \frac{\partial^2 x_1}{\partial z^2} + \frac{1}{\rho J_T} u_\Omega,$$

in Matrixdarstellung

$$\frac{\partial \underline{x}}{\partial t} = \begin{bmatrix} O & 1 \\ \dfrac{G}{\rho} \dfrac{\partial^2}{\partial z^2} & O \end{bmatrix} \underline{x} + \begin{bmatrix} O \\ \dfrac{1}{\rho J_T} \end{bmatrix} u_\Omega. \tag{2.57}$$

In den beiden Zustandsvariablen x_1 und x_2 kommt zum Ausdruck, daß ein elastisches mechanisches System über zwei Energiespeicher verfügt, nämlich für potentielle und kinetische Energie.

Die Wahl bestimmter Zustandsvariabler ist bei SKP nicht zwingend. Das gilt auch für SVP. So hätte man bei dem eben betrachteten Beispiel auch

$$x_1(t,z) = \frac{\partial \varphi(t,z)}{\partial z}, \qquad x_2(t,z) = \frac{\partial \varphi(t,z)}{\partial t} \tag{2.58}$$

wählen können. Damit erhält man die Zustandsdarstellung

$$\frac{\partial x_1}{\partial t} = \frac{\partial x_2}{\partial z}, \qquad \frac{\partial x_2}{\partial t} = \frac{G}{\rho} \frac{\partial x_1}{\partial z} + \frac{1}{\rho J_T} u_\Omega,$$

in Matrixschreibweise

$$\frac{\partial \underline{x}}{\partial t} = \begin{bmatrix} O & \dfrac{\partial}{\partial z} \\ \dfrac{G}{\rho} \dfrac{\partial}{\partial z} & O \end{bmatrix} \underline{x} + \begin{bmatrix} O \\ \dfrac{1}{\rho J_T} \end{bmatrix} u_\Omega. \tag{2.59}$$

Bei diesem Beispiel tritt eine skalare Quellenanregung $u_\Omega(t,z)$ auf. Im allgemeinen kann die Quelle $\underline{u}_\Omega(t,z)$ von vektorieller Natur sein. Daher haben die Zustandsdifferentialgleichungen eines linearen, zeitinvarianten SVP die allgemeine Form

$$\frac{\partial}{\partial t}\,\underline{x}(t,z) \;=\; \underline{A}_z\,\underline{x}(t,z) \;+\; \underline{B}(z)\cdot\underline{u}_\Omega(t,z), \tag{2.60}$$

$$z\in(o,\ell).$$

Dabei ist $\underline{A}_z$ ein linearer Matrix-Differentialoperator und $\underline{B}(z)$ eine Matrix mit i.a. ortsabhängigen Elementen. Gl. (2.60) stellt die Analogie zu Gl. (2.51) her. *Ohne* Analogie im konzentrierten Fall sind dagegen die stets zu Gl. (2.60) hinzukommenden Randbedingungen.

Gibt es bei SVP ein Analogon zu der Ausgangs- bzw. Meßgleichung (2.52)? Die Frage leitet bereits über zum Problem der gezielten Beeinflussung eines SVP, sei es durch Steuerung oder Regelung. Diese Maßnahmen zielen darauf ab, bestimmte *Aufgabengrößen* an feste Sollwerte anzugleichen oder sie veränderlichen Führungsgrößen nachzuführen. Die für SVP charakteristische Ortsabhängigkeit der Zustandsgrößen führt zu einer großen Vielfalt möglicher Aufgabengrößen.

Im einfachsten Fall ist die Aufgabengröße eine einzige skalare Zeitfunktion $y(t)$. Bei einem Antrieb mit elastischer Welle ist dies z.I. die Drehzahl am lastseitigen Wellenende $z=\ell$, mit Gl. (2.56) bzw. (2.58) also

$$y(t) = x_2(t,\ell). \tag{2.61}$$

Bei dem Wärmetauscher nach Bild 2.11 interessiert man sich besonders für die Austrittstemperatur des zu kühlenden Mediums, mit Gl. (2.55) also für

$$y(t) = x_1(t,\ell). \tag{2.62}$$

Meßfühler, etwa in Form von Dehnungsmeßstreifen in der Mechanik oder Thermoelementen bei Wärmeproblemen, kann man aber auch an einem Zwischenpunkt $z_1\in(o,\ell)$ anbringen. Dann wird z.B.

$$y(t) = x_i(t,z_1) \tag{2.63}$$

zur Aufgaben- oder Meßgröße, wobei x_i eine der Zustandsgrößen ist.

Es gibt Meßfühler, die nicht punktuell messen, sondern z.B. einen Mittelwert über einen gewissen Ortsbereich erfassen:

$$y(t) = \int_a^b x_i(t,z)\,dz, \quad o \leq a < b \leq \ell. \tag{2.64}$$

Für alle diese Beispiele kann man eine formal einheitliche Schreibweise einführen:

$$\boxed{y(t) = \int_{z=o}^{\ell} \underline{c}^T(z)\,\underline{x}(t,z)\,dz.} \tag{2.65}$$

Dann gehört zu Gl. (2.61)

$$\underline{c}^T(z) = [o\ ,\ \delta(z,\ell)]$$

und zu Gl. (2.62)

$$\underline{c}^T(z) = [\delta(z,\ell)\ ,\ o].$$

Die i-te Komponente von $\underline{c}^T(z)$ lautet für Gl. (2.63)

$$c_i(z) = \delta(z,z_1)$$

und für Gl. (2.64)

$$c_i(z) = \begin{cases} 0\ , & o \leq z < a, \\ 1\ , & a \leq z \leq b, \\ 0\ , & b < z \leq \ell. \end{cases}$$

Unter $\delta(z,z_1)$ hat man sich einen *örtlich* wirkenden Dirac-Impuls an der Stelle $z = z_1$ vorzustellen mit den Eigenschaften

$$\delta(z,z_1) = 0 \text{ für } z < z_1 \text{ und } z > z_1, \tag{2.66}$$

$$\int_{z=o}^{\ell} \delta(z,z_1)\,dz = 1. \tag{2.67}$$

Bei der Integration

$$\int_{z=o}^{\ell} \delta(z,z_1)\,x_i(t,z)\,dz = x_i(t,z_1)$$

38

blendet also der örtliche Dirac-Impuls $\delta(z,z_1)$ den Funktions-
wert von x_i an der Stelle $z = z_1$ aus.

Gl. (2.65) läßt sich sofort verallgemeinern auf den Fall mehrerer Ausgangsgrößen $y_1(t)$, ..., $y_q(t)$. Faßt man diese zu einem
Vektor $\underline{y}(t)$ zusammen, so wird

$$\boxed{\underline{y}(t) = \int\limits_{z=o}^{\ell} \underline{C}(z)\underline{x}(t,z)\,dz.} \qquad (2.68)$$

Damit wird die Analogie zu Gl. (2.52) deutlich.

*Die Ausgangsgleichung eines linearen SVP ist eine lineare Ab-
bildung des Zustandsvektors $\underline{x}(t,z)$ auf den Ausgangsvektor $\underline{y}(t)$.
Dessen Komponenten $y_i(t)$ werden aus Funktionalen gebildet.*

Die Meßgrößen eines SVP mit zwei Zustandsvariablen seien z.B.

$$y_1(t) = x_1(t,z_1),$$
$$y_2(t) = x_1(t,z_2),$$
$$y_3(t) = x_2(t,z_3).$$

Dann hat die Matrix $\underline{C}(z)$ in Gl. (2.68) die Gestalt

$$\underline{C}(z) = \begin{bmatrix} \delta(z,z_1) & o \\ \delta(z,z_2) & o \\ o & \delta(z,z_3) \end{bmatrix} .$$

Es muß darauf hingewiesen werden, daß nicht jede Aufgabengröße
auch immer meßbar ist. Das gilt z.B. für Konzentrationen in chemischen Reaktoren. Das gilt auch dann, wenn der interessierende
Meß*ort* nicht zugänglich ist oder wenn das gesamte *Ortsprofil* einer Zustandsgröße $x_i(t,z)$, $o \leq z \leq \ell$, als Aufgabengröße betrachtet wird. In diesen Fällen sind Methoden der *Zustandsrekonstruk-
tion (Zustandsbeobachtung)* mit Hilfe weniger Meßgrößen von Bedeutung. Es gibt Arbeiten, in denen das Konzept des Luenberger-
Beobachters [75] auf SVP übertragen wird [61], [62], [63], [71].

Ein Ortsprofil $x_i(t,z)$, $o \leq z \leq \ell$, kann man wenigstens näherungsweise messen, sofern man hinreichend viele Meßfühler z.B. äquidistant über die Länge ℓ verteilt anordnet.

Für die Steuerung oder Regelung eines SVP benötigt man neben den Meßfühlern geeignete Stellglieder. Ein Stelleingriff ist häufig nur auf dem Rand des SVP möglich, im eindimensionalen Fall also in den Endpunkten z=o und z=ℓ. Sofern Quellen $u_\Omega(t,z)$ überhaupt auftreten, können sie nicht immer für den Stelleingriff genutzt werden. Nach Abschnitt 2.2.4 kann allerdings im Zuge der Modellvereinfachung eine verstellbare *Randwert*funktion im mathematischen Modell die Rolle einer *Quellen*funktion übernehmen. In diesem Sinne kommen auch Quellen $u_\Omega(t,z)$ grundsätzlich als Stellgrößen in Betracht.

Als Beispiel werde der im Bild 2.12 schematisch skizzierte Durchlaufofen zur Erwärmung kontinuierlich transportierten Materials betrachtet.

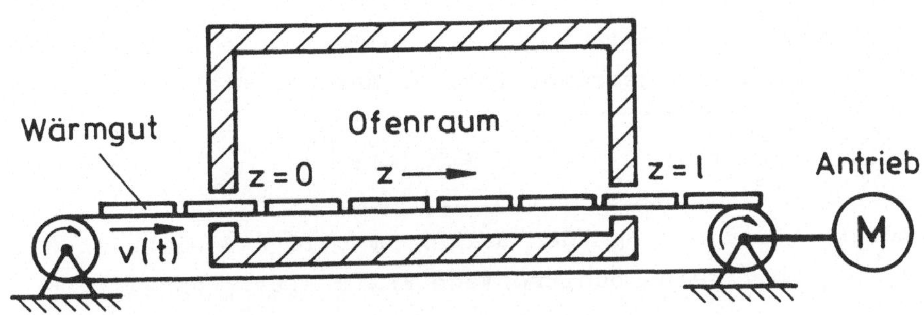

Bild 2.12: Durchlaufofen, schematisch

Unter vereinfachenden Annahmen (welchen?) genügt die Temperatur $\theta(t,z)$ des Wärmgutes einem Gleichungsmodell ähnlich Gl. (2.50):

$$\frac{\partial \theta}{\partial t} + v \frac{\partial \theta}{\partial z} + \frac{\alpha\kappa}{C\rho} \theta = \frac{\alpha\kappa}{C\rho} u_\Omega , \quad O < z < \ell. \tag{2.69}$$

Die "Quelle" $u_\Omega(t,z)$ ist hier die verstellbare Ofenraumtemperatur, α die Wärmeübergangszahl und κ ein Geometriefaktor.

So wie eine Zustandsgröße $x_i(t,z)$ nicht ortskontinuierlich meßbar ist, ist auch die Quellenfunktion $u_\Omega(t,z)$ in Gl. (2.69)

nicht beliebig ortskontinuierlich verstellbar, da man immer nur
endlich viele Einzelstellglieder realisieren kann. Insofern ist
das Stellproblem dual zu dem Meßproblem.

Verfügt der Ofen im Bild 2.12 zum Beispiel über nur eine konzentrierte Heizquelle, etwa einen Infrarotstrahler mit der Temperatur $u(t)$, so kann man eine Beziehung der Form

$$u_\Omega(t,z) = F[u(t),z] \tag{2.70}$$

als realistisches Modell für die Wirkung der Beheizung ansehen.
Die Funktion F hängt vor allem davon ab, wo die Heizquelle an-
geordnet ist. Im günstigen Fall erfolgt der Stelleingriff linear in $u(t)$:

$$u_\Omega(t,z) = u(t)f(z). \tag{2.71}$$

Die Ortsfunktion $f(z)$ hat dann die Bedeutung einer *Geometriecharakteristik* des Strahlers.

Ist die Heizzone in z-Richtung in p Kammern unterteilt, denen
je eine Heizquelle zugeordnet ist, so hat man statt Gl. (2.71)

$$\boxed{u_\Omega(t,z) = \sum_{i=1}^{p} u_i(t)f_i(z) = \underline{f}^T(z)\underline{u}(t).} \tag{2.72}$$

Ein anderes Beispiel: Auf den Balken im Bild 2.4 wirke an der
Stelle $z=z_1 \in (o,\ell)$ eine punktförmige Kraft $u(t)$. Dann ist in Gl.
(2.26)

$$u_\Omega(t,z) = u(t)\delta(z,z_1). \tag{2.73}$$

Erst wenn an hinreichend vielen Stellen z_i Kräfte $u_i(t)$ unabhängig voneinander wirken, kann

$$u_\Omega(t,z) = \sum_{i=1}^{p} u_i(t)\delta(z,z_i) = \underline{f}^T(z)\underline{u}(t) \tag{2.74}$$

als Näherung für eine frei einstellbare Quelle $u_\Omega(t,z)$ gelten.

Ist $\underline{u}_\Omega(t,z)$ vektoriell wie in Gl. (2.60), so wird in sinngemäßer Verallgemeinerung von Gl. (2.72)

$$\underline{u}_{\Omega}(t,z) = \underline{F}(z)\underline{u}(t).$$

(2.75)

Die Geometriecharakteristik $\underline{F}(z)$ ist jetzt eine Matrix.

Zur vollständigen Zustandsdarstellung eines technisch realisierten SVP gehört also neben der *Zustandsdifferentialgleichung* (2.60) die *Meß-* oder *Ausgangsgleichung* (2.68) und die *Stellgleichung* (2.75), sowie die jeweils spezifischen Randbedingungen und der Anfangszustand.

Es sei darauf hingewiesen, daß die Stellgleichung (2.75) noch nicht die Dynamik der technisch zu realisierenden Stellglieder enthält. Für das Beispiel

$$u_{\Omega}(t,z) = \sum_{i=1}^{3} f_i(z)u_i(t)$$

gibt Bild 2.13 die Struktur der um die Stellglieder erweiterten Stellgleichung wieder. Die eigentlichen Steuereingänge sind $\tilde{u}_1(t)$, $\tilde{u}_2(t)$ und $\tilde{u}_3(t)$. Im Regelkreis sind dies die Ausgänge der Regler (Kapitel 3).

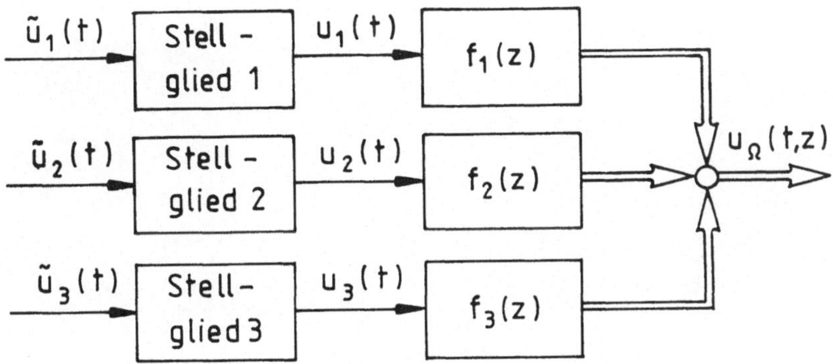

<u>Bild 2.13</u>: Beispiel für das Zusammenwirken von Stellgliedern und Stellgleichung (Die Wirkungslinien für ortsabhängige Größen sind als Doppellinien gezeichnet)

Auf der Darstellung (2.60) basieren viele der neueren Analyse-
und Syntheseverfahren. Diese Methoden kommen jedoch nicht ohne
einen gewissen Formalismus aus, der einen ersten Zugang erschwert. Die folgenden Kapitel stützen sich daher vor allem auf
die *skalaren* Differentialgleichungsmodelle aus Abschnitt 2.2.2.

Als Motivation für den von der klassischen Regelungstechnik her-
kommenden Leser sollen im dritten Kapitel zunächst die wichtigsten Grundstrukturen für die Regelung von SVP vorgestellt werden. Da es in diesem Stadium nur auf ein allgemeines Verständnis dieser Strukturen ankommt, können mathematische Details
noch zurückgestellt werden.

3 Grundstrukturen für die Regelung von Systemen mit verteilten Parametern

Die Stellgleichung (2.75) sowie die Randfunktionen (u_o(t) und
u_ℓ(t) bei den Beispielen im Abschnitt 2.2.3) beschreiben die
Gesamtheit möglicher Stelleingriffe bei einem *linearen* SVP. Bei
dem Ofenbeispiel (Bild 2.12) kann man auch die Transportgeschwindigkeit v(t) als Steuergröße ins Auge fassen, das Gleichungsmodell (2.69) wird durch diesen *parametrischen Stelleingriff* allerdings nichtlinear.

Alle nicht zur gezielten Steuerung verwendeten Eingangsgrößen
hat man als potentielle *Störgrößen* zu betrachten. So wird bei
dem Ofenbeispiel die Eintrittstemperatur θ(t,o) des Wärmgutes
(Randbedingung bei z=o) Schwankungen unterliegen und hat daher
den Charakter einer Störgröße.

Als Aufgabengröße wird man bei diesem Beispiel die Austrittstemperatur

$$y(t) = \theta(t,\ell)$$

definieren. Sie läßt sich berührungslos mit einem ortsfest in-
stallierten Pyrometer messen. Die allgemeine Form der linearen
Ausgangsgleichung eines SVP wurde bereits mit Gl. (2.68) eingeführt.

Da somit sämtliche realisierbaren Steuer- und Meßgrößen *reine
Zeitfunktionen* sind, unterscheidet sich ein SVP von außen be-
trachtet nicht von einer klassischen *Mehrgrößenregelstrecke*.
Lediglich der innere Aufbau ist anders.

Für die Regelung eines SVP kommen zunächst die bewährten klassischen Grundstrukturen in Frage. Sämtliche Einzelstellglieder
seien dabei als SKP modelliert, was für die Regler ohnehin
selbstverständlich ist. So erinnert Bild 3.1 an die klassische
Eingrößenregelung, während Bild 3.2 eine *Mehrgrößenregelung* für
ein SVP zeigt. Die Wirkungslinien übertragen hier vektorielle
Zeitfunktionen. Entkopplungsverfahren spielen auch bei SVP eine
Rolle, eine vollständige *dynamische* Entkopplung der Einzelregelkreise erweist sich jedoch nur in speziellen Fällen als
durchführbar.

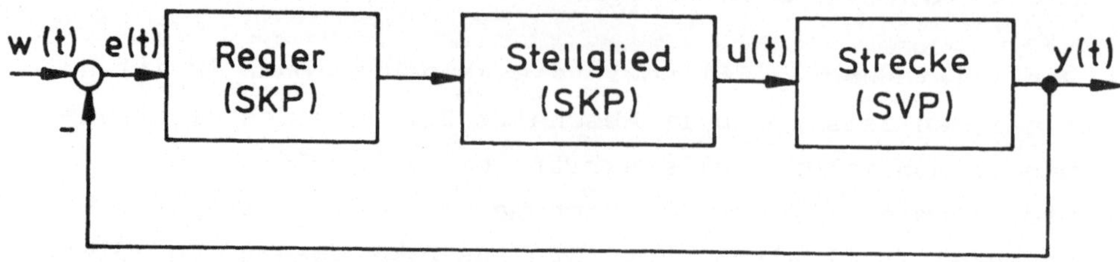

Bild 3.1: Eingrößenregelung eines SVP

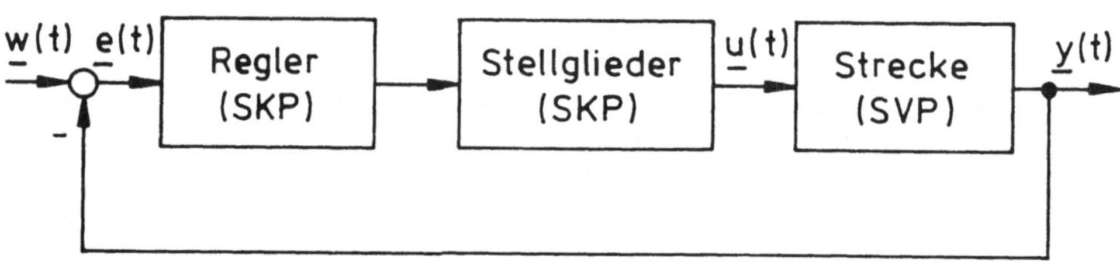

Bild 3.2: Mehrgrößenregelung eines SVP

Ist man bei der Eingrößenregelung in der Lage, außer der Haupt-regelgröße y(t) weitere Hilfsregelgrößen, z.B. $y_i(t) = x(t,z_i)$, i=1, ..., q, an geeigneten Meßpunkten z_i zu erfassen, so kann man eine *Kaskadenregelung* vorsehen. Bild 3.3 zeigt ein Bei-spiel mit einem unterlagerten Kreis. Gerade bei SVP vermag die-se Regelungsstruktur die Signalwege erheblich zu verkürzen und Störungen bereits im unterlagerten Kreis auszuregeln.

Sofern man die (hier skalar angenommene) Zustandsgröße x(t,z) an vielen Meßpunkten z_i erfassen kann, führt dies zwar *geräte-technisch* zu größerer Komplexität. *Mathematisch* bringt diese Situation jedoch dann eine erhebliche Vereinfachung mit sich, wenn man idealisierend so rechnet, als verfüge man über das

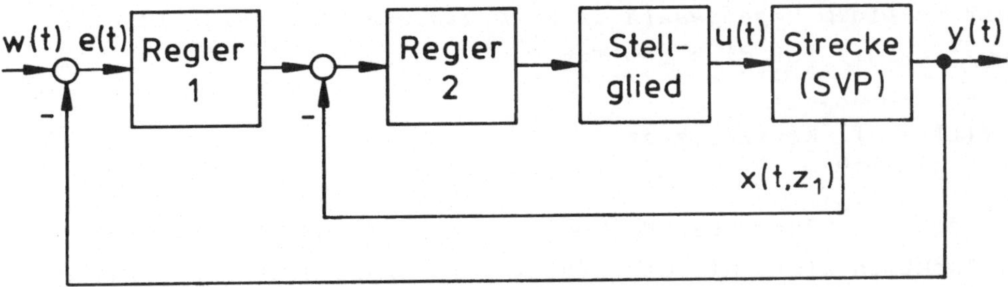

Bild 3.3: Kaskadenregelung eines SVP

gesamte Ortsprofil $x(t,z)$. Dieses Konzept führt zu *Regelungen mit Zustandsrückführung* (engl. "distributed feedback"). Eine einfache Zustandsregelung mit skalarem Zustand $x(t,z)$ und skalarer Steuergröße $u(t)$ hat dann die im Bild 3.4 wiedergegebene Struktur.

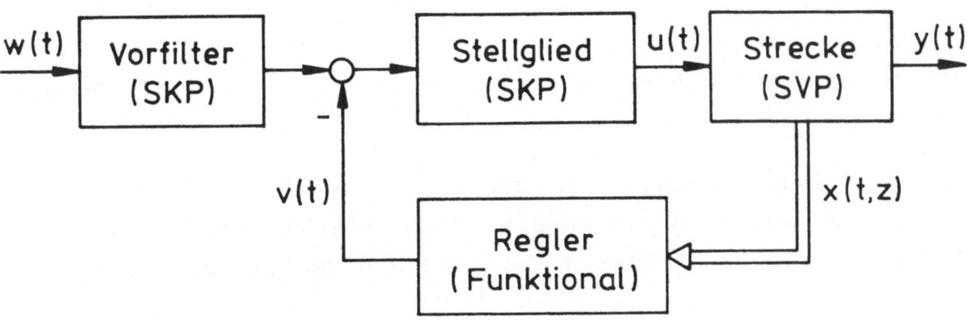

Bild 3.4: Einfache Zustandsregelung

Der Regler erzeugt aus $x(t,z)$ die Zeitfunktion $v(t)$, die hinter dem Vorfilter eingekoppelt wird. Die Zuordnung $x(t,z) \Rightarrow v(t)$

führt zu einem *Regelgesetz in Form eines Funktionals*. Im einfachsten Fall ist dies vom Typ

$$v(t) = \int_{z=o}^{\ell} k(z)\,x(t,z)\,dz. \qquad (3.1)$$

Mit noch zu erörternden Methoden berechnet man idealisierend die Funktion $k(z)$, mit der $x(t,z)$ ortsabhängig gewichtet wird. Die gerätetechnische Realisierung geht dann von einer Näherung für Gl. (3.1) aus, wobei die verfügbaren Meßwerte $x(t,z_i)$ als Stützwerte gewählt werden. Aus Gl. (3.1) wird so eine einfach zu realisierende Linearkombination der Meßwerte,

$$v(t) \approx \sum_{i=1}^{q} k_i x(t,z_i). \qquad (3.2)$$

Interessanterweise genügen oft schon wenige, z.B. $q = 5$ Meßwerte für eine gute Näherung. Derartige Verfahren sind vergleichbar mit den modernen Zustandsregelungen für SKP. Sie vermögen anspruchsvollere Dynamikforderungen zu erfüllen als der einschleifige Kreis im Bild 3.1.

Das Vorfilter im Bild 3.4 hat vor allem die Aufgabe, im eingeschwungenen Zustand $y = w$ zu erzeugen (statische Führungsgenauigkeit).

Um die statische Genauigkeit auch bei Störeinflüssen zu garantieren, kann man Bild 3.4 um eine Regelschleife erweitern (Bild 3.5), wobei man dem Regler 1 integrales Verhalten verleiht.

Am Beispiel des Durchlaufofens (Bild 2.12) sei noch auf eine Variante der Struktur nach Bild 3.5 hingewiesen. $u(t)$ sei die der Heizzone nach Gl. (2.71) zugeordnete Stellgröße. Daneben sei die Transportgeschwindigkeit $v(t)$ in Grenzen verstellbar. Die beiden Stellgrößen $u(t)$ und $v(t)$ können dann in einer Regelungsstruktur nach Bild 3.6 aktiviert werden.

Die Hilfsstellgröße $v(t)$ läßt sich hier besonders effektiv einsetzen, da das Stellglied 2 (elektrischer Antrieb mit Getriebe) in der Regel kleine Zeitkonstanten aufweisen wird.

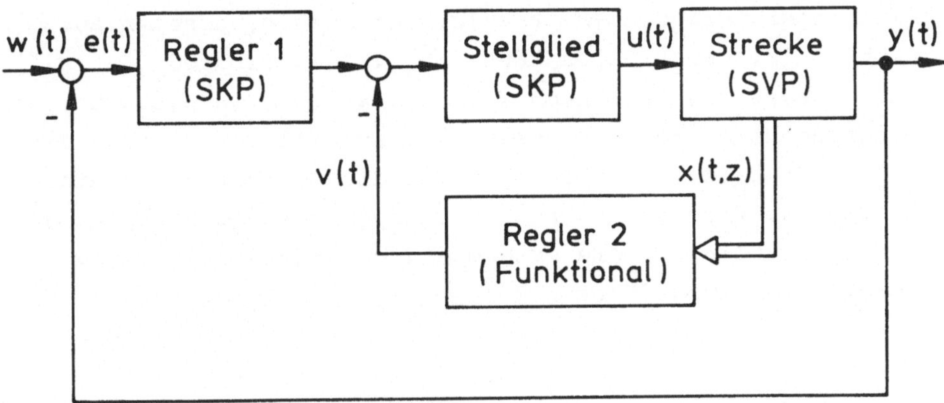

Bild 3.5: Regelung mit unterlagerter Zustandsrückführung

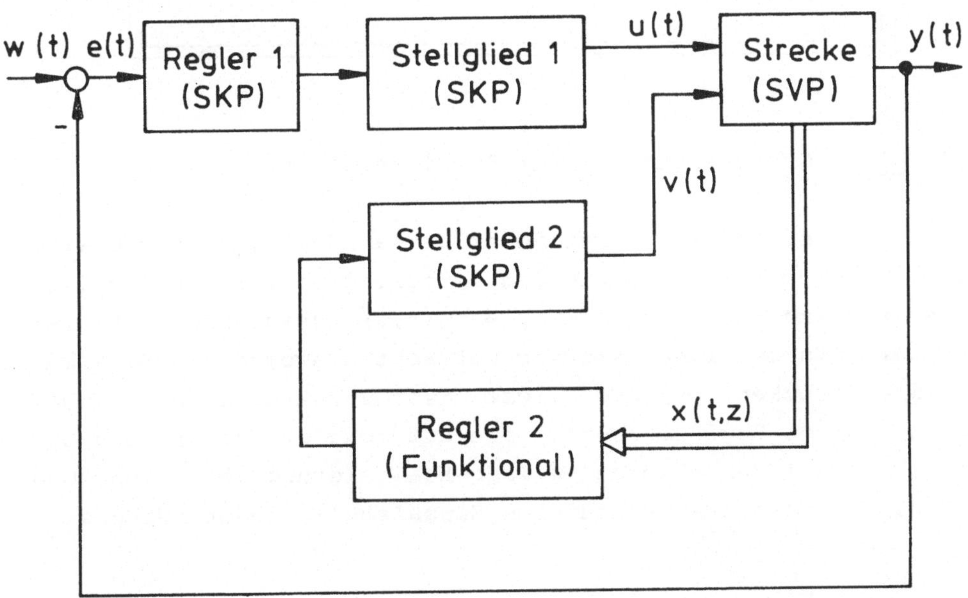

Bild 3.6: Variante der Regelung nach Bild 3.5

Falls man nicht nur quasi-kontinuierlich messen, sondern auch
quasi-kontinuierlich stellen kann (engl. "distributed control"),
kommt eine *Profilregelung* nach *E.D. Gilles* [57] in Betracht. Die
Aufgabengröße ist jetzt das gesamte Ortsprofil x(t,z), und die
Stellgröße ist u_Ω(t,z). Bild 3.7 zeigt die Grundstruktur einer
Profilregelung. Wie bereits in den Bildern 3.4 bis 3.6 sind diejenigen Wirkungslinien, die ortsabhängige Größen übertragen,
als Doppellinien ausgeführt.

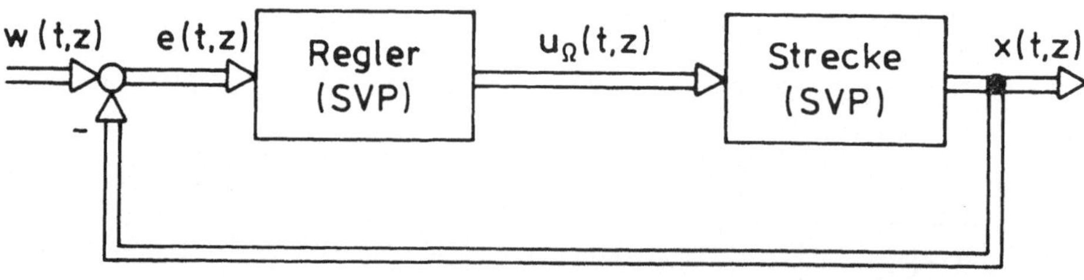

Bild 3.7: Grundstruktur einer Profilregelung

Die Regeldifferenz e(t,z) ist jetzt ortsabhängig, denn sie wird
aus dem Sollprofil w(t,z) und dem Istprofil x(t,z) gebildet. Da
der Regler eine Zuordnung e(t,z) $\Rightarrow$ u_Ω(t,z) auszuführen hat, ist
er seinerseits bei idealisierter Betrachtungsweise ein SVP. Für
bestimmte Streckentypen ermöglicht diese Struktur elegante und
leistungsfähige Reglerentwürfe, die auf *modaler Entkopplung* be-
ruhen [57]. Bei der näherungsweisen Realisierung läßt sich auch
die Dynamik der stets vorhandenen Einzelstellglieder berücksichtigen.

Abschließend sei noch auf die Verwendung von *Zustandsbeobachtern*
im geschlossenen Regelkreis hingewiesen. Verfügt man über nur
wenige Steuer- und Ausgangsgrößen der Strecke, so kann man
hieraus mit einem Beobachter [71], [88] eine Näherung $\hat{x}$(t,z) des
Systemzustands x(t,z) rekonstruieren und diese im Regelungsgesetz verwenden. So wird im Bild 3.8, das aus Bild 3.5 direkt ab-
geleitet ist, der Zustand $\hat{x}$(t,z) aus u(t) und y(t) rekonstruiert.

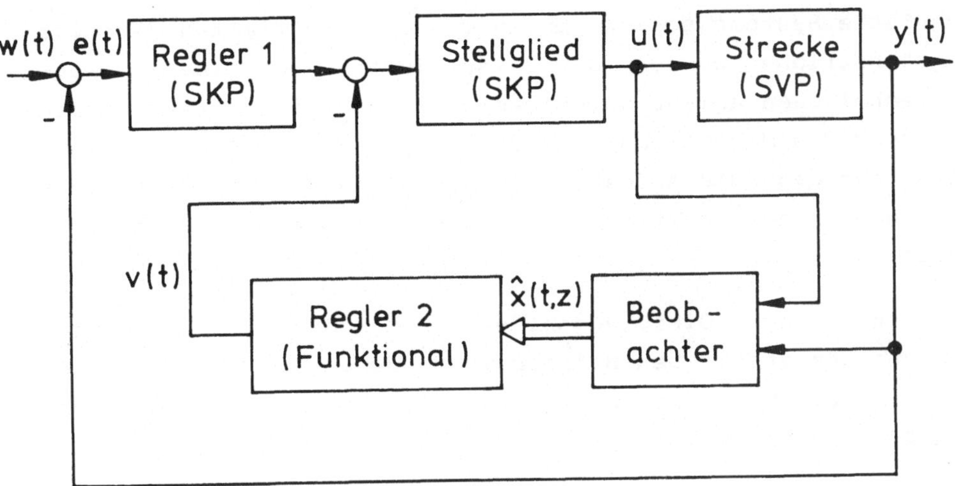

Bild 3.8: Verwendung eines Zustandsbeobachters

Da ein Beobachter stets ein Modell der Strecke enthält, ist er hier ein SVP. Als solches läßt er sich zwar nicht realisieren, nach einer Empfehlung von *M. Köhne* [71] sollte der Beobachter jedoch im Entwurfsstadium als SVP behandelt und erst im Zuge der Realisierung durch ein SKP angenähert werden.

Neben den beschriebenen Grundstrukturen für die Regelung von SVP gewinnen neuere Methoden der Prozeßführung, die mit den Begriffen *"Dezentrale Regelung"* und *"Hierarchische Regelung"* zu charakterisieren sind, zunehmend an Bedeutung. Diese führen zu komplexen Großsystemen, die hier nicht weiter betrachtet werden können.

4 Bestimmung des statischen Zustands

Technische Systeme sollen häufig in einem bestimmten "Arbeitspunkt" betrieben werden, der beispielsweise bei einer verfahrenstechnischen Anlage durch Gesichtspunkte der Wirtschaftlich-
keit oder des Materialdurchsatzes vorgegeben sein kann. Die Regelung hat dann die Aufgabe, den Prozeß auch beim Auftreten von
Störungen in der unmittelbaren Umgebung des Arbeitspunktes zu
führen.

Das mathematische Gleichungsmodell bietet die Grundlage zur Bestimmung des statischen Betriebszustands eines SVP. Es ermöglicht insbesondere die Untersuchung der beiden folgenden dualen
Fragestellungen:

a) Ein bestimmter statischer Betriebszustand $\underline{x}_s(z)$ oder Ausgangsvektor $\underline{y}_s$ sind gefordert. Welches ist der hierzu erforderliche statische Eingangsvektor $\underline{u}_s$, bzw. existiert überhaupt ein
derartiger Vektor $\underline{u}_s$?

b) Ein bestimmter statischer Eingangsvektor $\underline{u}_s$ ist gegeben.
Welcher statische Betriebszustand $\underline{x}_s(z)$ bzw. Ausgangsvektor $\underline{y}_s$
stellt sich ein, bzw. welche $\underline{x}_s(z)$ sind mittels $\underline{u}_s$ statisch
einstellbar?

Man beachte, daß dies rein *statische* Problemstellungen sind,
die nicht etwa mit dem komplizierteren Problem *endlicher Ein-
stellzeit* verwechselt werden dürfen!

4.1 Eine große Klasse linearer Systeme mit verteilten Parametern

Um die angeschnittenen Fragen systemtheoretisch einheitlich an-
gehen zu können und um den einführenden Charakter der Darstellung beizubehalten, wird eine bestimmte Klasse linearer, zeitinvarianter SVP näher ins Auge gefaßt. Sie ist immerhin so allgemein, daß die meisten Gleichungsmodelle aus Kapitel 2 abgedeckt werden. Zugleich seien von jetzt an sämtliche unabhängigen
(t und z) und abhängigen Variablen ($\underline{u}$, $\underline{x}$, $\underline{y}$) dimensionslose Größen, was sich stets durch eine geeignete Normierung vorweg erle-
digen läßt. Die Länge ℓ sei auf 1 normiert.

Die ersten p_1 der insgesamt p Steuergrößen $u_1(t)$, ..., $u_p(t)$ mögen über die skalare Quellenfunktion

$$u_\Omega(t,z) = \sum_{i=1}^{p_1} f_i(z) u_i(t) = \underline{f}^T(z) \underline{u}^{(1)}(t), \qquad (4.1)$$

$$0 < z < 1, \quad t > 0,$$

auf das SVP einwirken. Die restlichen, $u_{p_1+1}(t)$, ..., $u_p(t)$, mögen an den Endpunkten $z = 0$ und/oder $z = 1$ wirken und werden zu dem Vektor $\underline{u}^{(2)}(t)$ zusammengefaßt. Formal läuft dies auf eine Partitionierung des Steuervektors $\underline{u}(t)$ hinaus:

$$\underline{u}(t) = \begin{bmatrix} \underline{u}^{(1)}(t) \\ \underline{u}^{(2)}(t) \end{bmatrix}, \quad t > 0. \qquad (4.2)$$

Der Vektor $\underline{u}^{(2)}(t)$ geht daher in die Randbedingungen bei $z = 0$ und/oder $z = 1$ ein,

$$[\underline{R}_{0z} x(t,z)]_{z=0} = \underline{I}_0 \underline{u}^{(2)}(t),$$

$$\qquad\qquad\qquad\qquad t > 0, \qquad (4.3)$$

$$[\underline{R}_{1z} x(t,z)]_{z=1} = \underline{I}_1 \underline{u}^{(2)}(t),$$

die sogleich noch erläutert werden.

Die skalar angenommene Größe $x(t,z)$ genüge einer partiellen Differentialgleichung vom Typ

$$\sum_{i=1}^{2} \alpha_i \frac{\partial^i x(t,z)}{\partial t^i} + \sum_{k=0}^{m} \beta_k(z) \frac{\partial^k x(t,z)}{\partial z^k} = \underline{f}^T(z) \underline{u}^{(1)}(t), \qquad (4.4)$$

$$0 < z < 1, \quad t > 0,$$

kurz

$$D_t x(t,z) + D_z x(t,z) = u_\Omega(t,z), \qquad (4.5)$$

wobei

$$D_t = \sum_{i=1}^{2} \alpha_i \frac{\partial^i}{\partial t^i} \ , \qquad D_z = \sum_{k=0}^{m} \beta_k(z) \frac{\partial^k}{\partial z^k} \ . \tag{4.6}$$

Die Koeffizienten α_i des *zeitlichen Differentialoperators* D_t werden als konstant angenommen, während die Koeffizienten $\beta_k(z)$ des *örtlichen Differentialoperators* D_z stetig vom Ort z abhängen können.

Gl. (4.4) ist zwar nicht die allgemeinste Form einer linearen partiellen Differentialgleichung für x(t,z) - es fehlen z.B. Mischterme wie $\partial^2 x/\partial t\partial z$ - , jedoch ermöglicht sie eine klare Darstellung der wichtigsten Analyse- und Synthesemethoden.

Dem Leser wird zur Übung empfohlen, die Modellbeispiele aus Kapitel 2 darauf zu untersuchen, inwieweit sie in Gl. (4.4) enthalten sind.

Gl. (4.3) bringt lediglich eine Formalisierung der Randbedingungen. $\underline{R}_{oz}$ und $\underline{R}_{1z}$ sind lineare *Randoperatoren*, vektorielle Differentialoperatoren bezüglich z, die auf dem Rand wirken. Dabei gilt

$$\dim \underline{R}_{oz} + \dim \underline{R}_{1z} = m.$$

Hierin drückt sich der bereits im Abschnitt 2.2.3 erläuterte Sachverhalt aus, daß die Anzahl der Randbedingungen gleich der Ordnung m des Differentialoperators D_z sein muß. $\underline{I}_o$ und $\underline{I}_1$ sind konstante Matrizen passender Dimension, die in der Regel nur Eins- und Nullelemente enthalten. So lauten etwa die Dirichletschen Randbedingungen (2.39) mit der neuen Schreibweise

$$x(t,z)\big|_{z=o} = [1 \ , \ o]\cdot\underline{u}^{(2)}(t),$$

$$x(t,z)\big|_{z=1} = [o \ , \ 1]\cdot\underline{u}^{(2)}(t).$$

Die Randoperatoren R_{oz} und R_{1z} fallen hier je mit dem *Einheitsoperator I* zusammen, der x in sich selbst abbildet.

Dem Leser wird empfohlen, zur Übung auch die anderen Randbedingungstypen aus Abschnitt 2.2.3 auf die Form (4.3) zu bringen.

Die Randbedingungen der rotierenden Welle fallen nicht in diese Kategorie, da sie auch Ableitungen nach t enthalten. Die hier und im 6. Kapitel beschriebenen Methoden können jedoch auf diesen Typus sinngemäß übertragen werden.

Die linearen Randbedingungen (4.3) heißen *homogen*, falls $\underline{u}^{(2)}(t) = \underline{0}$ für alle $t > 0$, andernfalls *inhomogen*.

Die lineare Differentialgleichung (4.5) heißt *homogen*, falls $u_\Omega(t,z) = 0$ für alle $t > 0$ und alle $z \in (0,1)$, andernfalls *inhomogen*.

Sind Differentialgleichung (4.5) *und* Randbedingungen (4.3) homogen, so heißt das durch sie beschriebene dynamische System *autonom*.

Bei einem autonomen System hängt der Verlauf von $x(t,z)$ für $t > 0$ allein vom Anfangszustand (2.28) ab.

Was die Ausgangsgleichung des SVP betrifft, so wird im weiteren wegen des skalaren Charakters von $x(t,z)$ vor allem die Version

$$\boxed{\underline{y}(t) = \int_{z=0}^{1} \underline{c}(z)x(t,z)\,dz} \qquad (4.7)$$

betrachtet, die in Gl. (2.68) als Spezialfall enthalten ist.

Im statischen Zustand sind per Definition alle Eingangs-, Zustands- und Ausgangsgrößen zeitunabhängig. Damit wird $D_t x \equiv 0$, und der statische Zustand (Index s) genügt den folgenden Beziehungen:

$$\boxed{\begin{aligned} D_z x_s(z) &= u_{\Omega s}(z), \qquad 0 < z < 1, &\qquad (4.8)\\[2mm] [\underline{R}_{0z} x_s(z)]_{z=0} &= \underline{I}_0 \underline{u}_s^{(2)}, &\\[2mm] [\underline{R}_{1z} x_s(z)]_{z=1} &= \underline{I}_1 \underline{u}_s^{(2)}. &\qquad (4.9) \end{aligned}}$$

Ist mit Blick auf die eingangs in diesem Kapitel formulierte Fragestellung a) $x_s(z)$ vorgeschrieben, so erhält man durch Einsetzen in die linken Seiten von Gl. (4.8) und (4.9) Bestimmungs-

54

gleichungen für $u_{\Omega s}(z)$ und $\underline{u}_s^{(2)}$. Insbesondere wegen

$$u_{\Omega s}(z) = \underline{f}^T(z)\underline{u}_s^{(1)}, \qquad \underline{f}^T(z) \text{ gegeben,}$$

hat dieses Problem im allgemeinen keine Lösung $\underline{u}_s$, da die Bestimmungsgleichungen z als Parameter enthalten.

Daher wenden wir uns der realistischen Fragestellung b) zu. Da jetzt in den Gln. (4.8) und (4.9) die rechten Seiten gegeben sind und $x_s(z)$ gesucht ist, formulieren diese Gleichungen eine *Randwertaufgabe*.

Charakteristisch für SKP sind *Anfangswertaufgaben*. Sämtliche Anfangsbedingungen sind am gleichen "Rand" (t = 0) gegeben. Demgegenüber verteilen sich bei einer Randwertaufgabe die Randbedingungen (4.9) auf die beiden Ränder z = 0 und z = 1 des Intervalls [0,1].

In den folgenden Abschnitten werden die wichtigsten Methoden zur Lösung von Randwertaufgaben vorgestellt. Mit z als einziger unabhängiger Variablen stellt Gl. (4.8) eine *gewöhnliche Differentialgleichung* dar.

4.2 Bestimmung des statischen Zustands über die allgemeine Lösung der Differentialgleichung

Die allgemeine Lösung der inhomogenen Differentialgleichung (4.8) ist von der Form [45]

$$x_s(z) = x_i(z) + x_h(z). \tag{4.10}$$

Dabei ist $x_i(z)$ irgendeine spezielle Lösung von Gl. (4.8), und

$$x_h(z) = \sum_{k=1}^{m} \gamma_k h_k(z) \tag{4.11}$$

ist die allgemeine Lösung der homogenen Differentialgleichung

$$D_z x_s(z) = \sum_{k=0}^{m} \beta_k(z) \frac{d^k x_s(z)}{dz^k} = 0. \tag{4.12}$$

Die $h_k(z)$, k = 1, ..., m, sind die "Fundamentallösungen" von Gl. (4.12) und die γ_k freie Koeffizienten. Sie werden durch die m Randbedingungen (4.9) festgelegt.

Analytisch praktikabel ist dieses Verfahren nur bei *konstanten* Koeffizienten β_k. Die $h_k(z)$ erhält man dann über die charakteristische Gleichung

$$\sum_{k=o}^{m} \beta_k p^k = 0.$$

Einfache Wurzeln p_i dieser Gleichung führen zu dem Beitrag

$$\gamma_i h_i(z) = \gamma_i e^{p_i z}$$

in der Summe (4.11), eine r-fache Wurzel p_j führt zu dem Beitrag

$$(\sum_{i=o}^{r-1} \gamma_i z^i) e^{p_j z}.$$

Eine spezielle Lösung $x_i(z)$ der inhomogenen Differentialgleichung kann in bestimmten Fällen durch "Variation der Konstanten" [45] konstruiert werden, im allgemeinen ist die Ermittlung von $x_i(z)$ mühsam. Daher wird das soeben beschriebene Verfahren vor allem bei Quellenfreiheit empfohlen, d.h. $u_{\Omega s}(z) \equiv 0$.

Beispiel 4.1:

Das der Gl. (2.15) zugeordnete statische Problem lautet in normierter Form

$$-\frac{d^2 x_s(z)}{dz^2} = u_{\Omega s}(z), \qquad 0 < z < 1. \tag{4.13}$$

Für $u_{\Omega s}(z) = u_{1s} z$ und Dirichletsche Randbedingungen

$$x_s(o) = u_{2s}, \qquad x_s(1) = u_{3s} \tag{4.14}$$

ergibt sich mittels elementarer Integration

$$x_i(z) = -u_{1s} \frac{z^3}{6},$$

$$x_h(z) = \gamma_1 + \gamma_2 z,$$

also

$$x_s(z) = - u_{1s}\,\frac{z^3}{6} + \gamma_1 + \gamma_2 z.$$

Mit den Randbedingungen (4.14) erhält man die Koeffizienten

$$\gamma_1 = u_{2s}, \qquad \gamma_2 = u_{3s} - u_{2s} + \frac{u_{1s}}{6},$$

somit die kubische Parabel

$$x_s(z) = u_{2s} + (\tfrac{1}{6}\,u_{1s} - u_{2s} + u_{3s})z - \tfrac{1}{6}\,u_{1s}z^3 \tag{4.15}$$

als Lösung der Randwertaufgabe. ∎

4.3 Überführung in eine Randwertaufgabe mit homogenen Randbedingungen

Im allgemeinen, insbesondere bei ortsabhängigen Koeffizienten $\beta_k(z)$, wird man eine spezielle Funktion $u_i(z)$, die die inhomogene Differentialgleichung (4.8) erfüllt, nur mit Mühe finden. Dagegen ist es denkbar einfach, konkret eine spezielle Funktion $x_I(z)$ anzugeben, *die die inhomogenen Randbedingungen (4.9) erfüllt.*

Man zerlegt jetzt $x_s(z)$ anders als in Gl. (4.10):

$$\boxed{x_s(z) = x_I(z) + x_H(z).} \tag{4.16}$$

Folglich muß $x_H(z)$ die *homogene* Form der Randbedingungen (4.9) erfüllen:

$$\boxed{\begin{aligned}[\underline{R}_{0z}x_H(z)]_{z=0} &= \underline{0}, \\[1ex] [\underline{R}_{1z}x_H(z)]_{z=1} &= \underline{0}.\end{aligned}} \tag{4.17}$$

Setzt man Gl. (4.16) in die Differentialgleichung (4.8) ein, so erhält man

$$\boxed{D_z x_H(z) = u_{\Omega s}(z) - D_z x_I(z).}$$ (4.18)

Dies ist eine Differentialgleichung für $x_H(z)$ *mit bekannter rechter Seite.*

Der Ansatz (4.16) transformiert die ursprüngliche Randwertaufgabe (4.8), (4.9) in die Randwertaufgabe (4.17), (4.18), die durch homogene Randbedingungen charakterisiert ist.

Es wird sich in den folgenden Abschnitten herausstellen, daß der praktische Nutzen dieser simplen Umgestaltung weitaus größer ist, als man zunächst vermuten möchte.

Für $x_I(z)$ bieten sich *Polynome niedriger Ordnung* an. So lassen sich im Beispiel 4.1 die Randbedingungen erster Art, Gl. (4.14), mit einem Ansatz

$$x_I(z) = x_{Io} + x_{I1} z$$

erfüllen. Aus

$$x_I(o) = u_{2s}, \qquad x_I(1) = u_{3s}$$

erhält man durch Koeffizientenvergleich

$$x_{Io} = u_{2s}, \qquad x_{I1} = u_{3s} - u_{2s},$$

also

$$x_I(z) = u_{2s} + (u_{3s} - u_{2s}) z.$$ (4.19)

Beispiel 4.2:

Werden im Beispiel 4.1 die Randbedingungen durch solche von zweiter Art ersetzt,

$$\left. \frac{dx_s(z)}{dz} \right|_{z=o} = u_{2s}, \qquad \left. \frac{dx_s(z)}{dz} \right|_{z=1} = u_{3s},$$ (4.20)

so lassen sich diese mit einem quadratischen Ansatz

$$x_I(z) = x_{Io} + x_{I1} z + x_{I2} z^2$$

58

erfüllen. Man erhält nach einfacher Rechnung:

$$x_{Io} \text{ beliebig, z.B. } x_{Io} = 0,$$

$$x_{I1} = u_{2s}, \quad x_{I2} = \frac{1}{2}(u_{3s} - u_{2s}),$$

also

$$x_I(z) = u_{2s}z + \frac{1}{2}(u_{3s} - u_{2s})z^2. \tag{4.21}$$

Wegen

$$D_z x_I(z) = - \frac{d^2 x_I(z)}{dz^2} = u_{2s} - u_{3s}$$

genügt in diesem Beispiel $x_H(z)$ nach Gl. (4.18) der Differentialgleichung

$$- \frac{d^2 x_H(z)}{dz^2} = u_{\Omega s}(z) - u_{2s} + u_{3s}, \quad 0 < z < 1, \tag{4.22}$$

und nach Gl. (4.17) den Randbedingungen

$$\left. \frac{dx_H}{dz} \right|_{z=0} = \left. \frac{dx_H}{dz} \right|_{z=1} = 0. \tag{4.23}$$

$\blacksquare$

Beispiel 4.3:

Besonders einfach wählt man $x_I(z)$ bei Transportvorgängen erster Ordnung (m=1):

Für das statische Problem

$$\frac{dx_s(z)}{dz} = u_{\Omega s}(z) = \sum_{i=1}^{3} f_i(z)u_{is}, \quad 0 < z < 1, \tag{4.24}$$

$$x_s(o) = u_{4s} \tag{4.25}$$

setzt man am einfachsten

$$x_I(z) = u_{4s}, \quad 0 \leq z \leq 1.$$

$x_H(z)$ genügt dann der Differentialgleichung

$$\frac{dx_H(z)}{dz} = u_{\Omega s}(z), \quad 0 < z < 1,$$

mit

$$x_H(o) = 0.$$

■

4.4 Die Methode der Eigenfunktionen

Es sei an das Eigenwertproblem erinnert, das man einer n-reihigen quadratischen Matrix $\underline{A}$ zuordnen kann:

$$\underline{A}\,\underline{x} = \lambda\,\underline{x}. \tag{4.26}$$

Diese Gleichung besitzt für beliebige Werte von λ stets die triviale Lösung $\underline{x} = \underline{0}$. Für bestimmte Werte λ_i hat die Gleichung nichttriviale Lösungen $\underline{x}_i$. Ein solcher Vektor $\underline{x}_i$ heißt *Eigenvektor* von $\underline{A}$ zum *Eigenwert* λ_i.

Da Gl. (4.26) ein homogenes lineares Gleichungssystem für $\underline{x}$ darstellt, erhält man die nichttrivialen Lösungen, indem man die Determinante der Koeffizientenmatrix gleich Null setzt:

$$\det(\underline{A} - \lambda\,\underline{I}) = 0.$$

Die linke Seite dieser Gleichung ist ein Polynom n-ter Ordnung in λ. Daher hat die Gleichung n Lösungen $\lambda_1, \ldots, \lambda_n$, die Eigenwerte von $\underline{A}$.

4.4.1 Das Eigenwertproblem als homogene Randwertaufgabe

Angeregt durch Fragestellungen aus der Mathematischen Physik ist der Begriff des Eigenwertproblems schon früh auf Randwertaufgaben übertragen worden.

Danach wird der i.a. inhomogenen Randwertaufgabe (4.8), (4.9) das folgende Eigenwertproblem zugeordnet [26]:

$$\boxed{D_z\varphi(z) = \lambda\varphi(z), \quad 0 < z < 1,} \tag{4.27}$$

$$[\underline{R}_{oz}\varphi(z)]_{z=o} = \underline{o},$$

$$[\underline{R}_{1z}\varphi(z)]_{z=1} = \underline{o}.$$

(4.28)

Dieses Problem hat stets die triviale Lösung $\varphi(z) \equiv o$. Sofern für bestimmte Werte λ_i nichttriviale Lösungen $\varphi_i(z)$ auftreten, heißt $\varphi_i(z)$ *Eigenfunktion* der Randwertaufgabe zum *Eigenwert* λ_i.

Nach Gl. (4.27) und (4.28) gehen in die Formulierung des Eigenwertproblems der Differentialoperator D_z *und* die Randoperatoren $\underline{R}_{oz}$, $\underline{R}_{1z}$ ein, *nicht* jedoch die Eingangsgrößen u_Ω und $\underline{u}^{(2)}$ der zugehörigen Randwertaufgabe.

Gibt es immer nichttriviale Lösungen $\varphi_i(z)$ und wieviele?

Beispiel 4.4:

Als einfaches Beispiel werde das dem Transportvorgang (vgl. Kapitel 2)

$$v \, \frac{dx_s(z)}{dz} + c \, x_s(z) = c \, u_{1s}, \quad \begin{array}{l} o < z < 1, \\[4pt] v > o, \; c \geqq o, \end{array}$$

(4.29)

$$x_s(o) = u_{2s},$$

(4.30)

zugeordnete Eigenwertproblem

$$v \, \frac{d\varphi(z)}{dz} + c\varphi(z) = \lambda\varphi(z), \quad o < z < 1,$$

(4.31)

$$\varphi(o) = o,$$

(4.32)

betrachtet.

Gl. (4.31) hat als lineare Dgl. 1. Ordnung mit konstanten Koeffizienten eine allgemeine Lösung vom Typ

$$\varphi(z) = c_1 e^{p_1 z}, \text{ hier } p_1 = \frac{\lambda - c}{v}.$$

Mit der Randbedingung (4.32) folgt sofort $c_1 = o$ und damit $\varphi(z) \equiv o$.

In diesem Fall hat also das Eigenwertproblem *keine nichttriviale Lösung;* es gibt keine Eigenwerte und keine Eigenfunktionen.∎

Ganz anders ist die Situation bei Differentialoperatoren zweiter Ordnung,

$$D_z x_s(z) = \beta_2(z) x_s''(z) + \beta_1(z) x_s'(z) + \beta_0(z) x_s(z), \qquad (4.33)$$

$$o < z < 1.$$

Gl. (4.27) lautet nun

$$\beta_2(z) \varphi''(z) + \beta_1(z) \varphi'(z) + \beta_0(z) \varphi(z) = \lambda \varphi(z). \qquad (4.34)$$

Diese Differentialgleichung, ergänzt durch *Randbedingungen 1., 2. oder 3. Art* (vgl. Abschnitt 2.2.3), formuliert ein Eigenwertproblem, das in der Mathematischen Physik und in den technischen Anwendungen (vgl. Kapitel 2) von fundamentaler Bedeutung ist. Das gilt insbesondere für das darin enthaltene *Sturm-Liouvillesche Eigenwertproblem* [26]:

$$\boxed{[p(z) \varphi'(z)]' - q(z) \varphi(z) + \lambda \rho(z) \varphi(z) = 0,} \qquad (4.35)$$

$$o < z < 1.$$

Dabei sind $p(z)$ und $\rho(z)$ im gesamten Intervall positiv, und $q(z)$ ist eine stetige Funktion.

Formt man Gl. (4.35) um, so liefert der Koeffizientenvergleich mit Gl. (4.34) die Äquivalenzen

$$\beta_2(z) = -\frac{p(z)}{\rho(z)}, \quad \beta_1(z) = -\frac{p'(z)}{\rho(z)}, \quad \beta_0(z) = \frac{q(z)}{\rho(z)}. \qquad (4.36)$$

Die Lösung des Sturm-Liouvilleschen Eigenwertproblems hat bemerkenswerte Eigenschaften (die wichtigsten werden hier ohne Herleitung mitgeteilt; der interessierte Leser sei auf die gut lesbare Darstellung in [26] verwiesen):

a) Es existieren abzählbar unendlich viele Eigenwerte λ_1, λ_2, λ_3, ... Sie sind sämtlich reell und einfach und bilden nach der Größe geordnet eine unendliche Zahlenfolge ($\lambda_1 < \lambda_2 < \lambda_3 < \dots$).

b) Die Eigenwerte λ_i wachsen mit i unbeschränkt, und zwar nach dem asymptotischen Gesetz

$$\lambda_i \to \text{const} \cdot i^2 \quad \text{für } i \to \infty. \tag{4.37}$$

Die Eigenschaften a) und b) implizieren, daß die λ_i keinen Häufungspunkt aufweisen. Insbesondere können höchstens endlich viele λ_i negativ sein.

c) Die zugehörigen Eigenfunktionen $\varphi_1(z)$, $\varphi_2(z)$, $\varphi_3(z)$, ... bilden ein vollständiges Funktionensystem, das darüber hinaus der "Orthogonalitätsbeziehung mit dem Gewicht $\rho(z)$",

$$\int_{z=0}^{1} \rho(z)\varphi_i(z)\varphi_k(z)dz = 0 \quad \text{für } i \neq k, \tag{4.38}$$

genügt.

d) Dank der Vollständigkeit des Funktionensystems $\{\varphi_i(z)\}$ kann man jede Funktion $x(z)$, die im Intervall $[0,1]$ beschränkt und stückweise stetig ist, in eine verallgemeinerte "Fourierreihe" entwickeln:

$$x(z) = \sum_{i=1}^{\infty} x_i^* \varphi_i(z). \tag{4.39}$$

Die "Fourierkoeffizienten" x_i^* kann man mit Hilfe von Gl. (4.38) berechnen. Hierzu multipliziert man Gl. (4.39) beidseitig mit $\rho(z)\varphi_k(z)$ und integriert:

$$\int_{o}^{1} x(z)\rho(z)\varphi_k(z)dz = \sum_{i=1}^{\infty} x_i^* \int_{o}^{1} \rho(z)\varphi_i(z)\varphi_k(z)dz.$$

Wegen Gl. (4.38) erhält man auf der rechten Seite nur für i = k einen Beitrag und daher

$$\int_{o}^{1} x(z)\rho(z)\varphi_i(z)dz = x_i^* \int_{o}^{1} \rho(z)\varphi_i^2(z)dz.$$

Da die $\varphi_i(z)$ nach Gl. (4.27) und (4.28) nur bis auf einen willkürlichen konstanten Faktor bestimmbar sind, kann man sie so normieren, daß

$$\int_{o}^{1} \rho(z)\varphi_i^2(z)dz = 1 \quad \text{für alle } i.$$

Damit wird

$$x_i^* = \int_0^1 x(z)\,\rho(z)\,\varphi_i(z)\,dz. \qquad (4.40)$$

Anmerkungen:

1) Von den SKP weiß man, daß die Eigenwerte λ_i von $\underline{A}$ unmittelbar Auskunft über die Stabilität des zugehörigen Zustandsraummodells geben [1]. Es wäre ein Fehlschluß, aus den positiven λ_i des Sturm-Liouville-Problems bereits Instabilität zu folgern, denn die Struktur des Problems ist eine andere (vgl. Kapitel 6).

2) Beim Sturm-Liouville-Problem ist der Koeffizient $\beta_2(z) < 0$ im gesamten Intervall. Denkt man sich Gl. (4.34) mit (-1) multipliziert, so sieht man, daß die λ_i umgekehrtes Vorzeichen annehmen. Die obigen Eigenschaften a) und b) gelten dann sinngemäß mit geänderten Vorzeichen. Diese Überlegung macht deutlich, daß man auch $\beta_2(z) > 0$ zulassen kann.

3) Besonders einfache Verhältnisse liegen vor, wenn die Koeffizienten $p(z)$, $q(z)$ und $\rho(z)$ konstant sind. Der Operator D_z ist dann von der Form

$$\boxed{D_z x_s(z) = \beta_2 x_s''(z) + \beta_0 x_s(z),} \qquad (4.41)$$

mit konstanten Koeffizienten $\beta_2 \neq 0$ und β_0. Da der konstante Faktor ρ für die Orthogonalitätsbeziehung (4.38) belanglos wird, lautet diese nach Normierung der $\varphi_i(z)$ auf Eins

$$\boxed{\int_0^1 \varphi_i(z)\,\varphi_k(z)\,dz = \delta_{ik} = \begin{cases} 1 & \text{für } i = k, \\ 0 & \text{für } i \neq k. \end{cases}} \qquad (4.42)$$

Das vollständige Funktionensystem $\{\varphi_i(z)\}$ heißt dann *orthonormiert*, es bildet eine *orthonormierte Basis*. Für die Fourierkoeffizienten x_i^* in Gl. (4.39) gilt nun

$$\boxed{x_i^* = \int_0^1 x(z)\,\varphi_i(z)\,dz.} \qquad (4.43)$$

Zwei einfache Beispiele sollen die Lösung von Eigenwertproblemen vom Sturm-Liouville-Typ veranschaulichen.

Beispiel 4.5:

$$D_z \varphi(z) = - \varphi''(z) + \beta_0 \varphi(z) = \lambda \varphi(z), \qquad 0 < z < 1, \qquad (4.44)$$

mit Randbedingungen 1. Art:

$$\varphi(0) = \varphi(1) = 0. \qquad (4.45)$$

Setzt man in der charakteristischen Gleichung

$$- p^2 + \beta_0 = \lambda$$

abkürzend

$$\lambda - \beta_0 = \kappa^2,$$

so hat sie die Lösungen

$$p_{1/2} = \pm\, j\kappa.$$

Die allgemeine Lösung von Gl. (4.44) ist daher

$$\varphi(z) = A \sin \kappa z + B \cos \kappa z.$$

Unter Berücksichtigung der Randbedingungen (4.45) erhält man nichttriviale Lösungen $\varphi(z)$ nur für

$$\kappa_i = i\pi, \qquad i = 1, 2, 3, \ldots$$

Damit hat man die Eigenwerte

$$\lambda_i = \beta_0 + (i\pi)^2, \qquad i = 1, 2, 3, \ldots, \qquad (4.46)$$

und die orthonormierten Eigenfunktionen

$$\varphi_i(z) = \sqrt{2}\, \sin(i\pi z), \qquad i = 1, 2, 3, \ldots \qquad (4.47)$$

Bei Wärmeleitungsvorgängen kommt nur $\beta_0 \geq 0$ vor (vgl. Abschnitt 2.2.4). Daher sind hier sämtliche λ_i positiv. Bei Problemen der Hydrodynamik [46] tritt jedoch auch $\beta_0 < 0$ auf. Ist beispielsweise $\beta_0 = - 50$, so sind λ_1 und λ_2 negativ und alle weiteren λ_i positiv.

Im Bild 4.1 sind die ersten vier Eigenfunktionen $\varphi_i(z)$ dargestellt.

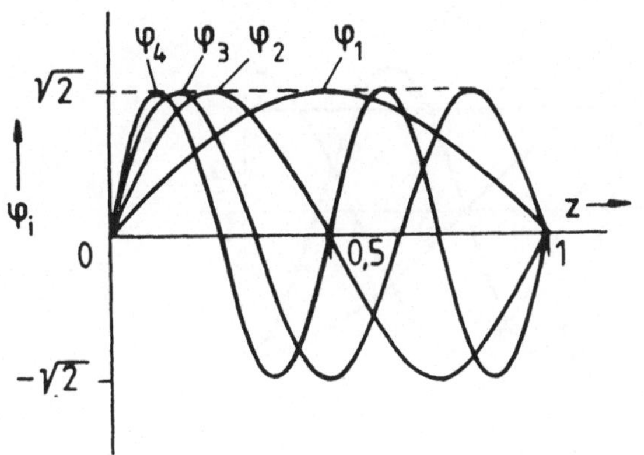

Bild 4.1: Die Eigenfunktionen $\varphi_1(z)$, ..., $\varphi_4(z)$
im Beispiel 4.5   ∎

Beispiel 4.6:

Gegenüber Beispiel 4.5 seien die Randbedingungen jetzt von 2.
Art:

$$\varphi'(0) = \varphi'(1) = 0. \tag{4.48}$$

Man erhält nichttriviale Lösungen $\varphi(z)$ nur für

$$\kappa_i = (i-1)\pi, \quad i = 1, 2, 3, \ldots$$

Damit hat man die Eigenwerte

$$\lambda_i = \beta_0 + (i-1)^2\pi^2, \quad i = 1, 2, 3, \ldots, \tag{4.49}$$

und die orthonormierten Eigenfunktionen

$$\varphi_1(z) \equiv 1,$$
$$\varphi_i(z) = \sqrt{2}\cos(i-1)\pi z, \quad i = 2, 3, 4, \ldots \tag{4.50}$$

Es sei darauf hingewiesen, daß im Falle $\beta_0 = 0$ der Eigenwert
$\lambda_1 = 0$ auftritt.

Bild 4.2 zeigt die ersten vier Eigenfunktionen.

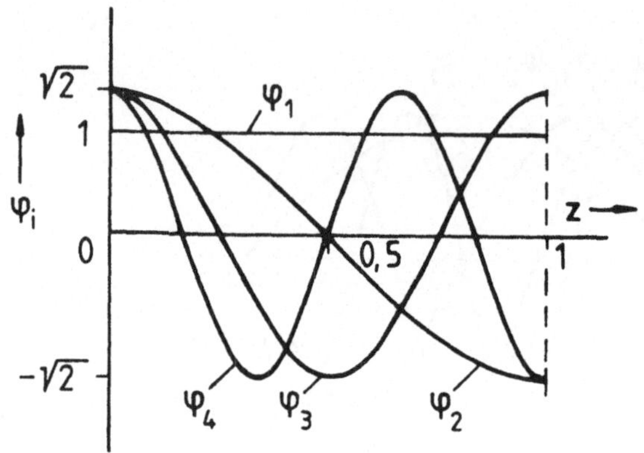

Bild 4.2: Die Eigenfunktionen $\varphi_1(z)$, ..., $\varphi_4(z)$
im Beispiel 4.6

Anhand von Bild 4.1 und 4.2 kann man sich davon überzeugen, daß
jede Eigenfunktion die zugrundeliegenden homogenen Randbedingungen erfüllt.

Sind die Randbedingungen an einem oder an beiden Rändern von 3.
Art, so ergeben sich transzendente Bestimmungsgleichungen für
die Eigenwerte.

In der Gl. (2.27) des schwingenden Stabes ist der Differentialoperator D_z von vierter Ordnung $(m = 4)$,

$$D_z = \frac{\partial^4}{\partial z^4} \, ,$$

und nach Tabelle 2.1 gilt für die Randoperatoren

$$\dim \underline{R}_{oz} = \dim \underline{R}_{1z} = 2.$$

Die Operatoren D_z, $\underline{R}_{oz}$ und $\underline{R}_{1z}$ formulieren das Eigenwertproblem

$$\frac{d^4\varphi(z)}{dz^4} = \lambda\varphi(z), \quad 0 < z < 1, \tag{4.51}$$

$$[\underline{R}_{oz}\varphi(z)]_{z=o} = \underline{0},$$

$$[\underline{R}_{1z}\varphi(z)]_{z=1} = \underline{0}. \tag{4.52}$$

Dieses Problem hat für jede der in Tabelle 2.1 aufgeführten Randbedingungsformen nichttriviale Lösungen $\varphi_i(z)$ [26].

Beispiel 4.7:

Für den beidseitig drehbar gelagerten Stab (Bild 2.4 und Tabelle 2.1) erhält man über die charakteristische Gleichung

$$p^4 = \lambda$$

schließlich die Eigenwerte

$$\lambda_i = (i\pi)^4, \quad i = 1, 2, 3, \ldots, \tag{4.53}$$

und die Eigenfunktionen

$$\varphi_i(z) = \sqrt{2}\sin(i\pi z), \quad i = 1, 2, 3, \ldots, \tag{4.54}$$

die eine orthonormierte Basis bilden. ∎

Bei anderen Randbedingungen ergeben sich wiederum transzendente Bestimmungsgleichungen für die Eigenwerte, und die Eigenfunktionen sind von komplizierterer Bauart.

4.4.2 Darstellung des statischen Zustands

Jetzt wird wieder die inhomogene Randwertaufgabe nach Gl. (4.8) und (4.9) betrachtet. Das zugehörige Eigenwertproblem sei entweder vom Sturm-Liouville-Typ oder von vierter Ordnung (Balkengleichung).

Zur Bestimmung von $x_s(z)$ wird die Zerlegung nach Abschnitt 4.3, Gl. (4.16) - (4.18), aufgegriffen und zunächst $x_H(z)$ sowie $u_{\Omega s}(z)$ nach den Eigenfunktionen entwickelt:

$$x_H(z) = \sum_{i=1}^{\infty} x_{Hi}^* \varphi_i(z), \tag{4.55}$$

$$\underline{u}_{\Omega s}(z) = \sum_{i=1}^{\infty} \underline{u}_{\Omega i}^* \varphi_i(z). \tag{4.56}$$

68

Um Umständlichkeiten in der Darstellung zu vermeiden, sei in
Gl. (4.36) $\rho = 1$ angenommen, so daß Gl. (4.42) gilt. Diese Annahme ist jedoch nicht zwingend.

Entsprechend Gl. (4.43) erhält man so die Fourierkoeffizienten

$$u_{\Omega i}^* = \int_0^1 u_{\Omega s}(z)\varphi_i(z)\,dz = \int_0^1 \underline{f}^T(z)\underline{u}_s^{(1)}\varphi_i(z)\,dz =$$

$$= \int_0^1 \underline{f}^T(z)\varphi_i(z)\,dz\,\underline{u}_s^{(1)} = \underline{f}_i^{*T}\underline{u}_s^{(1)}, \tag{4.57}$$

mit

$$\underline{f}_i^{*T} = \int_0^1 \underline{f}^{(T)}(z)\varphi_i(z)\,dz. \tag{4.58}$$

Nach Abschnitt 4.3 ist weiterhin

$$D_z x_I(z) = \underline{r}^T(z)\underline{u}_s^{(2)} \tag{4.59}$$

eine bekannte Funktion von z, die linear in $\underline{u}_s^{(2)}$ ist (vgl. Beispiel 4.2). Sie läßt sich ebenfalls nach den $\varphi_i(z)$ entwickeln:

$$D_z x_I(z) = \sum_{i=1}^{\infty} \underline{r}_i^{*T}\underline{u}_s^{(2)}\varphi_i(z), \tag{4.60}$$

wobei

$$\underline{r}_i^{*T} = \int_0^1 \underline{r}^T(z)\varphi_i(z)\,dz. \tag{4.61}$$

Gl. (4.18) nimmt damit folgende Form an:

$$D_z \sum_{i=1}^{\infty} x_{Hi}^*\varphi_i(z) = \sum_{i=1}^{\infty} x_{Hi}^* D_z\varphi_i(z) = \sum_{i=1}^{\infty} x_{Hi}^* \lambda_i \varphi_i(z) =$$

$$= \sum_{i=1}^{\infty} [\underline{f}_i^{*T}\underline{u}_s^{(1)} - \underline{r}_i^{*T}\underline{u}_s^{(2)}]\varphi_i(z). \tag{4.62}$$

Daraus erhält man durch Koeffizientenvergleich, *sofern der Eigenwert Null nicht auftritt*,

$$x_{Hi}^* = \frac{1}{\lambda_i}[\underline{f}_i^{*T}\underline{u}_s^{(1)} - \underline{r}_i^{*T}\underline{u}_s^{(2)}], \quad i = 1, 2, 3, \ldots, \tag{4.63}$$

also den gesuchten statischen Zustand

$$x_s(z) = x_I(z) + x_H(z) =$$

$$= x_I(z) + \sum_{i=1}^{\infty} \frac{1}{\lambda_i}[\underline{f}_i^{*T}\underline{u}_s^{(1)} - \underline{r}_i^{*T}\underline{u}_s^{(2)}]\varphi_i(z). \qquad (4.64)$$

Ist $\lambda_j = 0$, so ist Gl. (4.62) nur dann lösbar, wenn

$$\underline{f}_j^{*T}\underline{u}_s^{(1)} - \underline{r}_j^{*T}\underline{u}_s^{(2)} = 0 \qquad (4.65)$$

gilt. Der zugehörige Fourierkoeffizient x_{Hj}^* ist dann *unbestimmt*, und statt Gl. (4.64) hat man

$$x_s(z) = x_I(z) + x_{Hj}^*\varphi_j(z) +$$

$$+ \sum_{\substack{i=1 \\ i \neq j}}^{\infty} \frac{1}{\lambda_i}[\underline{f}_i^{*T}\underline{u}_s^{(1)} - \underline{r}_i^{*T}\underline{u}_s^{(2)}]\varphi_i(z). \qquad (4.66)$$

Der statische Zustand ist also jetzt nicht mehr eindeutig, er enthält den freien Parameter x_{Hj}^*. Im Kapitel 6 wird dieses Phänomen in integralem dynamischem Übertragungsverhalten seine genaue Erklärung finden.

Der Eigenwert $\lambda_1 = 0$ tritt im Beispiel 4.6 im Falle $\beta_0 = 0$ auf (Gl. (4.49)). Mit Blick auf Gl. (4.65) und (4.22) stellt sich hier ein statischer Zustand $x_s(z)$ nur dann ein, wenn

$$\int_0^1 [u_{\Omega s}(z) - u_{2s} + u_{3s}]\varphi_1(z)\,dz =$$

$$= \int_0^1 [u_{\Omega s}(z) - u_{2s} + u_{3s}]\,dz = 0.$$

Für das Wärmeleitungsproblem ist diese Bedingung physikalisch interpretierbar. Sie fordert die Nullbilanz sämtlicher einwirkenden Wärmeströme.

70

Beispiel 4.8:

Das statische Problem

$$- \frac{d^2 x_s(z)}{dz^2} = u_{1s} z, \quad 0 < z < 1,$$

$$x_s(0) = u_{2s}, \quad x_s(1) = u_{3s},$$

wurde in den seitherigen Beispielen weitgehend aufbereitet.

Mit

$$x_I(z) = u_{2s} + (u_{3s} - u_{2s}) z$$

wird hier sogar

$$D_z x_I(z) = 0.$$

Die Eigenwerte sind nach Gl. (4.46)

$$\lambda_i = (i\pi)^2, \quad i = 1, 2, 3, \ldots,$$

und die Eigenfunktionen nach Gl. (4.47)

$$\varphi_i(z) = \sqrt{2} \sin(i\pi z), \quad i = 1, 2, 3, \ldots$$

Nach Gl. (4.58) erhält man

$$f_i^* = \int_0^1 z\sqrt{2} \sin(i\pi z)\, dz = \frac{\sqrt{2}}{i\pi} (-1)^{i+1}$$

und damit den statischen Zustand nach Gl. (4.64)

$$x_s(z) = u_{2s} + (u_{3s} - u_{2s}) z + \sum_{i=1}^{\infty} \frac{f_i^*}{(i\pi)^2} u_{1s} \varphi_i(z). \qquad (4.67)$$

Bild 4.3 veranschaulicht die Struktur dieser Lösung.

Die Fourierkoeffizienten $u_{\Omega i}^*$ werden in getrennten Kanälen mit rasch kleiner werdenden Übertragungskonstanten $1/(i\pi)^2$ auf die x_{Hi}^* übertragen *("örtliches Tiefpaßverhalten")*. Dieses Verhalten legt eine *Näherung durch Reihenabbruch* nach dem N-ten Glied nahe.

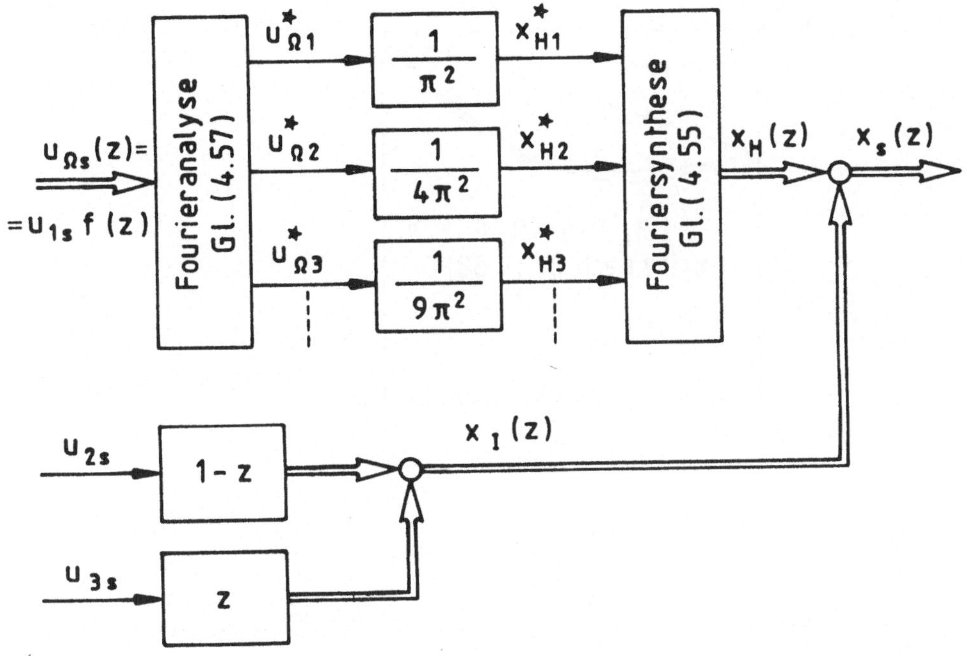

<u>Bild 4.3</u>: Lösungsstruktur der Gl. (4.67)

Wählt man in diesem Beispiel besonders drastisch N = 1, so
wird

$$x_s(z) \approx u_{2s} + (u_{3s} - u_{2s})\,z + \frac{2}{\pi^3}\,u_{1s}\,\sin \pi z. \tag{4.68}$$

Für das Zahlenbeispiel $u_{1s} = -5$, $u_{2s} = 1$, $u_{3s} = 1,5$ ist diese
Näherung im Bild 4.4 der exakten Lösung nach Gl. (4.15) gegenübergestellt.

Die vergleichsweise gute Genauigkeit der Näherung ist wesentlich auf die im Abschnitt 4.3 eingeführte Zerlegung (4.16) zurückzuführen. Dadurch werden die inhomogenen Randbedingungen
exakt erfüllt, und nur der Quelleneinfluß wird angenähert.

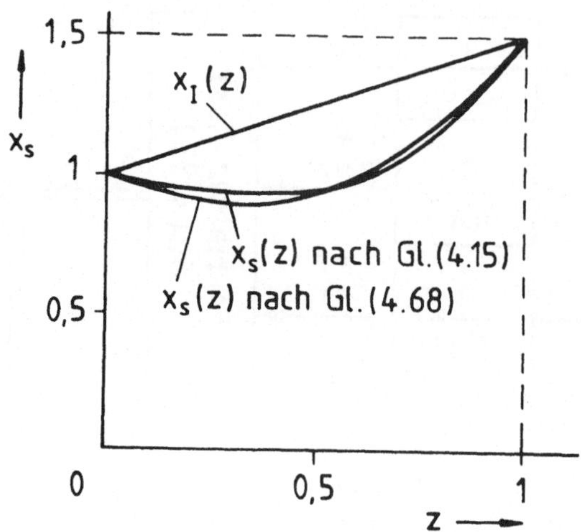

Bild 4.4: Exakte Lösung und Näherung für $x_s(z)$　　　■

Im Unterschied hierzu wird in der Literatur häufig für das *in-homogene* Problem der Näherungsansatz

$$x_s(z) \approx \sum_{i=1}^{N} x_i^* \varphi_i(z) \tag{4.69}$$

gemacht. Da auch hier jede Eigenfunktion $\varphi_i(z)$ die *homogenen* Randbedingungen erfüllt, führt der Ansatz (4.69) auch bei großem N zu einem *systematischen Randfehler*, der sich auf den gesamten Ortsbereich auswirkt.

4.5 Die Methode der Greenschen Funktion

4.5.1 Einführung der Greenschen Funktion

Es wird erneut die Randwertaufgabe (4.17), (4.18) betrachtet und die rechte Seite von Gl. (4.18) mit $u(z)$ abgekürzt:

$$D_z x_H(z) = u(z), \; 0 < z < 1. \tag{4.70}$$

Das System werde jetzt statisch durch eine punktförmige Quelle an der Stelle $z_1 \in (0,1)$ angeregt,

$$u(z) = \delta(z, z_1). \tag{4.71}$$

Beim schwingenden Balken etwa hat man sich hierunter eine an
der Stelle z_1 angreifende Einzelkraft vorzustellen.

Sofern zu dem örtlichen Dirac-Impuls (4.71) eine statische Auslenkung $x_H(z)$ existiert, wird sie von dem Parameter z_1 abhängen:

$$x_H(z) = g(z,z_1). \tag{4.72}$$

Die Funktion $g(z,z_1)$ kann man als "örtliche Impulsantwort" des
Systems interpretieren (Bild 4.5). Sie genügt wegen Gl. (4.70)
und (4.71) der Differentialgleichung

$$D_z g(z,z_1) = \delta(z,z_1) \, , \, 0 < z < 1, \tag{4.73}$$

und wegen Gl. (4.17) den Randbedingungen

$$[\underline{R}_{oz} g(z,z_1)]_{z=o} = \underline{0},$$
$$[\underline{R}_{1z} g(z,z_1)]_{z=1} = \underline{0}. \tag{4.74}$$

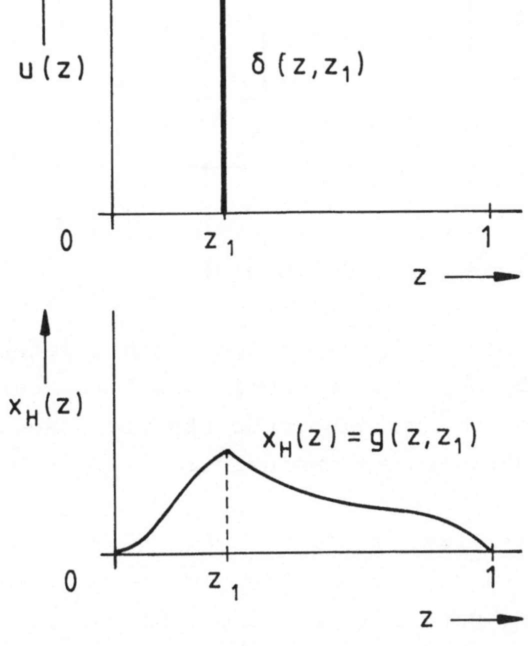

<u>Bild 4.5</u>: Veranschaulichung der "örtlichen Impulsantwort"
$g(z,z_1)$

74

Auf die Bestimmung von $g(z,z_1)$ aus Gl. (4.73) und (4.74) wird
noch eingegangen werden. Zuvor soll das Gedankenexperiment noch
etwas erweitert werden: Der Einzelimpuls $\delta(z,z_1)$ werde ersetzt
durch p äquidistant über die Länge verteilte Impulse nach Bild
4.6:

$$\tilde{u}(z) = \sum_{i=1}^{p} u(z_i)\,\delta(z,z_i)\,\Delta z, \qquad (4.75)$$

wobei

$$z_i = i\Delta z, \quad i = 1, \ldots, p, \quad (p+1)\Delta z = 1.$$

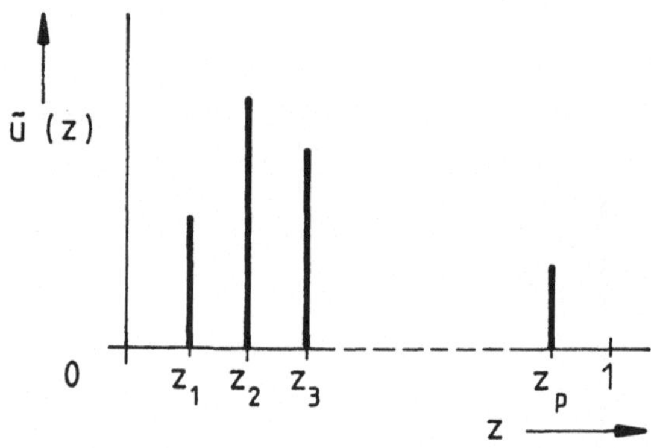

<u>Bild 4.6</u>: Die örtliche Impulsfolge $\tilde{u}(z)$

Die einzelnen Impulse sind mit $u(z_i)\,\Delta z$ gewichtet. Wegen der vorausgesetzten Linearität des SVP und somit des Differentialoperators D_z erhält man die zu $\tilde{u}(z)$ gehörende statische Reaktion
$\tilde{x}_H(z)$ mit Hilfe des Überlagerungsprinzips:

$$\tilde{x}_H(z) = \sum_{i=1}^{p} g(z,z_i)\,u(z_i)\,\Delta z. \qquad (4.76)$$

Beim Grenzübergang $\Delta z \to o$ geht $\tilde{u}(z)$ in eine kontinuierliche Ortsfunktion $u(z)$ über und die Summe (4.76) in ein Integral:

$$x_H(z) = \int_{\zeta=0}^{1} g(z,\zeta)u(\zeta)d\zeta. \tag{4.77}$$

Diese Gleichung ist von fundamentaler Bedeutung für die Theorie linearer SVP. Sie erinnert formal an das Duhamel-Integral [1]

$$x(t) = \int_{\tau=0}^{t} g(t-\tau)u(\tau)d\tau, \tag{4.78}$$

das das Übertragungsverhalten linearer, zeitinvarianter SKP im Zeitbereich beschreibt.

Die allgemeine Aussage von Gl. (4.77) ist die folgende:

Existiert zu einer Punktquelle an der Stelle ζ eine statische Lösung $g(z,\zeta)$ der Randwertaufgabe, so kann man mit ihrer Hilfe die Lösung $x_H(z)$ für jede beliebige Quellenanregung $u(z)$ nach Gl. (4.77) bestimmen.

Die von den beiden Variablen z und ζ abhängige Funktion $g(z,\zeta)$ heißt die *Greensche Funktion* der Randwertaufgabe. Sie vermittelt den funktionalen Zusammenhang zwischen $u(z)$ und $x_H(z)$, kurz

$$x_H(z) = Ju(z). \tag{4.79}$$

Dabei steht J für den *Integraloperator* nach Gl. (4.77). In der Theorie linearer Integralgleichungen heißt die "Gewichtsfunktion" $g(z,\zeta)$ auch *Kern* des Integraloperators (4.77) [26]. Im Unterschied zu dem Faltungsintegral (4.78) tritt in Gl. (4.77) die *feste* obere Grenze $\zeta = 1$ auf, und $g(z,\zeta)$ ist im allgemeinen nicht von der Form $g(z-\zeta)$.

Der Integraloperator (4.79) mit der Greenschen Funktion $g(z,\zeta)$ als Kern leistet die Umkehrung der ursprünglichen Zuordnung

$$D_z x_H(z) = u(z).$$

Er ist deshalb der zu D_z *inverse Operator*.

Ersetzt man in den Gln. (4.73) und (4.74) z_1 formal durch ζ, so genügt die Greensche Funktion $g(z,\zeta)$ – sofern sie im konkreten Fall existiert – den Beziehungen

$$\boxed{\begin{aligned}
D_z g(z,\zeta) &= \delta(z,\zeta), \\[2mm]
[\underline{R}_{oz} g(z,\zeta)]_{z=o} &= \underline{0}, \\[2mm]
[\underline{R}_{1z} g(z,\zeta)]_{z=1} &= \underline{0}.
\end{aligned}}$$

(4.80)

(4.81)

Die Operatoren D_z, $\underline{R}_{oz}$ und $\underline{R}_{1z}$ sind dabei bezüglich der Variablen z anzuwenden.

Wie kann man die Greensche Funktion aus Gl. (4.80) und (4.81) berechnen, und wie stellt sich im einzelnen der Einfluß inhomogener Randbedingungen dar?

4.5.2 Berechnung der Greenschen Funktion

Mit Gl. (4.6) lautet Gl. (4.80) ausführlich

$$\sum_{k=o}^{m} \beta_k(z) \frac{\partial^k g(z,\zeta)}{\partial z^k} = \delta(z,\zeta), \quad o < z < 1. \tag{4.82}$$

Die Stelle $z = \zeta$ teilt das Intervall $(0,1)$ in die beiden Teilintervalle $o < z < \zeta$ und $\zeta < z < 1$ (vgl. Bild 4.5). Klammert man die Stelle $z = \zeta$ zunächst aus, so ist die Differentialgleichung (4.82) in jedem der Teilintervalle *homogen*:

$$\boxed{\sum_{k=o}^{m} \beta_k(z) \frac{\partial^k g(z,\zeta)}{\partial z^k} = 0 \quad \left\{\begin{aligned} &o < z < \zeta, \\[2mm] &\zeta < z < 1. \end{aligned}\right.}$$

(4.83)

An der Stelle $z = \zeta$ kann Gl. (4.82) nur dadurch erfüllt werden, daß die höchste vorkommende Ableitung von $g(z,\zeta)$ die δ-Funktion abdeckt:

$$\beta_m(z) \frac{\partial^m g(z,\zeta)}{\partial z^m} = \delta(z,\zeta), \quad \zeta - o < z < \zeta + o.$$

Daraus folgt durch Integration

$$\int_{z=\zeta-o}^{\zeta+o} \beta_m(z) \frac{\partial^m g(z,\zeta)}{\partial z^m}\, dz = 1.$$

Die als stetig vorausgesetzte Funktion $\beta_m(z)$ nimmt in dem infinitesimalen Integrationsintervall den Wert $\beta_m(\zeta)$ an und kann
ausgeklammert werden:

$$\beta_m(\zeta) \cdot \int_{z=\zeta-o}^{\zeta+o} \frac{\partial^m g(z,\zeta)}{\partial z^m}\, dz = 1.$$

Jetzt kann man das Integral geschlossen auswerten:

$$\beta_m(\zeta) \cdot \left[\frac{\partial^{m-1} g(z,\zeta)}{\partial z^{m-1}}\bigg|_{z=\zeta+o} - \frac{\partial^{m-1} g(z,\zeta)}{\partial z^{m-1}}\bigg|_{z=\zeta-o} \right] = 1,$$

oder

$$\boxed{\frac{\partial^{m-1} g(z,\zeta)}{\partial z^{m-1}}\bigg|_{z=\zeta+o} - \frac{\partial^{m-1} g(z,\zeta)}{\partial z^{m-1}}\bigg|_{z=\zeta-o} = \frac{1}{\beta_m(\zeta)}\ .} \qquad (4.84)$$

Dies ist eine *Sprungbedingung* für die $(m-1)$-te Ableitung von g.
Sie impliziert Stetigkeit aller niederen Ableitungen von g an
der Stelle $z = \zeta$:

$$\boxed{\frac{\partial^i g(z,\zeta)}{\partial z^i}\bigg|_{z=\zeta+o} = \frac{\partial^i g(z,\zeta)}{\partial z^i}\bigg|_{z=\zeta-o}\ ,\ i = 0,\ \ldots,\ m-2.} \qquad (4.85)$$

Damit sind alle Vorbereitungen getroffen, um $g(z,\zeta)$ formelmäßig
berechnen zu können. Die bereichsweise Integration von Gl.
(4.83) führt zu 2m Integrations-"Konstanten" (sie hängen von
dem Parameter ζ ab). Diese werden festgelegt durch die m Randbedingungen (4.81) und die m Übergangsbedingungen (4.84),
(4.85).

Beispiel 4.9:

Es soll die zu dem Beispiel 4.8 gehörende Greensche Funktion
$g(z,\zeta)$ bestimmt werden. Sie genügt der Differentialgleichung
(4.83):

78

$$- \frac{\partial^2 g(z,\zeta)}{\partial z^2} = 0 \quad \begin{cases} 0 < z < \zeta, \\[2ex] \zeta < z < 1, \end{cases} \qquad (4.86)$$

den Randbedingungen (4.81):

$$g(0,\zeta) = g(1,\zeta) = 0,$$

der Sprungbedingung (4.84):

$$\frac{\partial g(z,\zeta)}{\partial z}\bigg|_{z=\zeta+0} - \frac{\partial g(z,\zeta)}{\partial z}\bigg|_{z=\zeta-0} = -1$$

und der Stetigkeitsbedingung (4.85):

$$g(\zeta+0,\zeta) = g(\zeta-0,\zeta).$$

Die allgemeine Lösung von Gl. (4.86) ist

$$g(z,\zeta) = \begin{cases} C_0(\zeta) + C_1(\zeta)z, & 0 \leq z < \zeta, \\[2ex] D_0(\zeta) + D_1(\zeta)z, & \zeta < z \leq 1. \end{cases}$$

Die Integrations-"Konstanten" C_0, C_1, D_0, D_1 erhält man durch elementares Auswerten der Rand- und Übergangsbedingungen zu

$$C_0(\zeta) = 0, \quad C_1(\zeta) = 1 - \zeta,$$

$$D_0(\zeta) = \zeta, \quad D_1(\zeta) = -\zeta.$$

Damit lautet die hier überall stetige Greensche Funktion

$$\boxed{g(z,\zeta) = \begin{cases} (1-\zeta)z, & 0 \leq z \leq \zeta, \\[2ex] \zeta(1-z), & \zeta \leq z \leq 1. \end{cases}} \qquad (4.87)$$

Sie ist im Bild 4.7 über der z,ζ-Ebene grafisch dargestellt. Man erkennt deutlich den Sprung der 1. Ableitung $\partial g/\partial z$ längs der Winkelhalbierenden $z = \zeta$. $\blacksquare$

Mit dem soeben beschriebenen Verfahren erhält man eine bereichsweise *geschlossene Darstellung der Greenschen Funktion*. Ist das

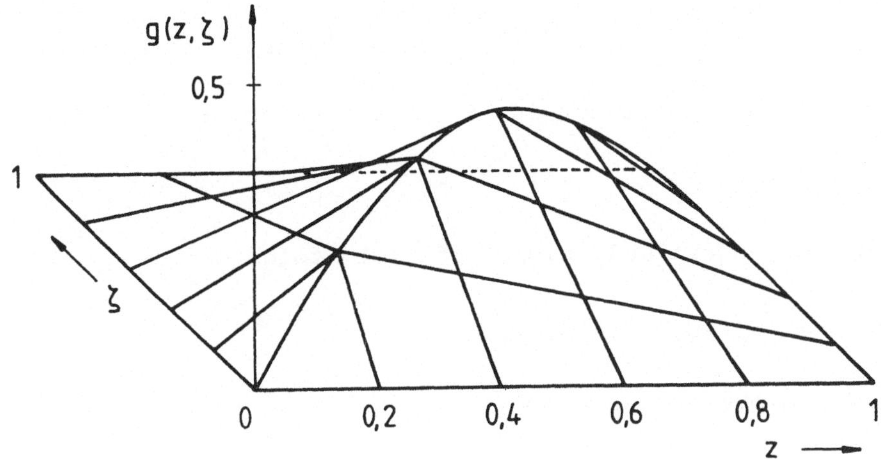

Bild 4.7: Die Greensche Funktion $g(z,\zeta)$
im Beispiel 4.9

der gegebenen Randwertaufgabe zugeordnete Eigenwertproblem vom
Sturm-Liouville-Typ (Abschnitt 4.4.1) oder von 4. Ordnung nach
Gl. (4.51) und (4.52), so kann man $g(z,\zeta)$ auch in eine *Reihe
nach den Eigenfunktionen* $\varphi_i(z)$ entwickeln:

$$g(z,\zeta) = \sum_{i=1}^{\infty} g_i(\zeta)\varphi_i(z). \tag{4.88}$$

Die Randbedingungen (4.81) sind bei diesem Ansatz von vornherein erfüllt, da die $\varphi_i(z)$ diesen Randbedingungen genügen.

Zur Bestimmung der Entwicklungskoeffizienten $g_i(\zeta)$ verwendet
man Gl. (4.80):

$$D_z g(z,\zeta) = D_z \sum_{i=1}^{\infty} g_i(\zeta)\varphi_i(z) = \sum_{i=1}^{\infty} g_i(\zeta) D_z \varphi_i(z) =$$

$$= \sum_{i=1}^{\infty} g_i(\zeta) \lambda_i \varphi_i(z) = \delta(z,\zeta).$$

Multipliziert man beidseitig mit $\rho(z)\varphi_k(z)$ und integriert über
den Ortsbereich, so wird

$$\sum_{i=1}^{\infty} g_i(\zeta)\lambda_i \int_0^1 \rho(z)\varphi_i(z)\varphi_k(z)\,dz = \int_0^1 \delta(z,\zeta)\rho(z)\varphi_k(z)\,dz.$$

Wegen Gl. (4.38) bleibt nur für i = k ein Beitrag:

$$g_i(\zeta)\lambda_i = \rho(\zeta)\varphi_i(\zeta), \qquad i=1,\ 2,\ 3,\ \ldots$$

Sofern der Eigenwert Null nicht auftritt, folgt weiter

$$g_i(\zeta) = \frac{1}{\lambda_i}\,\rho(\zeta)\varphi_i(\zeta), \qquad i=1,\ 2,\ 3,\ \ldots,$$

und damit die *Reihendarstellung der Greenschen Funktion*

$$\boxed{\,g(z,\zeta) = \sum_{i=1}^{\infty} \frac{1}{\lambda_i}\rho(\zeta)\varphi_i(\zeta)\varphi_i(z).\,} \qquad (4.89)$$

Ist speziell ρ = konst. (und ohne Einschränkung der Allgemeinheit auf 1 normiert), so gilt die Orthogonalitätsbeziehung
(4.42), und Gl. (4.89) nimmt eine noch einfachere Form an:

$$\boxed{\,g(z,\zeta) = \sum_{i=1}^{\infty} \frac{1}{\lambda_i}\varphi_i(z)\varphi_i(\zeta).\,} \qquad (4.90)$$

Wie man sieht, ist in diesem Fall die Greensche Funktion sogar
symmetrisch in z und ζ, eine generelle Eigenschaft sog. *selbst-
adjungierter* Randwertaufgaben [26]. Dieser Begriff braucht hier
aber nicht weiter vertieft zu werden. Insbesondere wenn D_z von
der Form (4.41) ist, ist $g(z,\zeta)$ immer vom Typ (4.90), sofern
λ_i = O nicht auftritt.

So lautet etwa die zu Gl. (4.87) äquivalente Reihendarstellung
(vgl. Beispiel 4.5)

$$g(z,\zeta) = \sum_{i=1}^{\infty} \frac{1}{(i\pi)^2}\,\sqrt{2}\,\sin(i\pi z)\,\sqrt{2}\,\sin(i\pi\zeta).$$

*Kommt der Eigenwert Null vor, so existiert keine Greensche Funk-
tion.* Hierin spiegelt sich der bereits mit Gl. (4.65) und
(4.66) gefundene Sachverhalt, daß in diesem Fall ein statischer
Zustand nicht für jede Quellen- und Randanregung existiert (siehe auch Kapitel 6).

4.5.3 Darstellung des statischen Zustands

Es sei an die eingangs im Abschnitt 4.5.1 vereinbarte Abkürzung

$$u(z) = u_{\Omega s}(z) - D_z x_I(z)$$

erinnert. Nach Gl. (4.77) gilt daher

$$x_H(z) = \int_{\zeta=0}^{1} g(z,\zeta)[u_{\Omega s}(\zeta) - D_\zeta x_I(\zeta)]d\zeta.$$

Mit Gl. (4.16) erhält man so den statischen Zustand

$$x_s(z) = x_I(z) + \int_{\zeta=0}^{1} g(z,\zeta)[u_{\Omega s}(\zeta) - D_\zeta x_I(\zeta)]d\zeta. \tag{4.91}$$

Der Anteil $x_I(z)$ läßt sich in bekannter Weise durch die Randwerte $\underline{u}_s^{(2)}$ ausdrücken (Abschnitt 4.3).

Beispiel 4.10:

Das statische Problem aus Beispiel 4.8 soll jetzt mit Hilfe der Greenschen Funktion gelöst werden.

Mit

$$x_I(z) = u_{2s} + (u_{3s} - u_{2s})z$$

wird hier

$$D_z x_I(z) = 0$$

und daher nach Gl. (4.91)

$$x_s(z) = x_I(z) + \int_{\zeta=0}^{1} g(z,\zeta)u_{\Omega s}(\zeta)d\zeta.$$

Zur konkreten Auswertung für das Beispiel $u_{\Omega s}(z) = u_{1s}z$ werde die geschlossene Form von $g(z,\zeta)$ nach Gl. (4.87) verwendet:

$$\int_{\zeta=o}^{1} g(z,\zeta) u_{\Omega s}(\zeta) d\zeta = u_{1s} \int_{\zeta=o}^{1} g(z,\zeta) \zeta d\zeta =$$

$$= u_{1s} \int_{\zeta=o}^{z} g(z,\zeta) \zeta d\zeta + u_{1s} \int_{\zeta=z}^{1} g(z,\zeta) \zeta d\zeta =$$

$$= u_{1s} \int_{\zeta=o}^{z} \zeta(1-z) \zeta d\zeta + u_{1s} \int_{\zeta=z}^{1} (1-\zeta) z \zeta d\zeta =$$

$$= u_{1s}(1-z) \int_{o}^{z} \zeta^2 d\zeta + u_{1s} z \int_{z}^{1} (1-\zeta) \zeta d\zeta = \frac{1}{6} u_{1s} z (1-z^2) .$$

Damit wird in Übereinstimmung mit Gl. (4.15)

$$x_s(z) = u_{2s} + (u_{3s} - u_{2s}) z + \frac{1}{6} u_{1s} z (1-z^2) . \qquad \blacksquare$$

Der Rechengang mag hier aufwendiger als mit den früher besprochenen Methoden erscheinen. Der allgemeine Nutzen der Beziehung (4.91) sollte jedoch nicht unterschätzt werden. Bei einmal berechneter Greenscher Funktion bereitet nämlich die Auswertung auch bei komplizierterer Gestalt von $u_{\Omega s}(z)$ keine grundsätzlichen Schwierigkeiten. Mehr noch: Gl. (4.91) vermag Hinweise zur zweckmäßigen Wahl der Geometriecharakteristik $\underline{f}^T(z)$ in $u_{\Omega s}(z) = \underline{f}^T(z) \underline{u}_s^{(1)}$ zu geben, wenn diese nicht von vornherein festliegt.

Verwendet man zur Auswertung von Gl. (4.91) die Reihendarstellung der Greenschen Funktion - hier gelte der Einfachheit halber die Form (4.90) -, so knüpft man eine direkte Verbindung zur Methode der Eigenfunktionen aus Abschnitt 4.4. Entwickelt man nämlich in Gl. (4.91) $u_{\Omega s}(\zeta)$ nach Gl. (4.56) und $D_\zeta x_I(\zeta)$ nach Gl. (4.60), so wird

$$x_H(z) = \int_{\zeta=o}^{1} \left(\sum_{i=1}^{\infty} \frac{1}{\lambda_i} \varphi_i(z) \varphi_i(\zeta) \right) \cdot \left(\sum_{i=1}^{\infty} u_{\Omega i}^* \varphi_i(\zeta) - \right.$$

$$\left. - \sum_{i=1}^{\infty} \underline{r}_i^{*T} \underline{u}_s^{(2)} \varphi_i(\zeta) \right) d\zeta .$$

Wegen der Orthonormalität der $\varphi_i(\zeta)$ nach Gl. (4.42) bleibt schließlich nur noch

$$x_H(z) = \sum_{i=1}^{\infty} \frac{1}{\lambda_i}[u_{\Omega i}^* - \underline{r}_i^{*T}\underline{u}_s^{(2)}]\varphi_i(z) =$$

$$= \sum_{i=1}^{\infty} \frac{1}{\lambda_i}[\underline{f}_i^{*T}\underline{u}_s^{(1)} - \underline{r}_i^{*T}\underline{u}_s^{(2)}]\varphi_i(z),$$

so daß die Fourierkoeffizienten x_{Hi}^* erwartungsgemäß mit Gl. (4.63) übereinstimmen.

Es ist aufschlußreich, die eingangs im Kapitel 4 formulierten Fragestellungen a) und b) im Lichte der als existent vorausgesetzten Greenschen Funktion $g(z,\zeta)$ zu diskutieren. Um Weitläufigkeit zu vermeiden, seien die Randbedingungen jetzt als homogen angenommen. Damit wird $x_I(z) \equiv O$, und Gl. (4.91) lautet

$$x_s(z) = \int_{\zeta=O}^{1} g(z,\zeta)u_{\Omega s}(\zeta)d\zeta = \int_{\zeta=O}^{1} g(z,\zeta)\underline{f}^T(\zeta)d\zeta\underline{u}_s^{(1)}. \qquad (4.92)$$

Diese Beziehung beantwortet prägnant die Frage, welche statischen Zustände $x_s(z)$ mittels $\underline{u}_s^{(1)}$ einstellbar sind.

Über die Ausgangsgleichung (4.7),

$$\underline{Y}_s = \int_{z=O}^{1} \underline{c}(z)x_s(z)dz,$$

folgt weiter

$$\boxed{\underline{Y}_s = \int_{z=O}^{1} \underline{c}(z)\int_{\zeta=O}^{1} g(z,\zeta)\underline{f}^T(\zeta)d\zeta dz \cdot \underline{u}_s^{(1)},} \qquad (4.93)$$

kurz

$$\underline{Y}_s = \underline{K}_s\underline{u}_s^{(1)}, \qquad (4.94)$$

mit

$$\underline{K}_s = \int_{z=O}^{1}\int_{\zeta=O}^{1} \underline{c}(z)g(z,\zeta)\underline{f}^T(\zeta)d\zeta dz. \qquad (4.95)$$

84

Die konstante Matrix $\underline{K}_S$ ist der *Matrix-Verstärkungsfaktor der Regelstrecke*. Er beschreibt das statische Eingangs-Ausgangs-verhalten der Mehrgrößenstrecke.

Im Spezialfall

$$\dim \underline{y}_S = \dim \underline{u}_S^{(1)} = q \tag{4.96}$$

ist $\underline{K}_S$ eine q-reihige quadratische Matrix. Sofern sie regulär ist, kann man Gl. (4.94) nach $\underline{u}_S^{(1)}$ auflösen:

$$\underline{u}_S^{(1)} = \underline{K}_S^{-1} \underline{y}_S. \tag{4.97}$$

Damit läßt sich die Frage a) aus der Einleitung zum Kapitel 4 wie folgt beantworten:

Sofern die Greensche Funktion $g(z,\zeta)$ existiert und die Matrix $\underline{K}_S$ nach Gl. (4.95) unter der Voraussetzung (4.96) regulär ist, ist jeder Ausgangsvektor $\underline{y}_S$ mittels $\underline{u}_S^{(1)}$ statisch einstellbar. Die erforderliche Steuerfunktion $\underline{u}_S^{(1)}$ berechnet sich nach Gl. (4.97).

Abschließend sei zur Methode der Greenschen Funktion noch auf die Möglichkeit der Erweiterung auf Systeme mit vektoriellem Zustand $\underline{x}(t,z)$ hingewiesen. Die Zustandsdifferentialgleichung (2.60) lautet im statischen Zustand

$$\underline{A}_z \underline{x}_S(z) = - \underline{B}(z)\underline{u}_{\Omega S}(z), \quad z \in (0,1). \tag{4.98}$$

Auch hier seien die Randbedingungen der Einfachheit halber als homogen angenommen. Der zu $\underline{A}_z$ inverse Operator ist auch in diesem Fall ein linearer Integraloperator. Sein Kern ist die *Greensche Matrix* $\underline{G}(z,\zeta)$:

$$\boxed{\underline{x}_S(z) = - \int\limits_{\zeta=0}^{1} \underline{G}(z,\zeta)\underline{B}(\zeta)\underline{u}_{\Omega S}(\zeta)\,d\zeta.} \tag{4.99}$$

Die mit Gl. (4.92)ff. angestellten Überlegungen lassen sich völlig analog auf diesen Fall übertragen.

Es soll jedoch nicht verschwiegen werden, daß die konkrete Berechnung der Greenschen Matrix i.a. mühsam ist, denn gerade bei Systemen mit vektoriellem Zustand $\underline{x}(t,z)$ treten häufig ortsabhängige Koeffizienten auf. In diesen Fällen greift man besser zu den im nächsten Abschnitt beschriebenen Näherungsmethoden.

4.6 Die Methode der gewichteten Reste

So bestechend die seither beschriebenen Methoden zur Bestimmung des statischen Zustands sein mögen, sie sind nicht immer praktikabel. Das hat seine Ursache darin, daß diese Methoden auf eine *analytische* Lösung der Randwertaufgabe abzielen. Eine solche Lösung existiert aber durchaus nicht immer. Einen interessanten Ausweg bietet dann die halbanalytische *Methode der gewichteten Reste* [27], die als Näherungsverfahren zu charakterisieren ist und eine Brücke zur *numerischen* Behandlung von Randwertaufgaben schlägt.

Ausgangspunkt ist erneut die Randwertaufgabe in der Form (4.17), (4.18). Für $x_H(z)$ setzt man eine Näherung $\hat{x}_H(z)$ in Form einer *endlichen* Reihe an:

$$\hat{x}_H(z) = \sum_{k=1}^{N} \hat{x}_{Hk}\phi_k(z), \qquad z\in[0,1]. \tag{4.100}$$

Sie erinnert formal an die nach dem N-ten Glied abgebrochene Fourierreihe (4.39). Jedoch brauchen die "Basisfunktionen" $\phi_k(z)$ jetzt keine Eigenfunktionen zu sein. Sie können vielmehr freizügig vorab gewählt werden und müssen lediglich linear unabhängig sein und (vorerst) die homogenen Randbedingungen (4.17) erfüllen. Insbesondere sei darauf hingewiesen, daß diese Methode auch dann anwendbar ist, wenn das Problem gar keine Eigenfunktionen aufweist.

Beispiel 4.11:

Das mathematische Modell (2.69) für den Durchlaufofen ist im statischen Zustand nach Normierung von der Form

$$v\frac{dx_s(z)}{dz} + cx_s(z) = cu_{\Omega s}(z), \qquad z\in(0,1), \tag{4.101}$$
$$c>0, \quad v>0.$$

Die Heizung erfolge nach Art von Gl. (2.71),

$$u_{\Omega s}(z) = u_{1s} f(z), \qquad\qquad (4.102)$$

und die Randbedingung sei

$$x_s(0) = u_{2s}. \qquad\qquad (4.103)$$

Spaltet man nach Abschnitt 4.3

$$x_I(z) \equiv u_{2s} \qquad\qquad (4.104)$$

ab, so genügt der homogene Anteil $x_H(z)$ der Differentialgleichung

$$vx_H'(z) + cx_H(z) = cu_{1s} f(z) - cu_{2s} \qquad\qquad (4.105)$$

und der Randbedingung

$$x_H(0) = 0. \qquad\qquad (4.106)$$

Diese Randwertaufgabe besitzt (vgl. Beispiel 4.4) keine Eigenfunktionen, da sie ihrer Struktur nach eine Anfangswertaufgabe darstellt.

Die $\phi_k(z)$ in Gl. (4.100) wählt man jetzt linear unabhängig so, daß

$$\phi_k(0) = 0, \quad k = 1, \ldots, N,$$

z.B.

$$\phi_k(z) = z^k, \qquad k = 1, \ldots, N. \qquad\qquad (4.107)$$

∎

Beispiel 4.12:

Bei einer Randwertaufgabe 2. Ordnung seien die Randbedingungen

$$x_H(0) = x_H(1) = 0.$$

Als Basisfunktionen kann man dann die sogar orthonormierten Sinusfunktionen

$$\phi_k(z) = \sqrt{2} \sin k\pi z, \qquad k = 1, \ldots, N,$$

wählen. Rechentechnisch sind jedoch häufig Polynome einfacher
zu handhaben, z.B.

$$\phi_1(z) = z(1-z),$$

$$\phi_2(z) = z(1-z)(\tfrac{1}{2}-z), \qquad\qquad (4.108)$$

$$\phi_3(z) = z(1-z)(\tfrac{1}{3}-z)(\tfrac{2}{3}-z),$$

usw. ∎

Die mit den gewählten Basisfunktionen $\phi_k(z)$ gebildete Näherung
$\hat{x}_H(z)$ erfüllt zwar die Randbedingungen (4.17) exakt, man kann
jedoch nicht erwarten, daß auch die Differentialgleichung (4.18)
exakt erfüllt wird. Es stellt sich ein *Gleichungsfehler* $R_N(z)$
ein:

$$R_N(z) = D_z\hat{x}_H(z) - D_z x_H(z) \neq 0. \qquad\qquad (4.109)$$

Mit dem Ansatz (4.100) und der rechten Seite von Gl. (4.18) ergibt sich ausführlich

$$R_N(z) = \sum_{k=1}^{N} \hat{x}_{Hk} D_z\phi_k(z) - u_{\Omega s}(z) + D_z x_I(z).$$

Wenn auch $R_N(z)$ nicht identisch Null gemacht werden kann, so
ist es doch eine realistische Forderung, den Gleichungsfehler
möglichst klein zu halten. Dies gelingt, indem man die *gewichteten Reste* [27]

$$r_i = \int_{z=0}^{1} R_N(z) w_i(z)\,dz, \qquad i = 1, \ldots, N, \qquad\qquad (4.110)$$

bildet und gleich Null setzt. Die "Gewichtsfunktionen" $w_i(z)$
wählt man ihrerseits linear unabhängig, ansonsten beliebig.

Ausführlich erhält man so die Gleichungen

$$\sum_{k=1}^{N} \hat{x}_{Hk} \underbrace{\int_{z=0}^{1} w_i(z) D_z\phi_k(z)\,dz}_{:= a_{ik}} = \underbrace{\int_{z=0}^{1} w_i(z)[u_{\Omega s}(z) - D_z x_I(z)]\,dz}_{:= \hat{u}_i},$$

$$i = 1, \ldots, N. \qquad\qquad (4.111)$$

Dies sind N lineare Gleichungen für die N unbekannten Koeffizienten $\hat{x}_{Hk}$. In Matrixschreibweise lauten sie kurz

$$\underline{A}\,\hat{\underline{x}}_H = \hat{\underline{u}}\ , \tag{4.112}$$

wobei

$$\underline{A} = (a_{ik})\,, \ \hat{\underline{x}}_H = (\hat{x}_{H1},\ \ldots,\ \hat{x}_{HN})^T,\ \hat{\underline{u}} = (\hat{u}_1,\ \ldots,\ \hat{u}_N)^T.$$

Sofern die quadratische Matrix $\underline{A}$ regulär ist, kann man Gl. (4.112) nach $\hat{\underline{x}}_H$ auflösen:

$$\hat{\underline{x}}_H = \underline{A}^{-1}\hat{\underline{u}}. \tag{4.113}$$

Die Näherungslösung (4.100) erhält man dann in der Form

$$\hat{x}_H(z) = \underline{\phi}^T(z)\,\hat{\underline{x}}_H = \underline{\phi}^T(z)\underline{A}^{-1}\hat{\underline{u}},$$

also

$$\boxed{\ \hat{x}_H(z) = \underline{\phi}^T(z)\underline{A}^{-1} \int\limits_{z=o}^{1} \underline{w}(z)\,[u_{\Omega s}(z)\ -\ D_z x_I(z)\,]dz.\ } \tag{4.114}$$

Das inhomogene Randwertproblem (4.8), (4.9) hat daher nach Abschnitt 4.3 die Näherungslösung

$$\boxed{\begin{aligned}\hat{x}_s(z) &= x_I(z)\ +\ \hat{x}_H(z)\ = \\[2mm] &= x_I(z)\ +\ \underline{\phi}^T(z)\underline{A}^{-1}\int\limits_{z=o}^{1}\underline{w}(z)\,[u_{\Omega s}(z)\ -\ D_z x_I(z)\,]dz.\end{aligned}} \tag{4.115}$$

Für die Wahl der Gewichtsfunktionen $w_i(z)$ wird eines der folgenden Standardverfahren empfohlen [27]:

a) Kollokationsmethode:

Man setzt

$$w_i(z) = \delta(z,z_i)\,, \quad i = 1,\ \ldots,\ N, \tag{4.116}$$

wobei die $z_i \in (0,1)$ feste, z.B. äquidistante Stützstellen sind. Mit Blick auf Gl. (4.110) läuft dies darauf hinaus, $R_N(z_i) = o$

zu setzen für $i = 1, \ldots, N$. Die numerische Auswertung ist hier besonders einfach, da man keine Integrale zu berechnen braucht.

b) Integralmethode:

Man setzt

$$w_i(z) = \begin{cases} 1 & \text{für } z_i < z < z_{i+1}, \\ 0 & \text{sonst} \end{cases} \qquad i = 1, \ldots, N. \qquad (4.117)$$

Die z_i sind wieder feste Stellen ($z_1 = 0$, $z_{N+1} = 1$), die man am einfachsten äquidistant wählt.

c) Momentenmethode:

Hier wählt man die $w_i(z)$ in Form orthogonaler Polynome (siehe unten).

d) Galerkin-Methode:

Man wählt

$$w_i(z) = \phi_i(z), \qquad i = 1, \ldots, N, \qquad (4.118)$$

setzt also die Gewichtsfunktionen gleich den Basisfunktionen $\phi_i(z)$, wobei man die ersten N Funktionen eines *vollständigen Orthonormalsystems* wählt. Es gilt dann also

$$\int_0^1 \phi_i(z)\phi_k(z)\,dz = \delta_{ik}. \qquad (4.119)$$

Die Galerkin-Methode hat gegenüber den Methoden a) - c) den Vorzug der mathematisch abgesicherten Konvergenz: Der durch die Näherung bedingte Fehler läßt sich beliebig klein machen, wenn man nur N hinreichend groß wählt [27].

Als Spezialfall in der Galerkin-Methode enthalten ist die

e) Methode der Eigenfunktionen:

Hier fallen die

$$w_i(z) = \phi_i(z) = \varphi_i(z), \quad i = 1, \ldots, N, \tag{4.120}$$

mit den Eigenfunktionen $\varphi_i(z)$ der Randwertaufgabe zusammen, so daß sich der Kreis zum Abschnitt 4.4 schließt. Wie man leicht einsieht, wird die sonst vollbesetzte Matrix $\underline{A}$ jetzt zur Diagonalmatrix der Eigenwerte λ_i,

$$\underline{A} = \text{diag}\{\lambda_i\}, \tag{4.121}$$

sie ist also regulär, sofern $\lambda_i = 0$ nicht auftritt. Gl. (4.115) erhält man dann in der Form

$$\hat{x}_S(z) = x_I(z) + \sum_{i=1}^{N} \frac{1}{\lambda_i} \varphi_i(z) \int_{z=0}^{1} \varphi_i(z)[u_{\Omega S}(z) - D_z x_I(z)]dz.$$

Dies ist nichts anderes als die nach dem N-ten Reihenglied abgebrochene Gleichung (4.64).

Aber auch die Methoden nach a) – d) weisen eine große formale Ähnlichkeit mit der Methode der Eigenfunktionen auf. Oft erhält man bereits mit $N = 3$ oder 2 (oder gar $N = 1$) überraschend gute Näherungen.

Beispiel 4.13:

Für das statische Problem aus Beispiel 4.8 werden die $\phi_i(z)$ nach Gl. (4.108) gewählt und die Integralmethode angewandt. Mit $N = 1$ hat man also den Ansatz

$$\hat{x}_H(z) = \hat{x}_{H1}\phi_1(z) = \hat{x}_{H1} z(1 - z)$$

und nach Gl. (4.117) die Gewichtsfunktion

$$w_1(z) = 1, \quad 0 < z < 1.$$

Nach Gl. (4.111) wird

$$a_{11} = -\int_{0}^{1} \frac{d^2}{dz^2} (z - z^2)dz = 2$$

und

$$\hat{u}_1 = \int_{0}^{1} z u_{1S} dz = \frac{1}{2} u_{1S},$$

folglich nach Gl. (4.115)

$$\hat{x}_s(z) = u_{2s} + (u_{3s} - u_{2s})z + \frac{1}{4} u_{1s} z(1 - z).$$
(4.122)

Für das Zahlenbeispiel $u_{1s} = -5$, $u_{2s} = 1$, $u_{3s} = 1,5$, das auch Bild 4.4 zugrundelag, ist im Bild 4.8 die Näherung (4.122) der exakten Lösung (4.15) gegenübergestellt. Erneut zeigt sich bereits mit einem einzigen Reihenglied eine recht gute Genauigkeit. Selbstverständlich hängt bei kleinem N die erzielte Ge-

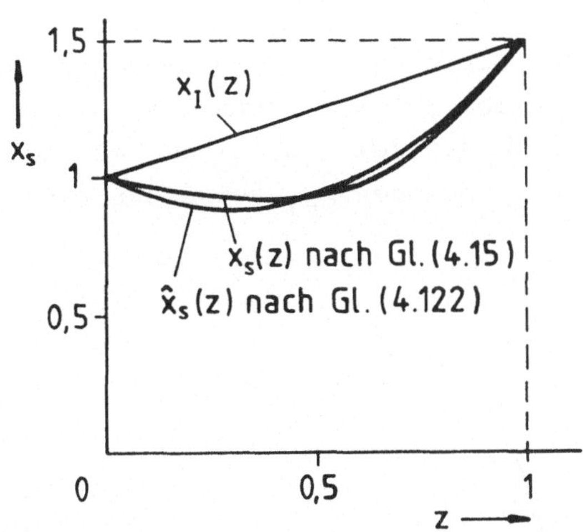

<u>Bild 4.8</u>: Exakte Lösung und Näherung für $x_s(z)$

nauigkeit sehr von der Wahl der $\phi_k(z)$ ab. Bei größerem N, z.B. N ≥ 10, wird die Genauigkeit nur noch wenig von den verwendeten Basis- und Gewichtsfunktionen beeinflußt. ∎

Die Methode der gewichteten Reste ist insbesondere auch dann praktikabel, wenn der Operator D_z ortsabhängige Koeffizienten enthält. Selbst nichtlineare Randwertaufgaben kann man näherungsweise lösen.

Beispiel 4.14:

Im Beispiel 4.8 werde die Quelle $u_{1s}z$ ersetzt durch die nichtlineare Funktion $F[x_s(z)]$. Probleme dieses Typs treten beispielsweise durch Rückkopplung in chemischen Reaktionssystemen auf.

Reduziert man hier N drastisch auf 1, macht man also den Ansatz

$$\hat{x}_s(z) = x_I(z) + \hat{x}_{H1}\phi_1(z),$$

so führt dieser bei sinngemäßer Anwendung der Gln. (4.111) – (4.113) zu der Beziehung

$$\hat{x}_{H1} = \frac{1}{a_{11}} \int\limits_{z=0}^{1} w_1(z)\,F[u_{2s} + (u_{3s} - u_{2s})z + \hat{x}_{H1}\phi_1(z)]\,dz. \qquad (4.123)$$

Die rechte Seite dieser Gleichung ist als Parameterintegral eine Funktion von $\hat{x}_{H1}$ allein, $\hat{F}(\hat{x}_{H1})$. Man wird sie in der Regel numerisch auswerten. Bild 4.9 zeigt an einem Beispiel, daß Gl. (4.123) durchaus mehrere Lösungen $\hat{x}_{H1}$ aufweisen kann. In die-

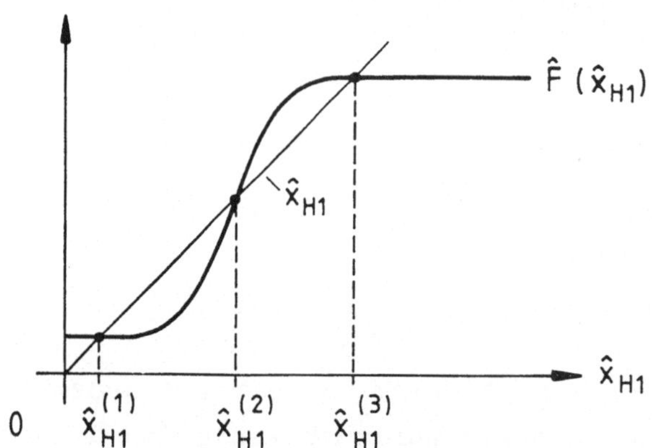

<u>Bild 4.9</u>: Grafische Bestimmung von $\hat{x}_{H1}$ bei einer nichtlinearen Randwertaufgabe

sem Fall ist das System dreier verschiedener statischer Zustände $\hat{x}_s(z)$ fähig. ∎

Abschließend soll noch auf eine wichtige Variante der Methode der gewichteten Reste hingewiesen werden. Sie vermeidet das Abspalten von $x_I(z)$ in

$$\hat{x}_s(z) = x_I(z) + \sum_{k=1}^{N} \hat{x}_{Hk}\phi_k(z)$$

und setzt stattdessen direkt

$$\hat{x}_s(z) = \sum_{k=1}^{N} \hat{x}_k\phi_k(z) \tag{4.124}$$

an. Die $\phi_k(z)$ brauchen jetzt keine vorgegebenen Randbedingungen zu erfüllen! Sie müssen lediglich allgemein genug gewählt werden, um in der Linearkombination (4.124) die Randbedingungen befriedigen zu können. Wichtig ist, daß N > m gewählt wird, also größer als die Anzahl der Randbedingungen des zu lösenden Problems. Setzt man Gl. (4.124) in Gl. (4.9) ein, so erhält man m lineare Gleichungen für die N unbekannten $\hat{x}_k$. Weitere (N – m) lineare Gleichungen erhält man, indem man (N – m) Gewichtsfunktionen $w_i(z)$ wählt und in sinngemäßer Anwendung von Gl. (4.111) die Differentialgleichung (4.8) näherungsweise erfüllt:

$$\sum_{k=1}^{N} \hat{x}_k \int_{z=0}^{1} w_i(z) D_z \phi_k(z)\,dz = \int_{z=0}^{1} w_i(z) u_{\Omega s}(z)\,dz, \tag{4.125}$$

$$i = 1, \ldots, N - m.$$

Insgesamt hat man also genauso viele Gleichungen wie Unbekannte.

Diese Variante macht somit die Wahl der $\phi_k(z)$ unabhängig von den vorliegenden Randbedingungen und ermöglicht diese dennoch exakt zu erfüllen.

Insbesondere das *Galerkin-Verfahren* bei Verwendung *orthogonaler Polynome*, z.B. Legendre-Polynome, hat sich in vielfältigen Anwendungen sehr gut bewährt.

Anmerkung: Die Legendre-Polynome $p_k(\xi)$ [26] sind orthogonal im Bereich $-1 \leq \xi \leq 1$. Man transformiert daher den vorliegenden Bereich $0 \leq z \leq 1$ mittels

$$z = \frac{1}{2}(1 + \xi) \quad \text{bzw.} \quad \xi = -1 + 2z,$$

führt also die neue Ortsvariable ξ ein.

Die beschriebene Variante läßt sich leicht auf Systeme (2.60) mit vektoriellem Zustand $\underline{x}(t,z)$ erweitern, die statisch durch Gl. (4.98) beschrieben werden. Am einfachsten entwickelt man jede Komponente von $\underline{x}_s(z)$ nach den *gleichen* $\phi_k(z)$, macht also den Ansatz

$$\hat{\underline{x}}_s(z) = \sum_{k=1}^{N} \hat{\underline{x}}_k \phi_k(z) = \hat{\underline{X}}\,\underline{\phi}\,(z). \qquad (4.126)$$

Die gesuchten Entwicklungskoeffizienten sind hier zur Matrix $\hat{\underline{X}}$ zusammengefaßt. Statt Gl. (4.125) hat man jetzt

$$\sum_{k=1}^{N} \int_{z=o}^{1} w_i(z) \cdot \underline{A}_z \, \phi_k(z)\,dz\,\hat{\underline{x}}_k = - \int_{z=o}^{1} w_i(z)\underline{B}(z)\underline{u}_{\Omega s}(z)\,dz,$$

$$(4.127)$$

$$i = 1,\ \ldots,\ N-m,$$

wobei m die Anzahl aller Randbedingungen ist.

4.7 Zusammenfassung

Die Bestimmungsgleichungen für den statischen Zustand eines SVP formulieren eine Randwertaufgabe. Zu ihrer Lösung hält die Angewandte Mathematik eine Reihe leistungsfähiger Verfahren bereit. Die wichtigsten wurden in diesem Kapitel beschrieben. Nach welchen Gesichtspunkten soll aber der Anwender seine Wahl treffen? Hierzu seien zusammenfassend nochmals kurz die Besonderheiten sowie Vor- und Nachteile der verschiedenen Methoden einander gegenübergestellt.

Der im Abschnitt 4.2 beschrittene Weg über die allgemeine Lösung der Differentialgleichung kommt vor allem bei einfachen Problemstellungen in Frage, die durch Quellenfreiheit und ortsunabhängige Koeffizienten charakterisiert sind. Man erhält auf diesem Weg die exakte Lösung.

Die Überführung in eine Randwertaufgabe mit homogenen Randbedingungen nach Abschnitt 4.3 ist eine wichtige Vorbereitung insbesondere für die Methode der Eigenfunktionen (Abschnitt 4.4) und für die Methode der Greenschen Funktion (Abschnitt 4.5), denn sowohl die Eigenfunktionen als auch die Greensche Funktion weisen die *homogene* Form der Randbedingungen auf.

Die Methode der Eigenfunktionen führt auf eine Lösungsstruktur, bei der die Fourierkoeffizienten der Quellenfunktion *in getrennten Kanälen* übertragen werden (Bild 4.3). Im Kapitel 6 wird deutlich werden, daß diese entkoppelte Struktur auch für die *Dynamik* des Systems erhalten bleibt. Diese Methode bildet daher die *Grundlage für modale Analyse- und Syntheseverfahren*. Berücksichtigt man alle, d.h. unendlich viele Reihenglieder, so führt die Methode der Eigenfunktionen zur exakten Lösung. Durch Reihenabbruch erhält man eine Näherungslösung. Wegen des ausgeprägten "örtlichen Tiefpaßverhaltens" genügen oft schon wenige Reihenglieder für eine gute Näherung (Bild 4.4). Das Verfahren ist nur dann einfach zu handhaben, wenn der Operator D_z ortsunabhängige Koeffizienten aufweist und wenn die Eigenwerte nicht numerisch aus transzendenten Gleichungen berechnet werden müssen. Andernfalls sollte man auf die Methode der gewichteten Reste ausweichen (Abschnitt 4.6).

Die Methode der Greenschen Funktion nach Abschnitt 4.5 wurde etwas anders eingeführt als in der Literatur weithin üblich. Dank der Abspaltung von $x_I(z)$ nach Abschnitt 4.3 konnte auf den mit dem Greenschen Satz [14] verbundenen Formelapparat völlig verzichtet werden. Die Greensche Funktion $g(z,\zeta)$ vermittelt in prägnanter Weise das statische Eingangs-Ausgangsverhalten eines linearen SVP für beliebige Quellen- und Randanregungen. Ihr kommt die gleiche fundamentale Bedeutung zu wie der Gewichtsfunktion $g(t-\tau)$ für ein lineares zeitinvariantes SKP. Die Greensche Funktion ist i.a. nur dann einfach zu berechnen, wenn der Operator D_z ortsunabhängige Koeffizienten aufweist. Kennt man die Greensche Funktion, so löst sie die Randwertaufgabe exakt.

Scheitert die Berechnung der Greenschen Funktion, so weicht man auf die Methode der gewichteten Reste nach Abschnitt 4.6 aus. Diese sehr universelle halbanalytische Näherungsmethode führt bei linearen Randwertaufgaben immer auf ein *lineares algebraisches Gleichungssystem* zur numerischen Bestimmung der Entwicklungskoeffizienten des endlichdimensionalen Reihenansatzes. Auch nichtlineare Randwertaufgaben sowie Probleme mit vektoriellem Systemzustand lassen sich damit bearbeiten.

5 Linearisierung nichtlinearer Systeme mit verteilten Parametern

Dieses Kapitel dient der Vorbereitung des Kapitels 6, das der
Analyse des dynamischen Verhaltens vor allem linearer SVP gewidmet ist. Nun ist nicht jedes SVP von Hause aus linear model-
lierbar. Es treten Nichtlinearitäten in Form von multiplizie-
renden Gliedern und Kennliniengliedern auf. Ähnlich wie bei den
SKP sind diese nichtlinearen Elemente häufig in ein lineares
Rumpfsystem eingeflochten.

Will man komplizierte nichtlineare Methoden der Analyse und
Synthese vermeiden, so bietet sich eine Linearisierung des SVP
um den nach Kapitel 4 berechneten statischen Zustand an. Gemeint ist die klassische "Linearisierung um einen Arbeitspunkt".
Da gegenüber der Linearisierung eines SKP dennoch Besonderheiten
zu beachten sind, soll das Verfahren an Beispielen erläutert
werden.

Beispiel 5.1:

Bezeichnet man in dem normierten mathematischen Modell des
Durchlaufofens nach Bild 2.12 die verstellbare Transportgeschwindigkeit mit $u_1(t)$, die ortsunabhängig angenommene Heiztemperatur mit $u_2(t)$ und die Wärmguteintrittstemperatur mit $u_3(t)$,
so hat man die Darstellung

$$\frac{\partial x(t,z)}{\partial t} + u_1(t) \cdot \frac{\partial x(t,z)}{\partial z} + cx(t,z) = cu_2(t), \qquad (5.1)$$

$$0 < z < 1, \ t > 0,$$

$$x(t,0) = u_3(t), \qquad (5.2)$$

$$x(0,z) = x_0(z). \qquad (5.3)$$

Das mathematische Modell ist nichtlinear infolge des Produkt-
terms

$$u_1(t) \cdot \frac{\partial x(t,z)}{\partial z} \ . \qquad \blacksquare$$

Beispiel 5.2:

Setzt man eine zu erwärmende Metallplatte einer hohen Umgebungstemperatur $u_1(t)$ aus, so genügt ihre Temperatur $x(t,z)$ bei ein-
dimensionaler Modellbildung nach Abschnitt 2.2.4 einer normierten Beschreibung der Form

$$\frac{\partial x(t,z)}{\partial t} - \frac{\partial^2 x(t,z)}{\partial z^2} = u_1^4(t) - x^4(t,z), \qquad 0 < z < 1, \qquad (5.4)$$
$$t > 0,$$

beispielsweise mit den Randbedingungen

$$x(t,0) = u_2(t), \qquad\qquad\qquad\qquad (5.5)$$

$$\left.\frac{\partial x}{\partial z}\right|_{z=1} = u_3(t) \qquad\qquad\qquad\qquad (5.6)$$

und dem Anfangszustand

$$x(0,z) = x_0(z). \qquad\qquad\qquad\qquad (5.7)\quad\blacksquare$$

Auch dieses mathematische Modell ist nichtlinear, bedingt durch
das Stefan-Boltzmann'sche Strahlungsgesetz, das auf der rechten
Seite der Gl. (5.4) seinen Niederschlag findet.

Bei der Linearisierung um einen zuvor für konstante Eingangsgrößen u_{is} berechneten Ruhezustand $x_s(z)$ geht man wie folgt vor.

Man schreibt

$$x(t,z) = x_s(z) + \Delta x(t,z), \qquad\qquad\qquad (5.8)$$

$$u_i(t) = u_{is} + \Delta u_i(t), \qquad i = 1, \ldots, p, \qquad (5.9)$$

wobei die Abweichungen Δx und Δu_i, $i = 1, \ldots, p$, als hinreichend klein vorauszusetzen sind.

Eine als hinreichend glatt vorauszusetzende Kennlinie $F[x(t,z)]$
läßt sich dann linearisieren, indem man in bekannter Weise die
Taylor-Reihe um $x_s(z)$ nach dem linearen Glied abbricht:

$$F[x(t,z)] \approx F[x_s(z)] + \left.\frac{dF(x)}{dx}\right|_{x=x_s(z)} \cdot \Delta x(t,z). \qquad (5.10)$$

Man sieht bereits: Es genügt nicht, daß F(x) in der Umgebung *eines* bestimmten x-Wertes glatt verläuft, vielmehr muß F(x) *im gesamten Wertebereich von $x_s(z)$ glatt verlaufen!*

Ist eine nichtlineare Funktion mehrerer Variabler zu linearisieren, z.B.

$$F[x(t,z), \frac{\partial x(t,z)}{\partial z}, u(t)],$$

so verfährt man entsprechend:

$$F[x, \frac{\partial x}{\partial z}, u] \approx F[x_s(z), x_s'(z), u_s] +$$

$$+ \left.\frac{\partial F}{\partial x}\right|_s \cdot \Delta x(t,z) + \left.\frac{\partial F}{\partial(\frac{\partial x}{\partial z})}\right|_s \cdot \frac{\partial \Delta x(t,z)}{\partial z} + \left.\frac{\partial F}{\partial u}\right|_s \cdot \Delta u(t). \qquad (5.11)$$

Anwendung auf das Beispiel 5.1:

Nach einer der Methoden aus Kapitel 4 berechnet man den statischen Zustand (Bild 5.1) zu

$$x_s(z) = u_{2s} - (u_{2s} - u_{3s}) e^{-cz/u_{1s}}. \qquad (5.12)$$

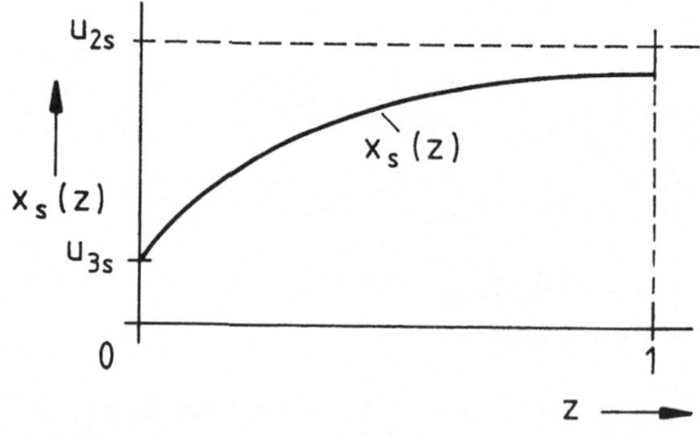

<u>Bild 5.1</u>: Statischer Zustand im Durchlaufofen
$$(u_{2s} > u_{3s}, \ u_{1s} > 0, \ c > 0)$$

Für den multiplikativen Term in Gl. (5.1) erhält man nach Gl.

$$u_1(t)\,\frac{\partial x(t,z)}{\partial z} \approx u_{1s}x_s'(z) + u_{1s}\,\frac{\partial \Delta x(t,z)}{\partial z} + x_s'(z)\Delta u_1(t).$$

$$(5.13)$$

Setzt man Gl. (5.13) sowie (5.8) und (5.9) in Gl. (5.1) ein, so heben sich alle statischen Summanden heraus (da sie ja ihrerseits eine Lösung von Gl. (5.1) bilden), und es bleiben die linearisierten Beziehungen für $\Delta x(t,z)$,

$$\frac{\partial \Delta x}{\partial t} + u_{1s}\,\frac{\partial \Delta x}{\partial z} + c\Delta x = - x_s'(z)\Delta u_1(t) + c\Delta u_2(t),\qquad (5.14)$$

$$\Delta x(t,0) = \Delta u_3(t),\qquad (5.15)$$

$$\Delta x(0,z) = x(0,z) - x_s(z) := \Delta x_0(z).\qquad (5.16)$$

In diesem Beispiel wie bereits in Gl. (5.11) werden erneut zwei Besonderheiten gegenüber der Linearisierung von SKP deutlich:

1) Es genügt nicht, daß nur die Δ-Werte selbst hinreichend klein sind, auch der Gradient $\partial \Delta x/\partial z$ muß klein bleiben. Für den Durchlaufofen bedeutet dies die Forderung nach nicht zu raschen *zeitlichen* Änderungen von $u_3(t)$.

2) In den linearisierten Systemgleichungen treten i.a. ortsabhängige Koeffizienten auf, hier $- x_s'(z)$, selbst wenn das ursprüngliche Modell nur ortsunabhängige Koeffizienten aufwies. In diese ortsabhängigen Koeffizienten geht der zuvor berechnete statische Zustand ein, sie sind also *bekannte* Funktionen von z.

Anwendung auf das Beispiel 5.2:

Der statische Zustand $x_s(z)$ läßt sich hier näherungsweise mit der Methode der gewichteten Reste nach Abschnitt 4.6 berechnen. Dies soll hier als Übungsbeispiel dem Leser überlassen bleiben. Unter Verwendung von Gl. (5.10) lauten dann die linearisierten Modellgleichungen für $\Delta x(t,z)$

$$\frac{\partial \Delta x}{\partial t} - \frac{\partial^2 \Delta x}{\partial z^2} + 4x_s^3(z)\Delta x = 4u_{1s}^3\Delta u_1(t),\qquad (5.17)$$

$$\Delta x(t,0) = \Delta u_2(t), \tag{5.18}$$

$$\frac{\partial \Delta x}{\partial z}\bigg|_{z=1} = \Delta u_3(t), \tag{5.19}$$

$$\Delta x(0,z) = \Delta x_0(z). \tag{5.20}$$

∎

An diesen Beispielen kann man feststellen, daß die Linearisierung oft wiederum auf die im Abschnitt 4.1 eingeführte große Klasse linearer SVP führt. Im 6. Kapitel braucht daher nicht mehr zwischen linearen und linearisierten Modellen unterschieden zu werden. Um die Bezeichnungen einfach zu halten, wird bei linearisierten Modellen das Symbol Δ oft weggelassen, wenngleich die Abweichungen gemeint sind.

6 Das dynamische Übertragungsverhalten linearer Systeme mit verteilten Parametern

Die Analyse des dynamischen Verhaltens der Regelstrecke mit verteilten Parametern ist die Grundlage für den Entwurf einer Regelung. Ebenso wie die statischen Untersuchungen im Kapitel 4 soll auch die Analyse der Dynamik vor allem auf die im Abschnitt 4.1 eingeführte Systemklasse gestützt werden. Das mathematische Gleichungsmodell ist dann durch die Gln. (4.1) - (4.7) gegeben. Führte das statische Problem auf eine reine Randwertaufgabe, so liegt jetzt eine kombinierte Anfangswert- und Randwertaufgabe vor (vgl. Bild 2.5).

6.1 Anwendung der Laplace-Transformation

Es gibt ein ebenso einfaches wie effizientes mathematisches Hilfsmittel, dieses erweiterte Problem auf eine reine Randwertaufgabe zurückzuführen: die Laplace-Transformation [50].

Das bekannte Laplace-Integral

$$L\{x(t)\} = X(s) = \int_{t=0}^{\infty} x(t)\,e^{-st}\,dt$$

läßt sich ohne weiteres auf Funktionen von t und z erweitern:

$$L\{x(t,z)\} = X(s,z) = \int_{t=0}^{\infty} x(t,z)\,e^{-st}\,dt. \tag{6.1}$$

Es tritt lediglich die Ortsvariable z als Parameter hinzu. Damit können auch alle Rechenregeln der Laplace-Transformation übernommen werden. Beispielsweise lautet jetzt die Differentiationsregel

$$L\{\frac{\partial x(t,z)}{\partial t}\} = sX(s,z) - x(0,z). \tag{6.2}$$

Während hier z als Parameter eingeht, ist in der folgenden Beziehung s als Parameter zu betrachten:

$$L\{\frac{\partial^2 x(t,z)}{\partial z^2}\} = \frac{\partial^2 X(s,z)}{\partial z^2}. \tag{6.3}$$

Beispiel 6.1:

Ein thermischer Prozeß genüge den Beziehungen

$$\frac{\partial x}{\partial t} - \frac{\partial^2 x}{\partial z^2} = f(z)u_1(t), \qquad 0 < z < 1, \qquad (6.4)$$
$$t > 0,$$

$$x(t,0) = u_2(t), \qquad (6.5)$$

$$x(t,1) = u_3(t), \qquad (6.6)$$

$$x(0,z) = x_o(z). \qquad (6.7)$$

Dieses Gleichungsmodell nimmt im Bildbereich der Laplace-Transformation die folgende Form an:

$$sX(s,z) - \frac{\partial^2 X(s,z)}{\partial z^2} = f(z)U_1(s) + x_o(z), \; 0 < z < 1, \qquad (6.8)$$

$$X(s,0) = U_2(s), \qquad (6.9)$$

$$X(s,1) = U_3(s). \qquad (6.10)$$

Das Beispiel illustriert einen allgemeinen Sachverhalt:

Unterwirft man die Modellgleichungen eines linearen, zeitinvarianten SVP der Laplace-Transformation, so erhält man eine lineare Randwertaufgabe für die Laplace-Transformierte X(s,z). Dabei treten s-abhängige, also komplexe Koeffizienten auf. Die Anfangsbedingungen gehen quellenmäßig in die partielle Differentialgleichung ein.

Die im Abschnitt 4.1 beschriebene Systemklasse nimmt im Bildbereich der Laplace-Transformation folgende Form an:

$$\sum_{i=1}^{2} \alpha_i s^i X(s,z) + \sum_{k=o}^{m} \beta_k(z) \frac{\partial^k X(s,z)}{\partial z^k} =$$

$$= \underline{f}^T(z)\underline{U}^{(1)}(s) + (\alpha_1 + \alpha_2 s)x_o(z) + \alpha_2 x_{to}(z), \qquad 0 < z < 1,$$

$$(6.11)$$

$$\left[\underline{R}_{oz} X(s,z) \right]_{z=o} = \underline{I}_o \underline{U}^{(2)}(s),$$

$$\left[\underline{R}_{1z} X(s,z) \right]_{z=1} = \underline{I}_1 \underline{U}^{(2)}(s),$$
$$\tag{6.12}$$

$$\underline{Y}(s) = \int\limits_{z=o}^{1} \underline{c}(z) X(s,z)\,dz. \tag{6.13}$$

In ihrer mathematischen Struktur unterscheidet sich diese Randwertaufgabe nicht von dem durch Gl. (4.8) und (4.9) beschriebenen statischen Problem. Daher können sämtliche Methoden aus Kapitel 4 übernommen werden. Von besonderem Interesse ist die Frage, wie sich die Abhängigkeit von dem komplexen Parameter s in der Lösungsstruktur niederschlägt. Es wird sich herausstellen, daß diese Lösungsstruktur methodenabhängig unterschiedlich ausfällt. Jede ermöglicht auf ihre Weise wichtige Einsichten in das Übertragungsverhalten. Daher sollen die im Kapitel 4 erörterten Methoden erneut - jetzt unter dynamischem Aspekt - aufgegriffen werden.

6.2 Bestimmung des dynamischen Verhaltens über die allgemeine Lösung der Differentialgleichung

Es wird entsprechend Abschnitt 4.1 verfahren, wobei jedoch sogleich Quellenfreiheit in Gl. (6.11) angenommen werde, d.h.

$$\underline{U}^{(1)}(s) \equiv \underline{O}, \qquad x_o(z) \equiv O, \qquad x_{to}(z) \equiv O. \tag{6.14}$$

Außerdem seien die Koeffizienten β_k ortsunabhängig (vgl. Abschnitt 4.7).

In sinngemäßer Anwendung von Gl. (4.10) und (4.11) hat Gl. (6.11) dann die allgemeine Lösung

$$X(s,z) = \sum_{k=1}^{m} \gamma_k(s) H_k(s,z). \tag{6.15}$$

Die $H_k(s,z)$, $k = 1, \ldots, m$, sind die Fundamentallösungen von Gl. (6.11) und die $\gamma_k(s)$ freie s-abhängige Koeffizienten. Sie werden durch die m Randbedingungen (6.12) festgelegt.

104

Die zu Gl. (6.11) gehörende charakteristische Gleichung lautet

$$\alpha_1 s + \alpha_2 s^2 + \sum_{k=0}^{m} \beta_k p^k = 0. \tag{6.16}$$

Wie man sieht, müssen ihre Wurzeln $p_1,\ \ldots,\ p_m$ zwangsläufig von dem Parameter s abhängen. Eine einfache Wurzel $p_i(s)$ führt dann zu dem Beitrag

$$\gamma_i(s) H_i(s,z) = \gamma_i(s) e^{p_i(s)z} \tag{6.17}$$

in der Summe (6.15).

Aus dieser einfachen Überlegung wird bereits deutlich, daß die Fundamentallösungen mehr oder weniger komplizierte *transzendente Funktionen von s und z* sind.

Beispiel 6.2:

Mit der beschriebenen Methode soll für das Beispiel 6.1 untersucht werden, welchen dynamischen Einfluß die Randwerte $U_2(s)$ und $U_3(s)$ auf den Zustand $X(s,z)$ haben. Vereinbarungsgemäß sei

$$U_1(s) \equiv 0 \quad \text{und} \quad x_0(z) \equiv 0.$$

Die charakteristische Gleichung zu Gl. (6.8),

$$s - p^2 = 0,$$

hat die Wurzeln

$$p_1(s) = \sqrt{s}, \quad p_2(s) = -\sqrt{s}.$$

Die allgemeine Lösung ist daher

$$X(s,z) = \gamma_1(s) e^{\sqrt{s}z} + \gamma_2(s) e^{-\sqrt{s}z}.$$

Mit den Randbedingungen (6.9) und (6.10) erhält man

$$\gamma_1(s) + \gamma_2(s) = U_2(s), \quad \gamma_1(s) e^{\sqrt{s}} + \gamma_2(s) e^{-\sqrt{s}} = U_3(s)$$

und daraus

$$\gamma_1(s) = \frac{U_3(s) - U_2(s)e^{-\sqrt{s}}}{e^{\sqrt{s}} - e^{-\sqrt{s}}}, \qquad \gamma_2(s) = \frac{U_2(s)e^{\sqrt{s}} - U_3(s)}{e^{\sqrt{s}} - e^{-\sqrt{s}}}.$$

Verwendet man die kürzere Schreibweise der Sinh-Funktion, so ergibt sich die Lösung

$$X(s,z) = \frac{\mathrm{Sinh}[\sqrt{s}(1-z)]}{\mathrm{Sinh}\,\sqrt{s}}\,U_2(s) + \frac{\mathrm{Sinh}(\sqrt{s}z)}{\mathrm{Sinh}\,\sqrt{s}}\,U_3(s). \qquad (6.18) \qquad \blacksquare$$

Es treten *transzendente Übertragungsfunktionen* auf, die naturgemäß noch von dem Parameter z abhängen. Erst wenn man sich für die Temperatur X an einer festen Meßstelle $z_1 \in [0,1]$ interessiert, verschwindet diese Parameterabhängigkeit.

6.3 Überführung in eine Randwertaufgabe mit homogenen Randbedingungen

In Verallgemeinerung von Gl. (4.16) macht man den Ansatz

$$\boxed{X(s,z) = X_H(s,z) + X_I(s,z).} \qquad (6.19)$$

Dabei ist $X_I(s,z)$ eine beliebige Funktion, die die inhomogenen Randbedingungen (6.12) erfüllt. Folglich muß $X_H(s,z)$ die homogene Form dieser Bedingungen erfüllen:

$$\boxed{\begin{aligned} {[\underline{R}_{0z}X_H(s,z)]}_{z=0} &= \underline{0}, \\[2mm] {[\underline{R}_{1z}X_H(s,z)]}_{z=1} &= \underline{0}. \end{aligned}} \qquad (6.20)$$

Setzt man Gl. (6.19) in die Differentialgleichung (6.11) ein, so erhält man mit der Abkürzung D_z nach Gl. (4.6)

$$\sum_{i=1}^{2} \alpha_i s^i X_H(s,z) + D_z X_H(s,z) = U_\Omega(s,z) +$$
$$+ (\alpha_1 + \alpha_2 s) x_o(z) + \alpha_2 x_{to}(z) -$$
$$- \sum_{i=1}^{2} \alpha_i s^i X_I(s,z) - D_z X_I(s,z), \quad 0 < z < 1. \qquad (6.21)$$

In völliger Analogie zu Gl. (4.18) ist dies eine gewöhnliche Differentialgleichung für $X_H(s,z)$ *mit bekannter rechter Seite*.

Die Gln. (6.20) und (6.21) formulieren somit erneut eine Randwertaufgabe, die durch *homogene Randbedingungen* charakterisiert ist.

Für $X_I(s,z)$ bieten sich auch hier Polynome in z von niedriger Ordnung an. Ihre Koeffizienten tragen die s-Abhängigkeit.

Beispiel 6.3:

Für das Gleichungsmodell (6.8) - (6.10) aus Beispiel 6.1 wählt man (vgl. Gl. (4.19))

$$X_I(s,z) = U_2(s) + [U_3(s) - U_2(s)]z. \qquad (6.22)$$

$X_H(s,z)$ genügt dann wegen $D_z X_I(s,z) \equiv 0$ der Differentialgleichung

$$sX_H(s,z) - \frac{\partial^2 X_H(s,z)}{\partial z^2} = f(z)U_1(s) + x_o(z) - sX_I(s,z) \qquad (6.23)$$

und den Randbedingungen

$$X_H(s,0) = X_H(s,1) = 0. \qquad (6.24)$$

Beispiel 6.4:

Ersetzt man im Beispiel 6.1 die Randbedingungen durch solche von zweiter Art,

$$\left. \frac{\partial X(s,z)}{\partial z} \right|_{z=0} = U_2(s), \qquad (6.25)$$

$$\left.\frac{\partial X(s,z)}{\partial z}\right|_{z=1} = U_3(s),\qquad\qquad (6.26)$$

so lassen sich diese mit

$$X_I(s,z) = U_2(s)z + \frac{1}{2}[U_3(s) - U_2(s)]z^2 \qquad\qquad (6.27)$$

erfüllen (vgl. Gl. (4.21)). Wegen

$$D_z X_I(s,z) = U_2(s) - U_3(s) \qquad\qquad (6.28)$$

genügt jetzt $X_H(s,z)$ nach Gl. (6.21) der Beziehung

$$sX_H(s,z) - \frac{\partial^2 X_H(s,z)}{\partial z^2} = f(z)U_1(s) + x_o(z) -$$

$$- sU_2(s)z - \frac{1}{2}s[U_3(s) - U_2(s)]z^2 - U_2(s) + U_3(s) \qquad\qquad (6.29)$$

und den Randbedingungen

$$\left.\frac{\partial X_H(s,z)}{\partial z}\right|_{z=o} = \left.\frac{\partial X_H(s,z)}{\partial z}\right|_{z=1} = 0. \qquad\qquad (6.30)$$

Beispiel 6.5:

Bei dem linearisierten Modell des Durchlaufofens, Gl. (5.14) -
(5.16), werde das Symbol Δ weggelassen, wenngleich die Abweichungen gemeint sind.

Am einfachsten setzt man dann

$$X_I(s,z) = U_3(s) \qquad\qquad (6.31)$$

und erhält nach Gl. (6.21)

$$(s+c)X_H(s,z) + u_{1s}\frac{\partial X_H(s,z)}{\partial z} = -x_s'(z)U_1(s) + cU_2(s) +$$

$$+ x_o(z) - (s+c)U_3(s),\ o < z < 1, \qquad\qquad (6.32)$$

$$X_H(s,o) = 0. \qquad\qquad (6.33)$$

6.4 Modale Analyse

Die im Abschnitt 4.4 beschriebene Methode der Eigenfunktionen
ermöglicht interessante Einsichten in das dynamische Verhalten
linearer SVP.

Der örtliche Differentialoperator D_z sei entweder von 2. Ordnung (m = 2) mit Koeffizienten $\beta_k(z)$ nach Gl. (4.36) (Sturm-Liouville-Problem) oder von 4. Ordnung nach Gl. (4.51) und (4.52).

Dann kann man $X_H(s,z)$ nach den Eigenfunktionen $\varphi_i(z)$ entwickeln
(*Fouriersynthese*, vgl. Abschnitt 4.4.2):

$$X_H(s,z) = \sum_{i=1}^{\infty} X_{Hi}^*(s)\,\varphi_i(z).$$ (6.34)

Die Abhängigkeit von der komplexen Variablen s kann sich jetzt
nur in den verallgemeinerten Fourierkoeffizienten $X_{Hi}^*(s)$ nieder-
schlagen. Die entsprechenden Zeitfunktionen $x_{Hi}^*(t)$, i = 1, 2,
3, ..., heißen auch "Moden". Sie geben die Art des Zeitverhal-
tens der Lösung in dem Koordinatensystem der Eigenfunktionen
an. In dieser Weise ist auch die Überschrift "Modale Analyse"
des vorliegenden Abschnitts zu verstehen.

Es sei erneut darauf hingewiesen, daß Gl. (6.34) die Randbedingungen (6.20) exakt erfüllt. Das gilt auch dann noch, wenn man
die Reihe (6.34) nach wenigen Gliedern abbricht!

Die Laplace-Transformierten $X_{Hi}^*(s)$ kann man in völliger Analogie zu Abschnitt 4.4.2 bestimmen. Hierzu wird die rechte Seite
der Differentialgleichung (6.21) mit U(s,z) abgekürzt und ihrerseits nach den $\varphi_i(z)$ entwickelt:

$$U(s,z) = \sum_{i=1}^{\infty} U_i^*(s)\,\varphi_i(z).$$ (6.35)

Verwendet man entsprechend Gl. (4.59) jetzt die Schreibweise

$$D_z X_I(s,z) = \underline{r}^T(z)\,\underline{U}^{(2)}(s)$$ (6.36)

und schreibt auch $X_I(s,z)$ selbst in einer solchen Form,

$$X_I(s,z) = \underline{p}^T(z)\underline{U}^{(2)}(s),\qquad\qquad (6.37)$$

so kann man die Fourierkoeffizienten $U_i^*(s)$ konkret angeben
(*Fourieranalyse*):

$$U_i^*(s) = \int_{z=o}^{1} [U_\Omega(s,z) + (\alpha_1 + \alpha_2 s)x_o(z) + \alpha_2 x_{to}(z) -$$

$$- \sum_{k=1}^{2} \alpha_k s^k \underline{p}^T(z)\underline{U}^{(2)}(s) - \underline{r}^T(z)\underline{U}^{(2)}(s)]\varphi_i(z)\,dz,$$

$$i = 1,\ 2,\ 3,\ \ldots,\qquad (6.38)$$

kurz

$$U_i^*(s) = U_{\Omega i}^*(s) + (\alpha_1 + \alpha_2 s)x_{oi}^* + \alpha_2 x_{toi}^* -$$

$$- [(\alpha_1 s + \alpha_2 s^2)\underline{p}_i^{*T} - \underline{r}_i^{*T}]\underline{U}^{(2)}(s),\quad i = 1,\ 2,\ 3,\ \ldots$$

$$(6.39)$$

Alle mit (*) versehenen Größen verstehen sich dabei von selbst
als Fourierkoeffizienten der einzelnen Ortsfunktionen in Gl.
(6.38).

Jetzt läßt sich die gesamte Gl. (6.21) modal zerlegen:

$$(\alpha_1 s + \alpha_2 s^2) \sum_{i=1}^{\infty} X_{Hi}^*(s)\varphi_i(z) + \sum_{i=1}^{\infty} \lambda_i X_{Hi}^*(s)\varphi_i(z) =$$

$$= \sum_{i=1}^{\infty} U_i^*(s)\varphi_i(z).\qquad (6.40)$$

Der Koeffizientenvergleich liefert die gesuchten Moden im Bildbereich:

$$\boxed{X_{Hi}^*(s) = \frac{1}{\alpha_2 s^2 + \alpha_1 s + \lambda_i} U_i^*(s),}\qquad i = 1,\ 2,\ 3,\ \ldots,\qquad (6.41)$$

mit $U_i^*(s)$ nach Gl. (6.39).

Die modale Analyse führt auf entkoppelte Übertragungskanäle, in denen die Fourierkoeffizienten $U_i^*(s)$ auf die Fourierkoeffizienten $X_{Hi}^*(s)$ abgebildet werden. Die Übertragungsfunktionen der parallelen Kanäle sind rational und von einfacher Bauart. Ihre Ordnung ist die gleiche wie die des zeitlichen Differentialoperators D_t. Tritt der Eigenwert $\lambda_j = 0$ auf, so wird der j-te Fourierkoeffizient $U_j^*(s)$ mit integralem Verhalten übertragen.

Aus Gl. (6.41) wird deutlich, daß die Eigenwerte λ_i der Randwertaufgabe nicht verwechselt werden dürfen mit den Eigenwerten bzw. Polstellen ρ_i der Übertragungsfunktionen

$$G_i^*(s) = \frac{1}{\alpha_2 s^2 + \alpha_1 s + \lambda_i} , \qquad i = 1, 2, 3, \ldots$$

Im Falle $\alpha_2 = 0$ wird

$$\rho_i = -\lambda_i/\alpha_1, \qquad i = 1, 2, 3, \ldots$$

Im Falle $\alpha_2 \neq 0$ wird

$$\rho_{i\,1/2} = \frac{1}{\alpha_2}\left(-\alpha_1 \pm \sqrt{\alpha_1^2 - \alpha_2 \lambda_i} \right), \qquad i = 1, 2, 3, \ldots$$

Den Lösungsanteil $X_H(s,z)$ kann man jetzt angeben als

$$X_H(s,z) = \sum_{i=1}^{\infty} \frac{U_i^*(s)}{\alpha_2 s^2 + \alpha_1 s + \lambda_i} \, \varphi_i(z). \tag{6.42}$$

Mit Gl. (6.19) und (6.37) lautet daher die Lösung der *inhomogenen* Randwertaufgabe

$$\boxed{X(s,z) = \underline{p}^T(z)\underline{U}^{(2)}(s) + \sum_{i=1}^{\infty} \frac{U_i^*(s)}{\alpha_2 s^2 + \alpha_1 s + \lambda_i} \, \varphi_i(z).} \tag{6.43}$$

Sie gibt im Bildbereich erschöpfend Auskunft darüber, in welcher Weise sich Randeinflüsse, Quelleneinflüsse und Anfangszustand dynamisch auf den Systemzustand $X(s,z)$ auswirken. Dank der einfachen *rationalen* Übertragungsfunktionen ist eine Rücktransformation in den Zeitbereich sehr einfach durchführbar.

Gl. (6.43) gibt die inhomogenen Randbedingungen (6.12) exakt wieder, auch bei einem Reihenabbruch nach wenigen Gliedern. In der Literatur wird häufig eine *vollständige modale Analyse* in dem Sinn vorgenommen, daß auch der Anteil

$$X_I(s,z) = \underline{p}^T(z)\underline{U}^{(2)}(s) = \sum_{i=1}^{\infty} \underline{p}_i^{*T}\varphi_i(z)\underline{U}^{(2)}(s) \qquad (6.44)$$

in Gl. (6.43) nach den Eigenfunktionen entwickelt wird. Wenngleich man jetzt beim Reihenabbruch einen systematischen Randfehler in der Darstellung von X(s,z) in Kauf nimmt (vgl. Abschnitt 4.4), so erweist sich die vollständige modale Analyse doch für manche Untersuchungen als nützlich. So kann man sich beispielsweise dafür interessieren, in welcher Weise jede einzelne Mode $x_i^*(t)$ von den Randwerten $\underline{u}^{(2)}(t)$ angeregt wird. Gl. (6.44) beantwortet diese Frage. Da $\underline{p}^T(z)$ *inhomogene* Randwerte aufweist, sind *alle* $\varphi_i(z)$ in $\underline{p}^T(z)$ enthalten. Daher gilt allgemein:

Die Randfunktionen $\underline{u}^{(2)}(t)$ regen stets sämtliche Eigenfunktionen des SVP an, während die Quellenfunktion $u_\Omega(t,z) = \underline{f}^T(z) \cdot \underline{u}^{(1)}(t)$ nur diejenigen Eigenfunktionen anregt, die in $\underline{f}^T(z)$ enthalten sind.

Beispiel 6.6:

Für die den Beispielen 6.1 und 6.3 zugrundeliegende Regelstrecke soll zunächst eine modale Analyse nach Gl. (6.43) und dann eine vollständige modale Analyse durchgeführt werden.

Nach Gl. (6.41) gilt

$$X_{Hi}^*(s) = \frac{1}{s + (i\pi)^2}\, U_i^*(s), \qquad i = 1, 2, 3, \ldots \qquad (6.45)$$

Gemäß Gl. (6.39) kann man die Fourierkoeffizienten $U_i^*(s)$ nach einfacher Zwischenrechnung anschreiben:

112

$$U_i^*(s) = f_i^* U_1(s) + x_{oi}^* - s\,\frac{\sqrt{2}}{i\pi}[U_2(s) - (-1)^i U_3(s)],$$

$$i = 1,\ 2,\ 3,\ \ldots \quad (6.46)$$

Bild 6.1 zeigt die resultierende dynamische Struktur dieses Bei-
spielsystems. Die Struktur der zugehörigen statischen Lösung
nach Bild 4.3 ist darin als Spezialfall enthalten $(s \to 0)$.

Da die Beziehungen (6.45) und (6.46) rational in s sind, bereitet die Diskussion des Übertragungsverhaltens keine Schwierigkeiten. Aus Gl. (6.45) liest man zunächst die physikalisch ohnehin evidente Tatsache ab, daß der Wärmeleitungsvorgang stabil
ist: Die Polstellen $\rho_i = -(i\pi)^2$ liegen sämtlich in der linken
s-Halbebene. Die zugehörigen Zeitkonstanten $T_i = 1/(i\pi)^2$ sowie
die Übertragungskonstanten $K_i = 1/(i\pi)^2$ nehmen mit wachsendem i
so rasch ab, daß man bereits mit wenigen Reihengliedern eine
gute Näherung erhält. Selbst wenn man nach dem ersten Term der
Fourierreihe abbricht, ergibt sich eine für viele Zwecke aus-
reichende Näherung (vgl. Bild 6.1):

$$\hat{X}(s,z) = (1-z)U_2(s) + zU_3(s) + \frac{1}{s+\pi^2}[f_1^* U_1(s) +$$

$$+\ x_{o1}^* - s\,\frac{\sqrt{2}}{\pi}U_2(s) - s\,\frac{\sqrt{2}}{\pi}U_3(s)]\sqrt{2}\sin \pi z.$$

Der Anfangszustand sei $x_o(z) \equiv 0$, ferner $f(z) = z$, also $f_1^* = \sqrt{2}/\pi$. Dann erhält man durch Umordnen

$$\hat{X}(s,z) = \frac{2}{\pi} \cdot \frac{\sin \pi z}{s+\pi^2}U_1(s) + (1 - z - \frac{2}{\pi}\frac{s\cdot \sin \pi z}{s+\pi^2})U_2(s) +$$

$$+\ (z - \frac{2}{\pi}\frac{s\cdot \sin \pi z}{s+\pi^2})U_3(s). \quad (6.47)$$

Anhand dieser Näherung kann man recht übersichtlich das Übertragungsverhalten bezüglich Quelle und Randwerten studieren,
sei es analytisch durch Rücktransformation in den Zeitbereich
oder experimentell durch den Aufbau einer einfachen Analogrech-
nerschaltung (die Potentiometerwerte hängen dann von dem ge-

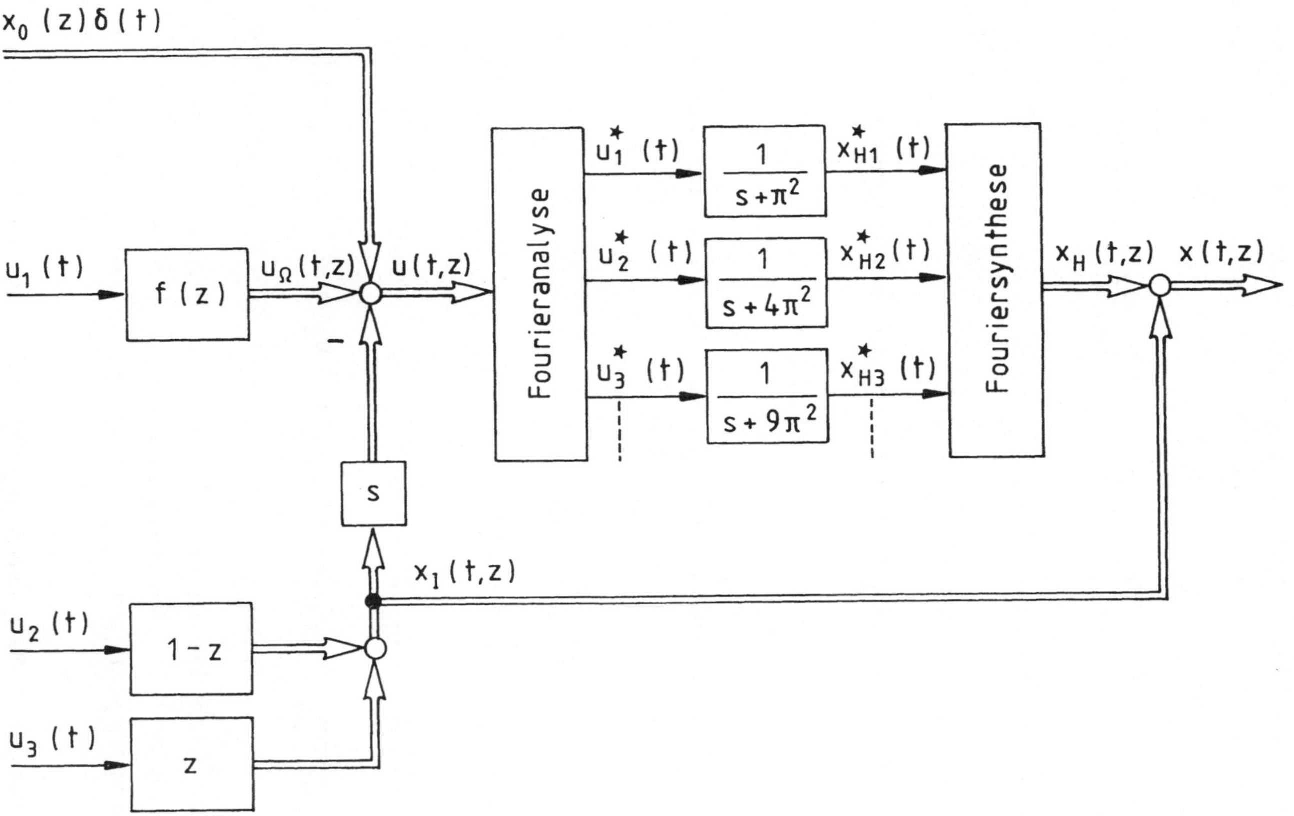

Bild 6.1: Modale Struktur der Regelstrecke aus Beispiel 6.6

114

wählten Wert von $z\in[0,1]$ ab). Bei nicht zu schnell veränderlichen Randfunktionen $u_2(t)$ und $u_3(t)$ fällt der dynamische Fehler recht klein aus.

Bei konstanter Anregung mit u_{1s}, u_{2s} und u_{3s} schwingt diese Näherung nach dem Endwertsatz der Laplace-Transformation auf

$$\hat{x}_s(z) = \frac{2}{\pi^3}\, u_{1s}\, \sin \pi z + (1-z)u_{2s} + zu_{3s}$$

ein (vgl. Gl. (4.68) und Bild 4.4).

Zur *vollständigen modalen Analyse* braucht man nur nach Gl. (6.44)

$$X_I(s,z) = U_2(s) + [U_3(s) - U_2(s)]z$$

nach den Eigenfunktionen zu entwickeln. Diese Arbeit wurde aber bereits in Gl. (6.46) erledigt, so daß man direkt

$$X_I(s,z) = \sum_{i=1}^{\infty} \frac{\sqrt{2}}{i\pi}[U_2(s) - (-1)^i U_3(s)]\varphi_i(z) \tag{6.48}$$

anschreiben kann. Mit Gl. (6.45) und (6.46) erhält man insgesamt

$$X_i^*(s) = X_{Ii}^*(s) + X_{Hi}^*(s) =$$

$$= \frac{1}{s + (i\pi)^2}\{f_i^* U_1(s) + x_{oi}^* + i\pi\sqrt{2}[U_2(s) - (-1)^i U_3(s)]\},$$

$$i = 1,\ 2,\ 3,\ \ldots \tag{6.49}$$

Damit ergibt sich die im Bild 6.2 wiedergegebene Struktur bei vollständiger modaler Analyse. Man kann gut erkennen, daß die Randfunktionen $u_2(t)$ und $u_3(t)$ tatsächlich jede Mode $x_i^*(t)$ anregen. ∎

Als gute Übung sei dem Leser empfohlen, auch das Beispiel 6.4 mit Randbedingungen zweiter Art einer modalen Analyse zu unterziehen. Für die Eigenwerte und Eigenfunktionen gelten jetzt Gl. (4.49) mit $\beta_o = 0$ sowie Gl. (4.50). Bild 6.3 zeigt die Ergebnisstruktur. Bedingt durch den Eigenwert $\lambda_1 = 0$ wird der Fourierkoeffizient $U_1^*(s)$ hier über das I-Glied $1/s$ übertragen. Daher

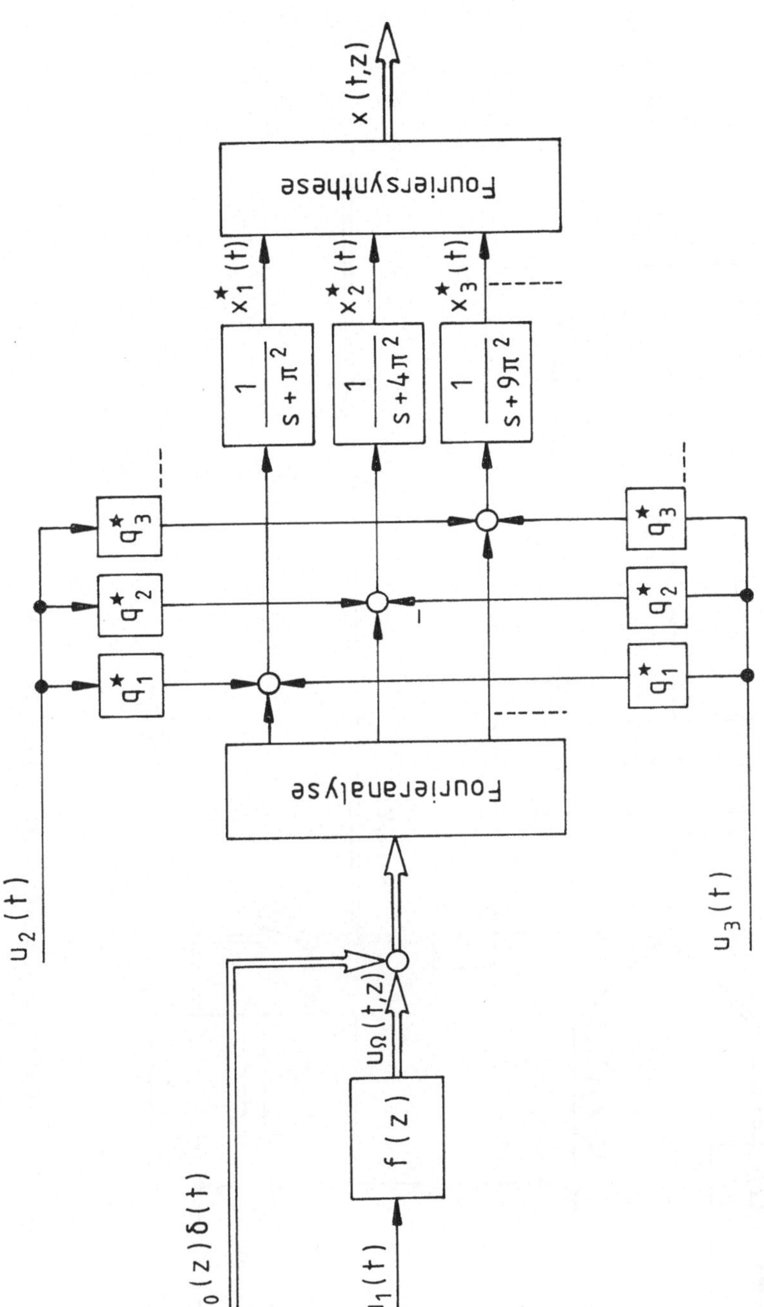

Bild 6.2: Der modalen Struktur nach Bild 6.1 äquivalente Struktur bei vollständiger modaler Analyse. $q_i^* = i\pi\sqrt{2}$, $i = 1,\, 2,\, 3,\, \ldots$

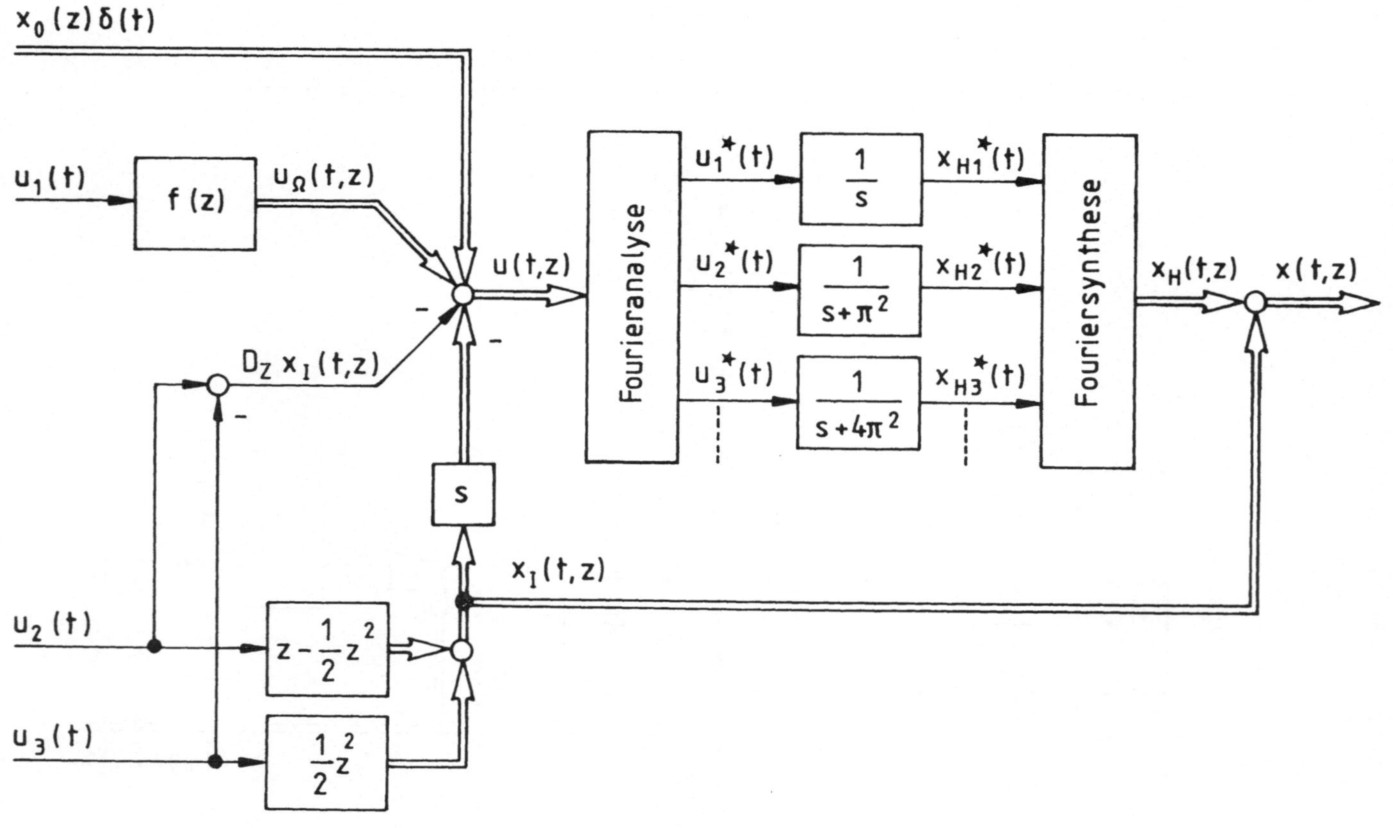

Bild 6.3: Modale Struktur der Regelstrecke aus Beispiel 6.4

kann das System nur dann auf einen statischen Zustand $x_s(z)$ einschwingen, wenn u_{1s}^* verschwindet. Aus Bild 6.3 liest man ab, daß hierzu

$$\int_0^1 [u_{\Omega s}(z) - u_{2s} + u_{3s}] \varphi_1(z)\,dz = 0$$

sein muß, was bereits bei der Diskussion von Gl. (4.66) gefunden wurde.

Beispiel 6.7:

Die normierte Gl. (2.27) des beidseitig drehbar gelagerten schwingenden Stabes,

$$\frac{\partial^2 x(t,z)}{\partial t^2} + \frac{\partial^4 x(t,z)}{\partial z^4} = u_\Omega(t,z), \qquad 0 < z < 1, \tag{6.50}$$

führt auf Eigenwerte und Eigenfunktionen nach Gl. (4.53) und (4.54). Da die Randbedingungen hier von Hause aus homogen sind, wird $X_I(s,z) \equiv 0$, und die modale Analyse der Gl. (6.21), hier

$$s^2 X(s,z) + \frac{\partial^4 X(s,z)}{\partial z^4} = U_\Omega(s,z) + s x_o(z) + x_{to}(z), \tag{6.51}$$

führt auf die Struktur nach Bild 6.4. Bedingt durch die mit i^4 wachsenden Eigenwerte λ_i ist das "örtliche Tiefpaßverhalten" hier besonders ausgeprägt. Allerdings tritt in jedem Übertragungskanal ein konjugiert komplexes Polpaar $\rho_{i\,1/2} = \pm\, j(i\pi)^2$, $i = 1, 2, 3, \ldots$, auf der imaginären Achse auf. Hierin drückt sich das ungedämpfte Schwingungsverhalten der Moden aus. Die aktive Schwingungsdämpfung durch eine Regelung ist hier eine interessante Aufgabe. ∎

6.5 Die Methode der Greenschen Funktion

6.5.1 Bestimmung der Greenschen Funktion und Darstellung des Systemzustands

Das Konzept der Greenschen Funktion $g(z,\zeta)$ aus Abschnitt 4.5 läßt sich auf das dynamische Verhalten erweitern.

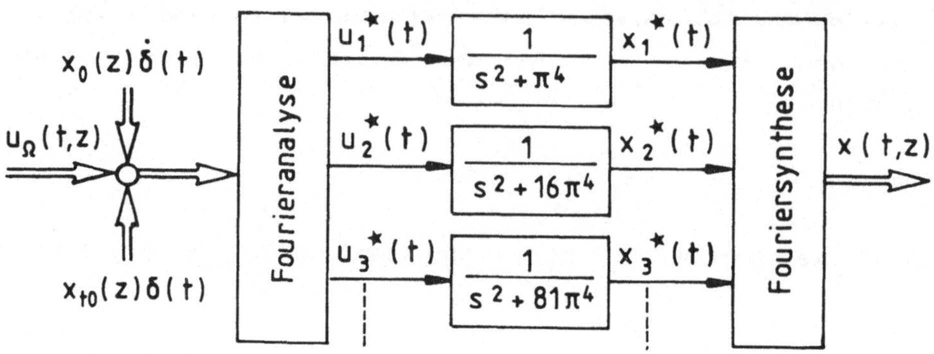

<u>Bild 6.4</u>: Modale Struktur des beidseitig drehbar gelagerten, transversal schwingenden Stabes

In dem durch Gl. (6.20) und (6.21) beschriebenen Teilsystem mit *homogenen* Randbedingungen werde die rechte Seite von Gl. (6.21) mit U(s,z) abgekürzt. Die entsprechende Originalfunktion u(t,z) sei in einem Gedankenexperiment eine *örtlich* punktförmige Quelle an der Stelle z = ζ, und zwar als *zeitlicher* Dirac-Impuls zum Zeitpunkt t = O:

$$u(t,z) \;=\; \delta(z,\zeta)\,\delta(t)\,. \tag{6.52}$$

Die Reaktion $x_H(t,z)$ wird auch davon abhängen, an welcher Stelle ζ die Punktquelle wirkt:

$$x_H(t,z) \;=\; g(t,z,\zeta)\,. \tag{6.53}$$

Wegen $L\{\delta(t)\} = 1$ hat man damit im Bildbereich die Beziehungen

$$\boxed{\;\sum_{i=1}^{2}\alpha_i s^i G(s,z,\zeta) \;+\; D_z G(s,z,\zeta) \;=\; \delta(z,\zeta)\,,\;} \qquad O < z < 1, \tag{6.54}$$

$$[\underline{R}_{oz}G(s,z,\zeta)]_{z=o} = \underline{O},$$

$$[\underline{R}_{1z}G(s,z,\zeta)]_{z=1} = \underline{O}. \tag{6.55}$$

Gl. (6.54) und (6.55) sind von der gleichen Bauart wie Gl. (4.80) und (4.81) beim statischen Problem. Es tritt lediglich die komplexe Variable s in den Koeffizienten und als Parameter hinzu.

Die Funktion $g(t,z,\zeta)$ heißt die dem *dynamischen* SVP zugeordnete *Greensche Funktion*. Sie läßt sich anschaulich interpretieren als die Systemantwort auf einen örtlich punktuell an der Stelle ζ wirkenden zeitlichen Dirac-Impuls bei homogenen Rand- und Anfangsbedingungen (dann ist nämlich $u_\Omega(t,z) = u(t,z) = \delta(z,\zeta)\delta(t)$ in Gl. (6.21)).

Bei allgemeiner rechter Seite $U(s,z)$ in Gl. (6.21) ergibt sich dann die Lösung

$$X_H(s,z) = \int\limits_{\zeta=o}^{1} G(s,z,\zeta)U(s,\zeta)d\zeta \tag{6.56}$$

in völliger Analogie zu Gl. (4.77). Die Lösung des Problems mit inhomogenen Randbedingungen baut man dann nach Gl. (6.19) zusammen:

$$X(s,z) = X_I(s,z) + \int\limits_{\zeta=o}^{1} G(s,z,\zeta)[U_\Omega(s,\zeta) + (\alpha_1 + \alpha_2 s)x_o(\zeta) +$$

$$+ \alpha_2 x_{to}(\zeta) - \sum_{i=1}^{2} \alpha_i s^i X_I(s,\zeta) - D_\zeta X_I(s,\zeta)]d\zeta. \tag{6.57}$$

Dabei ist in bekannter Weise $X_I(s,z)$ eine einfach zu konstruierende Funktion, die die *inhomogenen* Randbedingungen (6.12) erfüllt.

Gl. (6.57) vermittelt die explizite Lösung der kombinierten An-
fangswert- und Randwertaufgabe im Bildbereich für beliebige
Quellen-, Rand- und Anfangsfunktionen, sofern man *einmal* die
Laplace-Transformierte $G(s,z,\zeta)$ der Greenschen Funktion berechnet hat. Hierin liegt die fundamentale Bedeutung von $G(s,z,\zeta)$
als einer *verallgemeinerten Übertragungsfunktion*.

Zur Bestimmung von $G(s,z,\zeta)$ kann man auf die im Abschnitt 4.5.2
beschriebenen Methoden zurückgreifen.

Bei der bereichsweise geschlossenen Darstellung von $G(s,z,\zeta)$ hat
man zu beachten, daß die Integrations-"Konstanten" jetzt Funktionen von s und ζ sind.

Beispiel 6.8:

Für das System aus Beispiel 6.1 soll nach Gl. (6.54) und (6.55)
$G(s,z,\zeta)$ berechnet und dann $X(s,z)$ nach Gl. (6.57) dargestellt
werden.

Die Greensche Funktion genügt der Differentialgleichung (6.54),

$$sG(s,z,\zeta) - \frac{\partial^2 G(s,z,\zeta)}{\partial z^2} = \delta(z,\zeta), \qquad 0 < z < 1, \tag{6.58}$$

den Randbedingungen (6.55),

$$G(s,0,\zeta) = G(s,1,\zeta) = 0,$$

der Sprungbedingung analog Gl. (4.84),

$$\left.\frac{\partial G}{\partial z}\right|_{z=\zeta+0} - \left.\frac{\partial G}{\partial z}\right|_{z=\zeta-0} = -1,$$

und der Stetigkeitsbedingung analog Gl. (4.85),

$$G(s,\zeta+0,\zeta) = G(s,\zeta-0,\zeta).$$

Die charakteristische Gleichung zu Gl. (6.58),

$$s - p^2 = 0,$$

hat die Wurzeln $p_{1/2} = \pm\sqrt{s}$.

Daher ist $G(s,z,\zeta)$ bereichsweise von der Form

$$G(s,z,\zeta) = \begin{cases} C_1(s,\zeta)e^{\sqrt{s}\,z} + C_2(s,\zeta)e^{-\sqrt{s}\,z}, & 0 \leq z < \zeta, \\[2ex] D_1(s,\zeta)e^{\sqrt{s}\,z} + D_2(s,\zeta)e^{-\sqrt{s}\,z}, & \zeta < z \leq 1. \end{cases}$$

Die Integrations-"Konstanten" C_1, C_2, D_1, D_2 erhält man durch elementares Auswerten der Rand- und Übergangsbedingungen. Auf diese Weise ergibt sich schließlich

$$G(s,z,\zeta) = \begin{cases} \dfrac{\mathrm{Sinh}(\sqrt{s}\,z)\,\mathrm{Sinh}[\sqrt{s}\,(1-\zeta)]}{\sqrt{s}\;\mathrm{Sinh}\,\sqrt{s}}, & 0 \leq z \leq \zeta, \\[3ex] \dfrac{\mathrm{Sinh}[\sqrt{s}\,(1-z)]\,\mathrm{Sinh}(\sqrt{s}\,\zeta)}{\sqrt{s}\;\mathrm{Sinh}\,\sqrt{s}}, & \zeta \leq z \leq 1. \end{cases} \tag{6.59}$$

Die Greensche Funktion $G(s,z,\zeta)$ ist also ein recht kompliziert aufgebauter, transzendenter Ausdruck in s,z und ζ. Es ist nicht möglich, die zugehörige Originalfunktion $g(t,z,\zeta)$ in *geschlossener* Form anzugeben. Dies braucht jedoch kein Nachteil zu sein, wenn man einen Reglerentwurf ohnehin im Frequenzbereich durchführen will (Kapitel 7).

Mit $X_I(s,z)$ nach Gl. (6.22) kann man nun die allgemeine Darstellung von $X(s,z)$ nach Gl. (6.57) anschreiben:

$$X(s,z) = U_2(s) + [U_3(s) - U_2(s)]z + U_1(s) \int\limits_{\zeta=0}^{1} G(s,z,\zeta)f(\zeta)\,d\zeta +$$

$$+ \int\limits_{\zeta=0}^{1} G(s,z,\zeta)x_0(\zeta)\,d\zeta - sU_2(s) \int\limits_{\zeta=0}^{1} G(s,z,\zeta)(1-\zeta)\,d\zeta -$$

$$- sU_3(s) \int\limits_{\zeta=0}^{1} G(s,z,\zeta)\zeta\,d\zeta,$$

oder zusammengefaßt:

$$
\begin{aligned}
X(s,z) = U_1(s) \int_{\zeta=0}^{1} G(s,z,\zeta)f(\zeta)d\zeta + \int_{\zeta=0}^{1} G(s,z,\zeta)x_0(\zeta)d\zeta + \\
\text{(Quelleneinfluß)} \qquad\qquad \text{(Anfangswerteinfluß)} \\[1em]
+ U_2(s)\,[1 - z - s \cdot \int_{\zeta=0}^{1} G(s,z,\zeta)(1-\zeta)d\zeta] + \\
\text{(Randwerteinfluß bei } z = o) \\[1em]
+ U_3(s)\,[z - s \cdot \int_{\zeta=0}^{1} G(s,z,\zeta)\,\zeta d\zeta]. \\
\text{(Randwerteinfluß bei } z = 1)
\end{aligned}
$$

$$(6.60)$$

Für den Anteil $X_I(s,z)$ wurde einerseits ein weitgehend willkürlicher (hier bezüglich z linearer) Ansatz gemacht, andererseits ergibt sich natürlich *unabhängig von diesem Ansatz* stets die gleiche Gesamtlösung $X(s,z)$. Um dies exemplarisch zu zeigen, werde Gl. (6.60) umgeformt.

$G(s,z,\zeta)$ nach Gl. (6.59) ist hier erneut symmetrisch in z und ζ (selbstadjungierte Randwertaufgabe [26]). Daher gilt hier Gl. (6.54) und (6.55) auch bezüglich der Variablen ζ:

$$
sG(s,z,\zeta) = \delta(z,\zeta) + \frac{\partial^2 G(s,z,\zeta)}{\partial \zeta^2} \, ,
$$

$$
G(s,z,0) = G(s,z,1) = 0.
$$

Damit wird in Gl. (6.60)

$$
s \int_{\zeta=0}^{1} G(s,z,\zeta)(1-\zeta)d\zeta = \int_{\zeta=0}^{1} \delta(z,\zeta)(1-\zeta)d\zeta +
$$

$$
+ \int_{\zeta=0}^{1} \frac{\partial^2 G}{\partial \zeta^2}(1-\zeta)d\zeta = 1 - z + [\frac{\partial G}{\partial \zeta}(1-\zeta)]_{\zeta=0}^{1} -
$$

$$
- \int_{\zeta=0}^{1} \frac{\partial G}{\partial \zeta}(-1)d\zeta = 1 - z - \frac{\partial G}{\partial \zeta}\Big|_{\zeta=0} + G(s,z,0) - G(s,z,1),
$$

also

$$s \int_{\zeta=0}^{1} G(s,z,\zeta)(1-\zeta)\,d\zeta = 1 - z - \left.\frac{\partial G}{\partial \zeta}\right|_{\zeta=0}.$$

Entsprechend ergibt sich

$$s \int_{\zeta=0}^{1} G(s,z,\zeta)\,\zeta\,d\zeta = z + \left.\frac{\partial G}{\partial \zeta}\right|_{\zeta=1}.$$

Setzt man diese Ausdrücke in Gl. (6.60) ein, so hat man die äquivalente Darstellung

$$\boxed{\begin{aligned}
X(s,z) &= U_1(s) \int_{\zeta=0}^{1} G(s,z,\zeta)f(\zeta)\,d\zeta + \int_{\zeta=0}^{1} G(s,z,\zeta)x_0(\zeta)\,d\zeta + \\[2ex]
&\quad + U_2(s) \left.\frac{\partial G(s,z,\zeta)}{\partial \zeta}\right|_{\zeta=0} - U_3(s) \left.\frac{\partial G(s,z,\zeta)}{\partial \zeta}\right|_{\zeta=1}
\end{aligned}}$$

$$(6.61)$$

Die Lösung $X(s,z)$ ist hier mittels der Greenschen Funktion *allein* ausgedrückt, ein spezieller Ansatz für $X_I(s,z)$ kommt nicht mehr vor. In der Form (6.61) hätte man die Lösung auch dann erhalten, wenn man den Weg über den Greenschen Satz [14], [30] gegangen wäre.

Ist auch die Originalfunktion $g(t,z,\zeta)$ nicht geschlossen angebbar, so kann man doch Gl. (6.61), ebenso auch Gl. (6.60), formal in den Zeitbereich zurücktransformieren. Dabei treten bezüglich der Zeit Faltungsintegrale auf:

$$\boxed{\begin{aligned}
x(t,z) &= \int_{\tau=0}^{t} u_1(\tau) \int_{\zeta=0}^{1} g(t-\tau,z,\zeta)f(\zeta)\,d\zeta\,d\tau + \\[2ex]
&\quad + \int_{\zeta=0}^{1} g(t,z,\zeta)x_0(\zeta)\,d\zeta + \\[2ex]
&\quad + \int_{\tau=0}^{t} u_2(\tau)\left.\frac{\partial g(t-\tau,z,\zeta)}{\partial \zeta}\right|_{\zeta=0} d\tau - \int_{\tau=0}^{t} u_3(\tau)\left.\frac{\partial g(t-\tau,z,\zeta)}{\partial \zeta}\right|_{\zeta=1} d\tau.
\end{aligned}}$$

$$(6.62)\ \blacksquare$$

124

Beispiel 6.9:

Für die linearisierten Gleichungen (6.31) - (6.33) des Durchlaufofens nach Bild 2.12 soll die Greensche Funktion bestimmt
und mit ihr der Zustand $X(s,z)$ in Abhängigkeit von allen Einflußgrößen dargestellt werden.

$G(s,z,\zeta)$ genügt der Differentialgleichung (6.54),

$$(s+c)G(s,z,\zeta) + u_{1s} \frac{\partial}{\partial z} G(s,z,\zeta) = \delta(z,\zeta), \quad 0 < z < 1, \quad (6.63)$$

der Randbedingung (6.55),

$$G(s,0,\zeta) = 0,$$

sowie der Sprungbedingung analog Gl. (4.84),

$$G(s,\zeta+0,\zeta) - G(s,\zeta-0,\zeta) = \frac{1}{u_{1s}}.$$

Die charakteristische Gleichung zu Gl. (6.63),

$$s+c+u_{1s}p = 0,$$

hat die Wurzel

$$p = -\frac{s+c}{u_{1s}}.$$

Daher ist $G(s,z,\zeta)$ bereichsweise von der Form

$$G(s,z,\zeta) = \begin{cases} C_1(s,\zeta)\exp(-\frac{s+c}{u_{1s}}z), & 0 \leq z < \zeta, \\[2ex] D_1(s,\zeta)\exp(-\frac{s+c}{u_{1s}}z), & \zeta < z \leq 1. \end{cases}$$

Die Integrations-"Konstanten" C_1, D_1 erhält man durch elementares Auswerten der Rand- und der Sprungbedingung zu

$$C_1(s,\zeta) \equiv 0, \quad D_1(s,\zeta) = \frac{1}{u_{1s}} \exp(\frac{s+c}{u_{1s}}\zeta).$$

Damit wird

$$
G(s,z,\zeta) = \begin{cases} 0 \, , & 0 \le z < \zeta, \\[2em] \dfrac{1}{u_{1s}} \, \exp\left[\dfrac{s+c}{u_{1s}}(\zeta - z)\right] \, , & \zeta < z \le 1. \end{cases} \tag{6.64}
$$

Nach Gl. (6.57), (6.31) und (6.32) stellt sich der Systemzustand X(s,z) wie folgt dar:

$$
X(s,z) = U_3(s) + \int_{\zeta=0}^{z} G(s,z,\zeta)\,[-x'_s(\zeta)U_1(s) + cU_2(s) +
$$

$$
+ x_0(\zeta) - (s+c)U_3(s)\,]d\zeta. \tag{6.65}
$$

Da hier nach Gl. (6.64) $G(s,z,\zeta) = 0$ ist für $\zeta > z$, erstreckt sich die Integration nur bis zum Aufpunkt z.

Mit $x_s(z)$ nach Gl. (5.12) ist auch $x'_s(z)$ bekannt, so daß Gl. (6.65) explizit ausgewertet werden kann. Da in erster Linie das Übertragungsverhalten interessiert, wird $x_0(z) \equiv 0$ gesetzt, ferner werde jetzt wieder das Δ-Symbol für die Abweichungen vom statischen Zustand verwendet:

$$
\boxed{\begin{aligned}
\Delta X(s,z) = &-c\,\frac{u_{2s}-u_{3s}}{u_{1s}}\,\exp\left(-\frac{c}{u_{1s}}z\right)\frac{1}{s}\left[1 - \exp\left(-\frac{z}{u_{1s}}s\right)\right]\Delta U_1(s) \; + \\[1em]
&+\frac{c}{s+c}\left[1 - \exp\left(-\frac{c}{u_{1s}}z\right)\exp\left(-\frac{z}{u_{1s}}s\right)\right]\Delta U_2(s) \; + \\[1em]
&+\exp\left(-\frac{c}{u_{1s}}z\right)\exp\left(-\frac{z}{u_{1s}}s\right)\Delta U_3(s)\,.
\end{aligned}}
$$

$$\tag{6.66}$$

Diese Gleichung ermöglicht eine eingehende Analyse des dynamischen Einflusses aller Eingangsgrößen. Ohne zu sehr ins Detail zu gehen, kann man beispielsweise folgende Übertragungseigenschaften direkt ablesen. Das Übertragungsverhalten wird weitgehend bestimmt von der *ortsabhängigen Totzeit*

$$T_t(z) = \frac{z}{u_{1s}} \qquad\qquad (6.67)$$

sowie von dem *ortsabhängigen Übertragungsfaktor*

$$\exp\left(-\frac{c}{u_{1s}}\,z\right) . \qquad\qquad (6.68)$$

Mit *reinem* Totzeitverhalten wirkt sich jedoch nur eine Änderung $\Delta u_3(t)$ der Eintrittstemperatur aus. Dagegen ist bei $\Delta u_1(t)$
und $\Delta u_2(t)$ der Totzeitanteil in komplizierterer Weise verquickt
mit rationalen Anteilen in s. Diese Übertragungsfunktionen werden exemplarisch im Kapitel 7 noch näher untersucht werden.

Weiterhin kann man in Übereinstimmung mit der physikalischen
Evidenz ablesen, daß eine Änderung sowohl der Heiztemperatur,
$\Delta u_2(t)$, als auch der Eintrittstemperatur, $\Delta u_3(t)$, mit *positivem*
Vorzeichen auf $\Delta x(t,z)$ wirken, während sich eine Änderung
$\Delta u_1(t)$ der Transportgeschwindigkeit mit *negativem* Vorzeichen
auswirkt. Darin kommt die Tatsache zum Ausdruck, daß bei Vergrößerung des Durchsatzes die Verweildauer des Wärmgutes in der
Heizzone sich verringert und daher die Heizwirkung abgeschwächt
wird.

Ist speziell $u_{1s}/c \ll 1$, so nimmt der Übertragungsfaktor nach
Gl. (6.68) an der Austrittstelle $z = 1$ des Wärmgutes den Wert
$\exp(-c/u_{1s}) \approx 0$ an. Gl. (6.66) kann dann an der Stelle $z = 1$
angenähert werden durch das einfache Verzögerungsverhalten

$$\Delta X(s,1) \approx \frac{c}{s+c}\,\Delta U_2(s)$$

das wiederum der physikalischen Vorstellung entspricht. ∎

6.5.2 <u>Reihendarstellung der Greenschen Funktion</u>

Die Greensche Funktion $G(s,z,\zeta)$ läßt sich in eine Reihe nach
den Eigenfunktionen entwickeln, sofern die Voraussetzungen der
modalen Analyse nach Abschnitt 6.4 vorliegen. In Analogie zu
Gl. (4.88) schreibt man

$$G(s,z,\zeta) = \sum_{i=1}^{\infty} G_i(s,\zeta)\,\varphi_i(z) . \qquad\qquad (6.69)$$

Die Randbedingungen (6.55) sind bei diesem Ansatz von selbst erfüllt, da die $\varphi_i(z)$ diesen Randbedingungen genügen.

Zur Bestimmung der Entwicklungskoeffizienten $G_i(s,\zeta)$ verwendet man Gl. (6.54):

$$\sum_{\nu=1}^{2} \alpha_\nu s^\nu \sum_{i=1}^{\infty} G_i(s,\zeta)\varphi_i(z) + \sum_{i=1}^{\infty} G_i(s,\zeta)D_z\varphi_i(z) =$$

$$= \sum_{i=1}^{\infty} \left[\sum_{\nu=1}^{2} \alpha_\nu s^\nu G_i(s,\zeta) + \lambda_i G_i(s,\zeta) \right] \varphi_i(z) = \delta(z,\zeta).$$

Multipliziert man im Falle des Sturm-Liouville-Problems (Abschnitt 4.4.1) beidseitig mit $\rho(z)\varphi_k(z)$ und integriert über den Ortsbereich, so wird

$$\sum_{i=1}^{\infty} (\alpha_2 s^2 + \alpha_1 s + \lambda_i)G_i(s,\zeta) \int_{z=0}^{1} \rho(z)\varphi_i(z)\varphi_k(z)\,dz =$$

$$= \int_{z=0}^{1} \delta(z,\zeta)\rho(z)\varphi_k(z)\,dz.$$

Wegen Gl. (4.38) bleibt nur für $i=k$ ein Beitrag:

$$(\alpha_2 s^2 + \alpha_1 s + \lambda_i)G_i(s,\zeta) = \rho(\zeta)\varphi_i(\zeta), \qquad i = 1, 2, 3, \ldots,$$

und damit

$$G_i(s,\zeta) = \frac{\rho(\zeta)\varphi_i(\zeta)}{\alpha_2 s^2 + \alpha_1 s + \lambda_i}, \qquad i = 1, 2, 3, \ldots \tag{6.70}$$

Mit Gl. (6.69) hat man daher die *Reihendarstellung der Greenschen Funktion im Bildbereich:*

$$\boxed{G(s,z,\zeta) = \sum_{i=1}^{\infty} \frac{\rho(\zeta)\varphi_i(\zeta)\varphi_i(z)}{\alpha_2 s^2 + \alpha_1 s + \lambda_i}.} \tag{6.71}$$

Bei Vorliegen des allgemeinen Sturm-Liouville-Problems ist also $G(s,z,\zeta)$ nicht symmetrisch in z und ζ. Ist jedoch $\rho = $ konst (und

ohne Einschränkung der Allgemeinheit auf 1 normiert), so gilt
die Orthogonalitätsbeziehung (4.42), und Gl. (6.71) nimmt eine
in z und ζ symmetrische Form an:

$$G(s,z,\zeta) = \sum_{i=1}^{\infty} \frac{\varphi_i(z)\,\varphi_i(\zeta)}{\alpha_2 s^2 + \alpha_1 s + \lambda_i}. \qquad (6.72)$$

Beispiel 6.10:

Zu Beispiel 6.1 (vgl. auch Beispiel 6.3 und 6.6) gehört die
Greensche Funktion

$$G(s,z,\zeta) = \sum_{i=1}^{\infty} \frac{1}{s + (i\pi)^2}\,\sqrt{2}\,\sin(i\pi z)\,\sqrt{2}\,\sin(i\pi \zeta). \qquad (6.73)$$

∎

Beispiel 6.11:

Zu Beispiel 6.4 gehört die Greensche Funktion

$$G(s,z,\zeta) = \frac{1}{s} + \sum_{i=2}^{\infty} \frac{1}{s + (i-1)^2 \pi^2}\,\sqrt{2}\,\cos[(i-1)\pi z]\,\sqrt{2}\,\cos[(i-1)\pi \zeta]. \qquad (6.74)$$

∎

Gl. (6.71) bzw. (6.72) steht in einer einfachen Beziehung zur
Greenschen Funktion $g(z,\zeta)$ des zugehörigen statischen Problems
(Gl. (4.89) bzw. (4.90)):

Sofern der Eigenwert Null nicht auftritt, gilt

$$G(0,z,\zeta) = g(z,\zeta). \qquad (6.75)$$

Die Beziehung erinnert an das Übertragungsverhalten linearer SKP
mit der Übertragungsfunktion G(s). Auch dort gilt

$$G(0) = K,$$

(K statische Übertragungskonstante), sofern der Eigenwert Null
nicht auftritt, das System also kein integrierendes Verhalten
aufweist.

Da jeder Summand in der Reihendarstellung von $G(s,z,\zeta)$ rational in s ist, kann man durch gliedweises Rücktransformieren sehr einfach die *Greensche Funktion im Zeitbereich* angeben. So ist im Beispiel 6.10

$$g(t,z,\zeta) = \sum_{i=1}^{\infty} e^{-(i\pi)^2 t} \sqrt{2} \sin(i\pi z) \sqrt{2} \sin(i\pi\zeta) \qquad (6.76)$$

und im Beispiel 6.11

$$g(t,z,\zeta) = 1 + \sum_{i=2}^{\infty} e^{-(i-1)^2 \pi^2 t} \sqrt{2} \cos[(i-1)\pi z] \sqrt{2} \cos[(i-1)\pi\zeta].$$
$$(6.77)$$

Verwendet man zur Darstellung des Zustands $X(s,z)$ nach Gl. (6.57) die Reihenform der Greenschen Funktion, so knüpft man eine Querverbindung zur modalen Analyse nach Abschnitt 6.4. Der Leser wird dies in völliger Analogie zu Abschnitt 4.5.3 ohne weiteres selbst nachvollziehen können.

6.5.3 Das Eingangs-Ausgangsverhalten der Strecke

Die Ausgangsgleichung (6.13) des SVP wurde seither nicht verwendet, da das Augenmerk zunächst der Darstellung des Zustands $X(s,z)$ galt. Gl. (6.13), kombiniert mit Gl. (6.57), vermittelt das dynamische Eingangs-Ausgangsverhalten des SVP und läßt dieses nach außen als eine Mehrgrößenstrecke mit dem Eingangsvektor $\underline{u}(t)$ und dem Ausgangsvektor $\underline{y}(t)$ erscheinen.

Setzt man mit Blick auf das vorwiegend interessierende Übertragungsverhalten $x_0(z) \equiv 0$ und $x_{to}(z) \equiv 0$ und beschränkt man die Betrachtung wie im Abschnitt 4.5.3 auf den Einfluß der Quellenfunktion $u_\Omega(t,z) = \underline{f}^T(z)\underline{u}^{(1)}(t)$, nimmt also die Randbedingungen als homogen an, so wird

$$X(s,z) = \int_{\zeta=0}^{1} G(s,z,\zeta)\underline{f}^T(\zeta)\,d\zeta\,\underline{U}^{(1)}(s) \qquad (6.78)$$

und damit

$$\boxed{\underline{Y}(s) = \int_{z=0}^{1} \underline{c}(z) \int_{\zeta=0}^{1} G(s,z,\zeta)\underline{f}^T(\zeta)\,d\zeta\,dz\,\underline{U}^{(1)}(s),} \qquad (6.79)$$

130

kurz

$$\underline{Y}(s) = \underline{G}_S(s)\underline{U}^{(1)}(s),$$ (6.80)

mit

$$\underline{G}_S(s) = \int\limits_{z=0}^{1} \int\limits_{\zeta=0}^{1} \underline{c}(z)G(s,z,\zeta)\underline{f}^T(\zeta)d\zeta dz.$$ (6.81)

Gl. (6.81) setzt die Übertragungsmatrix $\underline{G}_S(s)$ der Mehrgrößenstrecke in eine Beziehung zur Greenschen Funktion, zur Stellgleichung und zur Meßgleichung des SVP. Man beachte, daß der Integrand in Gl. (6.81) ebenso wie bereits in Gl. (4.95) ein *dyadisches Produkt* [90] und damit eine Matrix ist.

Bei Gültigkeit von Gl. (6.75) besteht zwischen Gl. (4.95) und (6.81) der einfache Zusammenhang

$$\underline{G}_S(0) = \underline{K}_S$$ (6.82)

wie bei jeder Mehrgrößenstrecke, die keine Teilsysteme mit integrierendem Verhalten besitzt.

Gl. (6.81) ist eine wichtige Grundgleichung für Regelungsverfahren im Frequenzbereich. Sinngemäß kann man auch stets eine derartige Beziehung für Randsteuergrößen $\underline{u}^{(2)}(t)$ angeben.

Im Abschnitt 4.5.3 wurde im Zusammenhang mit der statischen Greenschen Funktion $g(z,\zeta)$ auf die Möglichkeit der Erweiterung auf Systeme mit vektoriellem Zustand $\underline{x}$ hingewiesen und der Begriff der Greenschen Matrix $\underline{G}(z,\zeta)$ eingeführt. Diese Begriffsbildung läßt sich grundsätzlich auf das dynamische Verhalten des Systems (2.60) erweitern. Im Bildbereich der Laplace-Transformation lautet diese Gleichung bei verschwindendem Anfangszustand

$$[s\underline{I} - \underline{A}_z] \underline{X}(s,z) = \underline{B}(z)\underline{U}_\Omega(s,z).$$ (6.83)

Dabei bezeichnet $\underline{I}$ die Einheitsmatrix. $s\underline{I} - \underline{A}_z$ ist ein linearer Matrix-Diffentialoperator mit s-abhängigen Koeffizienten. Ihm läßt sich als inverser Operator ein linearer Integraloperator mit der Greenschen Matrix $\underline{G}(s,z,\zeta)$ als Kern zuordnen, der Gleichung (6.83) löst. Sofern auch sämtliche Randbedingungen homogen sind, lautet die Lösung

$$\underline{X}(s,z) = \int_{\zeta=0}^{1} \underline{G}(s,z,\zeta)\,\underline{B}(\zeta)\,\underline{U}_\Omega(s,\zeta)\,d\zeta. \qquad (6.84)$$

Die mit Gl. (6.78) ff. angestellten Überlegungen können auf diesen Fall übertragen werden. Allerdings gilt das bereits am Ende des Abschnitts 4.5.3 Gesagte auch hier: Im allgemeinen ist es mühsam oder gar nicht möglich, $\underline{G}(s,z,\zeta)$ analytisch zu bestimmen.

Als sehr universelle Alternative soll daher im nächsten Abschnitt die Näherungsmethode der gewichteten Reste nach Abschnitt 4.6 auf das dynamische Übertragungsverhalten ausgedehnt werden.

6.6 Die Methode der gewichteten Reste (Pseudo-modale Analyse)

Bereits im Abschnitt 4.6 trat die enge Verwandschaft der Methode der gewichteten Reste mit der Methode der Eigenfunktionen zutage. Daher findet man in der Literatur auch den Begriff "Pseudo-modale Analyse" [18] für dieses jetzt auf die Dynamik zu erweiternde Verfahren.

Die Methode der gewichteten Reste ist auch dann praktikabel, wenn die in den Abschnitten 6.4 und 6.5 beschriebenen Methoden versagen, sei es, weil das Eigenwertproblem eine zu komplizierte oder gar keine Lösung hat, sei es, weil die Bestimmung der Greenschen Funktion an komplizierten ortsabhängigen Koeffizienten $\beta_k(z)$ des Differentialoperators D_z scheitert.

Der Näherungsansatz (4.100) wird jetzt ersetzt durch

$$\hat{X}_H(s,z) = \sum_{k=1}^{N} \hat{X}_{Hk}(s)\phi_k(z), \qquad z\in[0,1]. \qquad (6.85)$$

132

Die linear unabhängigen Basisfunktionen $\phi_k(z)$ sollen wieder
(vorerst) die homogenen Randbedingungen (6.20) erfüllen. Damit
genügt auch $\hat{X}_H(s,z)$ diesen Bedingungen.

Mit Blick auf Gl. (6.21) tritt jetzt anstelle von Gl. (4.109)
der *dynamische* Gleichungsfehler

$$R_N(s,z) = \sum_{i=1}^{2} \alpha_i s^i \hat{X}_H(s,z) + D_z \hat{X}_H(s,z) -$$

$$- \sum_{i=1}^{2} \alpha_i s^i X_H(s,z) - D_z X_H(s,z) \neq 0 \qquad (6.86)$$

auf, ausführlich und in Vektorschreibweise:

$$R_N(s,z) = (\alpha_2 s^2 + \alpha_1 s)\underline{\phi}^T(z)\underline{\hat{X}}_H(s) + D_z\underline{\phi}^T(z)\underline{\hat{X}}_H(s) -$$

$$- U_\Omega(s,z) - (\alpha_1 + \alpha_2 s)x_o(z) - \alpha_2 x_{to}(z) +$$

$$+ (\alpha_2 s^2 + \alpha_1 s)X_I(s,z) + D_z X_I(s,z). \qquad (6.87)$$

Entsprechend Gl. (4.110) setzt man jetzt die gewichteten Reste

$$\int_{z=o}^{1} R_N(s,z)w_i(z)dz, \qquad i = 1, \ldots, N,$$

gleich Null, kurz

$$\int_{z=o}^{1} \underline{w}(z)R_N(s,z)dz = \underline{0}. \qquad (6.88)$$

Das ergibt mit Gl. (6.87)

$$[(\alpha_2 s^2 + \alpha_1 s)\int_o^1 \underline{w}(z)\underline{\phi}^T(z)dz + \int_o^1 \underline{w}(z)D_z\underline{\phi}^T(z)dz]\underline{\hat{X}}_H(s) =$$

$$= \int_o^1 U(s,z)\underline{w}(z)dz, \qquad (6.89)$$

wobei wie bereits an früherer Stelle U(s,z) als Abkürzung für
die gesamte rechte Seite der Gl. (6.21) steht.

Mit den quadratischen Matrizen

$$\underline{A} = \int_0^1 \underline{w}(z) D_z \underline{\phi}^T(z) dz \tag{6.90}$$

(wie in Gl. (4.111)) und

$$\underline{B} = \int_0^1 \underline{w}(z) \underline{\phi}^T(z) dz \tag{6.91}$$

sowie der weiteren Abkürzung

$$\hat{\underline{U}}(s) = \int_0^1 U(s,z) \underline{w}(z) dz \tag{6.92}$$

gewinnt man so die knappe Formulierung

$$\boxed{[(\alpha_2 s^2 + \alpha_1 s)\underline{B} + \underline{A}]\hat{\underline{X}}_H(s) = \hat{\underline{U}}(s).} \tag{6.93}$$

Diese Gleichung läßt sich nach dem gesuchten Koeffizientenvektor $\hat{\underline{X}}_H(s)$ auflösen:

$$\boxed{\hat{\underline{X}}_H(s) = [(\alpha_2 s^2 + \alpha_1 s)\underline{B} + \underline{A}]^{-1}\hat{\underline{U}}(s) = \underline{G}(s)\hat{\underline{U}}(s).} \tag{6.94}$$

Die Methode der gewichteten Reste führt also auf eine rationale Übertragungsmatrix $\underline{G}(s)$ für die Beschreibung des Übertragungsverhaltens von $\hat{\underline{U}}(s)$ nach $\hat{\underline{X}}_H(s)$.

Damit kann die weitere Analyse des dynamischen Verhaltens auf der Ebene dieses Ersatz-SKP durchgeführt werden. Insbesondere bilden Gl. (6.93) und (6.94) eine interessante Grundlage für die *Simulation von Systemen mit verteilten Parametern*, sei es auf dem Analogrechner oder auf dem Digitalrechner.

Hierzu ist Gl. (6.94) nicht die zweckmäßigste Art der Auflösung. Vielmehr schreibt man Gl. (6.93) in der Form

$$(\alpha_2 s^2 + \alpha_1 s)\hat{\underline{X}}_H(s) = \underline{B}^{-1}[-\underline{A}\hat{\underline{X}}_H(s) + \hat{\underline{U}}(s)], \tag{6.95}$$

also

134

$$\hat{\underline{X}}_H(s) = \frac{1}{\alpha_2 s^2 + \alpha_1 s} \, \underline{B}^{-1} [- \underline{A} \, \hat{\underline{X}}_H(s) + \hat{\underline{U}}(s)].$$

(6.96)

Diese Gleichung kann man als Strukturbild darstellen (Bild 6.5).

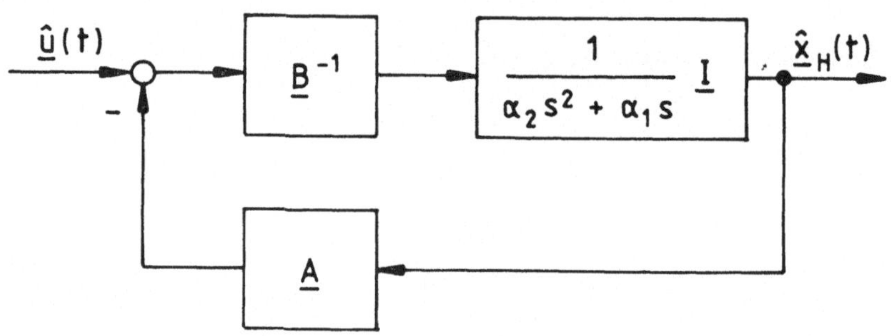

<u>Bild 6.5</u>: Strukturbild der Gl. (6.96)

Im Unterschied zu Gl. (6.94) hat man jetzt keine s-abhängige Matrix zu invertieren (was ja analytisch zu geschehen hätte), vielmehr berechnet man nur die *konstanten* Matrizen $\underline{A}$ und $\underline{B}^{-1}$. Die Dynamik ist, wie aus Bild 6.5 ersichtlich, in einem eigenen Block mit *diagonaler* Struktur lokalisiert. Bei nicht zu großem N in dem Ansatz (6.85) eignet sich Bild 6.5 gut als Grundlage für eine Simulation auf dem Analogrechner. Man benötigt dann N Integrierer, falls $\alpha_2 = 0$ ist, andernfalls 2N Integrierer.

An dieser Stelle sei eine Bemerkung zur Invertierbarkeit der Matrix $\underline{B}$ eingefügt. Nach Gl. (6.91) ist der Integrand $\underline{w}(z) \underline{\phi}^T(z)$ ein *dyadisches Produkt*, also eine hier quadratische Matrix. Nach [90] ist ein dyadisches Produkt stets vom kleinsten überhaupt möglichen Rang, nämlich Eins, und somit nicht invertierbar. In der Tat wird für das überschaubare Beispiel N = 2

$$\underline{w}(z) \underline{\phi}^T(z) = \begin{bmatrix} w_1(z) \phi_1(z) & w_1(z) \phi_2(z) \\ w_2(z) \phi_1(z) & w_2(z) \phi_2(z) \end{bmatrix}.$$

Wie man sieht, geht an jeder Stelle z die zweite Zeile aus der ersten durch Multiplikation mit $w_2(z)/w_1(z)$ hervor. Der Rang ist somit gleich Eins und die Matrix folglich singulär.

Interessanterweise geht jedoch diese nachteilige Eigenschaft verloren im Zuge der nach Gl. (6.91) durchzuführenden Integration. Am Beispiel der Kollokationsmethode mit

$$w_1(z) = \delta(z,\tfrac{1}{2}), \quad w_2(z) = \delta(z,1)$$

sowie

$$\phi_1(z) = z, \quad \phi_2(z) = z^2$$

kann man sich leicht davon überzeugen, daß

$$\underline{B} = \begin{bmatrix} \phi_1(\tfrac{1}{2}) & \phi_2(\tfrac{1}{2}) \\ \phi_1(1) & \phi_2(1) \end{bmatrix} = \begin{bmatrix} 0,5 & 0,25 \\ 1 & 1 \end{bmatrix}$$

nicht singulär ist. Die Erklärung hierfür liegt in der vorausgesetzten linearen Unabhängigkeit sowohl der $\phi_k(z)$ als auch der $w_i(z)$.

Faßt man eine digitale Simulation ins Auge, so geht man am besten von Gl. (6.95) zur Zustandsdarstellung eines SKP über, da es hierfür Standard-Simulationsprogramme gibt. Im Falle $\alpha_2 = 0$ hat man sofort

$$\dot{\underline{x}}_H(t) = \frac{1}{\alpha_1} \underline{B}^{-1}[-\underline{A}\,\hat{\underline{x}}_H(t) + \hat{\underline{u}}(t)], \tag{6.97}$$

im Falle $\alpha_2 \neq 0$ schreibt man

$$s\hat{\underline{X}}_H(s) = \tilde{\underline{X}}_H(s) \tag{6.98}$$

und erhält so die Zustandsdarstellung in partitionierter Form:

$$\begin{bmatrix} \hat{\underline{x}}_H \\ \tilde{\underline{x}}_H \end{bmatrix}^{\cdot} = \begin{bmatrix} \underline{0} & \underline{I} \\ -\frac{1}{\alpha_2}\underline{B}^{-1}\underline{A} & -\frac{\alpha_1}{\alpha_2}\underline{I} \end{bmatrix} \begin{bmatrix} \hat{\underline{x}}_H \\ \tilde{\underline{x}}_H \end{bmatrix} + \begin{bmatrix} \underline{0} \\ \underline{B}^{-1} \end{bmatrix} \hat{\underline{u}}. \tag{6.99}$$

Bei der Wahl der Basisfunktionen $\phi_k(z)$ und der Gewichtsfunktionen $w_i(z)$ geht man nach einem der im Abschnitt 4.6 beschriebenen Standardverfahren vor. Die Matrizen $\underline{A}$ und $\underline{B}$ sind dann im allgemeinen voll besetzt. Lediglich beim Galerkin-Verfahren wird $\underline{B}$ zur Einheitsmatrix, und im Spezialfall der Methode der Eigenfunktionen wird außerdem

$$\underline{A} = \mathrm{diag}\{\lambda_i\}.$$

Die $\hat{X}_{Hi}(s)$ und $\hat{U}_i(s)$ werden dann zu Fourierkoeffizienten $X_{Hi}^*(s)$ und $U_i^*(s)$, und Gl. (6.94) nimmt die von der modalen Analyse her bekannte Diagonalform an (Gl. (6.41)):

$$\underline{X}_H^*(s) = \mathrm{diag}\left\{\frac{1}{\alpha_2 s^2 + \alpha_1 s + \lambda_i}\right\}\underline{U}^*(s).$$

Es sei noch darauf hingewiesen, daß die am Ende von Abschnitt 4.6 beschriebene Variante der Methode der gewichteten Reste fast wörtlich auf die Dynamik übertragen werden kann. Die Entwicklungskoeffizienten hängen jetzt lediglich von s ab. Diese Variante empfiehlt sich insbesondere dann, wenn die Randbedingungen im Zeitbereich auch Ableitungen nach t enthalten, wie dies beim Beispiel der Rotationsschwingungen einer Welle der Fall ist (Gl. 2.49). Im Bildbereich der Laplace-Transformation führt dies zu *Randbedingungen mit s-abhängigen Koeffizienten*, die sich mit dem Separationsansatz (6.85) nicht erfüllen lassen, wohl aber mit der beschriebenen Variante.

Beispiel 6.12:

Die Methode der gewichteten Reste eignet sich auch zur näherungsweisen Behandlung nichtlinearer Probleme (vgl. Abschnitt 4.6, Bild 4.9). Daher soll diese Methode jetzt zur Analyse und Simulation des nichtlinearen Gleichungsmodells (5.1) - (5.3) des Durchlaufofens nach Bild 2.12 verwendet werden. Für konstante Transportgeschwindigkeit $u_1(t) \equiv u_{1s}$ wird das Modell linear. In diesem Spezialfall führt die Methode zu interessanten rationalen Näherungen des tatsächlich vorliegenden Totzeitverhaltens (Gl. (6.66)). Eine modale Analyse ist bei diesem Beispiel ohnehin nicht möglich, da keine Eigenfunktionen existieren (siehe Beispiel 4.4).

Führt man für den nichtlinearen Term in Gl. (5.1) vorläufig die Abkürzung

$$\Psi(t,z) \;=\; u_1(t)\,\frac{\partial x(t,z)}{\partial z} \tag{6.100}$$

ein und für $x(t,z)$ die Zerlegung in

$$x(t,z) \;=\; u_3(t) + x_H(t,z), \tag{6.101}$$

so gilt

$$\frac{\partial x_H}{\partial t} \;=\; -\,cu_3 - cx_H + cu_2 - \dot{u}_3 - \Psi, \qquad 0 < z < 1, \qquad t > 0,$$

$$x_H(0,z) \;=\; x_o(z) - u_3(0),$$

im Bildbereich also

$$sX_H(s,z) \;=\; -\,cU_3(s) - cX_H(s,z) + cU_2(s) - sU_3(s) -$$

$$-\,\Psi(s,z) + x_o(z), \qquad 0 < z < 1. \tag{6.102}$$

Mit den Basisfunktionen

$$\phi_k(z) \;=\; z^k, \qquad k = 1, \ldots, N, \tag{6.103}$$

und den Gewichtsfunktionen

$$w_i(z) \;=\; \delta(z, \tfrac{i}{N}), \qquad i = 1, \ldots, N, \tag{6.104}$$

erhält man nach der Kollokationsmethode

$$(s+c)\sum_{k=1}^{N} \hat{X}_{Hk}(s)\left(\frac{i}{N}\right)^{k} \;=\; cU_2(s) + x_o\!\left(\frac{i}{N}\right) -$$

$$-\,L\!\left\{ u_1(t)\cdot\sum_{k=1}^{N} \hat{x}_{Hk}(t)\,k\cdot\left(\frac{i}{N}\right)^{k-1} \right\} - (s+c)U_3(s),$$

$$i = 1, \ldots, N,$$

also mit den Abkürzungen

138

$$\underline{A} = (a_{ik}) = \left(k\left(\frac{i}{N}\right)^{k-1}\right),\tag{6.105}$$

$$\underline{B} = (b_{ik}) = \left(\left(\frac{i}{N}\right)^{k}\right),\tag{6.106}$$

$$\underline{e} = (1,1,\ldots,1)^{T}\tag{6.107}$$

die Matrixdarstellung

$$(s+c)\ \underline{B}\hat{\underline{x}}_{H}(s) = c\underline{e}U_{2}(s) + \underline{x}_{o} - L\{u_{1}(t)\ \underline{A}\hat{\underline{x}}_{H}(t)\} -$$

$$- (s+c)\underline{e}U_{3}(s).\tag{6.108}$$

Der Vektor $\underline{x}_{o}$ hat dabei die Komponenten $x_{io} = x(0,i/N)$, $i = 1$, ..., N.

Der Vektor

$$\underline{B}\hat{\underline{x}}_{H}(t) := \underline{y}_{H}(t)\tag{6.109}$$

hat eine anschauliche Bedeutung. Für seine Komponenten gilt wegen Gl. (6.106)

$$y_{Hi}(t) = \hat{x}_{H}\left(t, \frac{i}{N}\right), \quad i = 1, \ldots, N,$$

das sind die Stützwerte der Näherung $\hat{x}_{H}(t,z)$ in den Kollokationspunkten $z_{i} = i/N$.

Mit Gl. (6.109) kann man Gl. (6.108) durch $\underline{y}_{H}(t)$ ausdrücken:

$$\underline{Y}_{H}(s) = \frac{1}{s+c}[c\underline{e}U_{2}(s) + \underline{x}_{o} - L\{u_{1}(t)\underline{A}\,\underline{B}^{-1}\underline{y}_{H}(t)\}] - \underline{e}U_{3}(s).$$

Mit Gl. (6.101) hat die Näherung des inhomogenen Problems die Stützstellenwerte

$$\hat{x}_{i}(t) = \hat{x}\left(t, \frac{i}{N}\right) = u_{3}(t) + y_{Hi}(t), \quad i = 1, \ldots, N,$$

im Bildbereich und in Vektorform:

$$\hat{\underline{x}}(s) = \frac{c}{s+c}[\underline{e}U_{2}(s) + \frac{1}{c}\underline{x}_{o} - \frac{1}{c}L\{u_{1}(t)\ \underline{A}\,\underline{B}^{-1}(\hat{\underline{x}}(t) - \underline{e}u_{3}(t))\}].$$

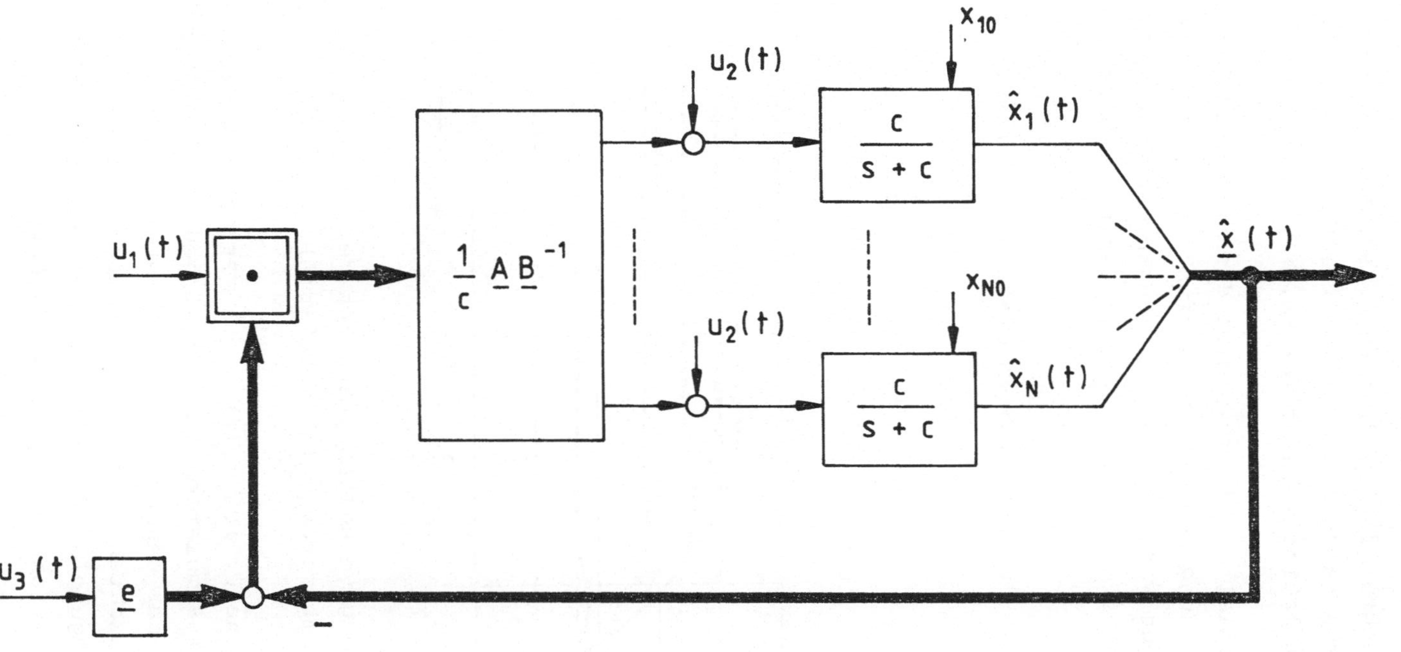

<u>Bild 6.6:</u> Dynamische Struktur des Durchlaufofens als Näherung nach der Methode der gewichteten Reste

140

Die dynamische Struktur dieser Gleichung ist im Bild 6.6 wiedergegeben. Sie kann in dieser Form unmittelbar zur Grundlage
einer analogen Simulation gemacht werden.

Für das Zahlenbeispiel c = 1 wurde eine derartige Simulation
als Näherung 5. Ordnung konkret durchgeführt. In den folgenden
Simulationsschrieben wurde einheitlich angenommen, daß zum Zeitpunkt t = O Wärmgut sich bereits im Ofen befindet wie im Bild
2.12 dargestellt.

Bild 6.7 zeigt die 5 Stützstellentemperaturen $\hat{x}_i(t)$ für den
Fall

$$u_1(t) \equiv 0{,}5; \quad u_2(t) \equiv 0{,}5; \quad u_3(t) \equiv 0, \quad \hat{\underline{x}}(0) = \underline{0}.$$

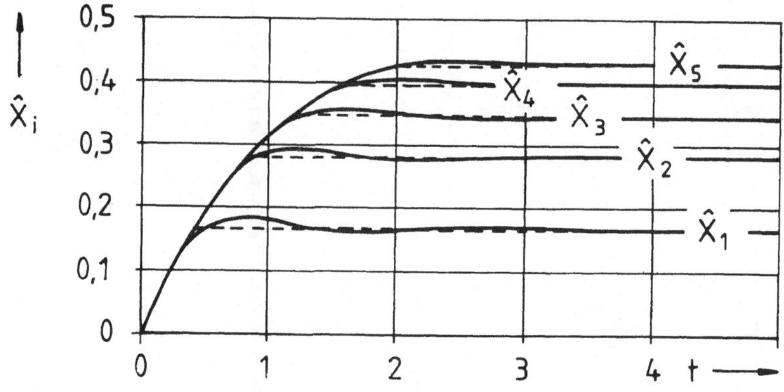

<u>Bild 6.7</u>: Übergangsverhalten bezüglich der
Ofentemperatur $u_2(t) = 0{,}5 \cdot \sigma(t)$

Praktisch wird man natürlich $u_2(t)$ nicht verzögerungsfrei ver-
stellen können. Die Simulation ermöglicht jedoch eine aufschluß-
reiche Beurteilung der Genauigkeit durch Vergleich mit der hier
leicht angebbaren exakten Lösung im Zeitbereich. Sie ist im Bild
6.7 gestrichelt eingezeichnet. Diese exakte Lösung erhält man
durch Rücktransformation von (vgl. Gl. (6.66))

$$X(s,z_i) = \frac{c}{s+c}\left[1 - \exp\left(-\frac{c}{u_{1s}}\,z_i\right)\exp\left(-\frac{z_i}{u_{1s}}\,s\right)\right]U_2(s) =$$

$$= \frac{1}{s+1}\left[1 - \exp(-2z_i)\exp(-2z_is)\right]\cdot\frac{0{,}5}{s}\ ,$$

$$z_i = i\cdot 0{,}2,\quad i = 1,\ \ldots,\ 5,$$

zu

$$x(t,z_i) = 0{,}5\left\{1 - e^{-t} - e^{-2z_i}\cdot\left[1 - e^{-(t-2z_i)}\right]\sigma(t-2z_i)\right\}.$$

Wie man aus Bild 6.7 ersieht, fällt der dynamische Fehler hier recht klein aus. Statisch ist die Näherung in den Stützpunkten sogar exakt.

Bild 6.8 zeigt die 5 Stützstellentemperaturen $\hat{x}_i(t)$ für den Fall

$$u_1(t) \equiv 0{,}5,\quad u_2(t) \equiv 0,\quad u_3(t) \equiv 0{,}5,\quad \hat{\underline{x}}(0) \equiv \underline{0}.$$

Auch hier ist ein Vergleich mit dem exakten Verhalten möglich. Es ergibt sich nach Gl. (6.66) wegen

$$X(s,z_i) = \exp\left(-\frac{c}{u_{1s}}\,z_i\right)\exp\left(-\frac{z_i}{u_{1s}}\,s\right)U_3(s)$$

zu

$$x(t,z_i) = e^{-2z_i}\cdot u_3(t-2z_i) = 0{,}5e^{-2z_i}\cdot\sigma(t-2z_i).$$

Bereits bei der Diskussion von Gl. (6.66) wurde auf dieses reine Totzeitverhalten hingewiesen.

Wenn auch die Näherung 5. Grades das Sprungverhalten nur als weiche stetige Kurve wiederzugeben vermag, so ist doch das Totzeitverhalten ähnlich gut erkennbar wie bei der häufig praktizierten Padé-Approximation [66].

Im Bild 6.9 schließlich ist ausgehend von dem nach Bild 6.7 erreichten eingeschwungenen Zustand $\hat{\underline{x}}_s$ die Transportgeschwindigkeit $u_1(t)$ sprungförmig von 0,5 auf 1 erhöht worden.

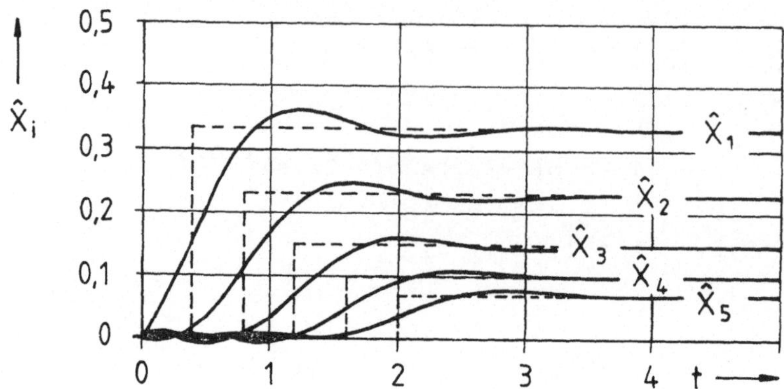

Bild 6.8: Übergangsverhalten bezüglich der
Wärmguteintrittstemperatur $u_3(t) = 0,5 \cdot \sigma(t)$

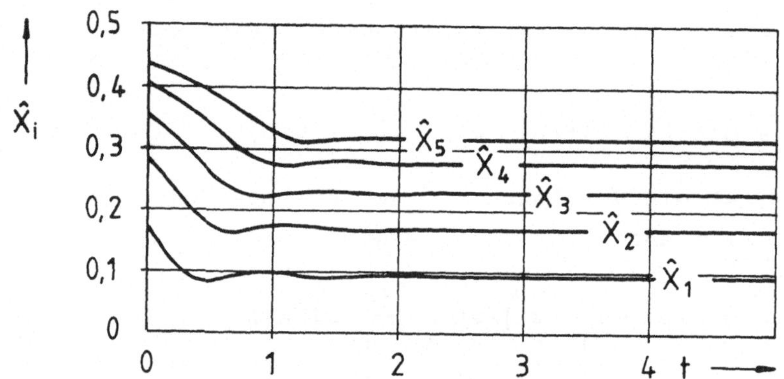

Bild 6.9: Übergangsverhalten bezüglich der
Transportgeschwindigkeit $u_1(t) = \sigma(t)$

Wie bereits im Zusammenhang mit der linearisierten Gl. (6.66) erörtert wurde, führt die Erhöhung des Durchsatzes zu einem Temperaturabfall. Im Unterschied zu Gl. (6.66) beruht allerdings Bild 6.9 auf der *nicht* linearisierten Struktur nach Bild 6.6.

Mancher Leser wird sich schon gefragt haben, warum eine andere häufig verwendete Näherungsmethode hier nicht behandelt wurde:

das *finite Differenzenverfahren*. Dieses Verfahren führt viel direkter als die Methode der gewichteten Reste zu einem Näherungsmodell mit konzentrierten Parametern. Es werden nämlich direkt in der partiellen Differentialgleichung die örtlichen Differentialquotienten durch entsprechende Differenzenquotienten ersetzt.

Am Beispiel des Durchlaufofens (hier mit $u_1(t) \equiv u_{1s}$) soll das Verfahren kurz erläutert und im Ergebnis mit der Methode der gewichteten Reste verglichen werden.

Mit den Stützstellen

$$z_i = i \cdot \Delta z, \quad i = 1, \ldots, N, \quad N \cdot \Delta z = 1,$$

und den Stützwerten

$$x(t, z_i) = x_i(t), \quad i = 1, \ldots, N,$$

wird in Gl. (5.1)

$$\frac{\partial x(t,z)}{\partial z} \approx \frac{x_i(t) - x_{i-1}(t)}{\Delta z}, \quad i = 1, \ldots, N.$$

Gl. (5.1) lautet daher mit $u_1(t) \equiv u_{1s}$ näherungsweise

$$\dot{x}_i(t) + \frac{u_{1s}}{\Delta z}[x_i(t) - x_{i-1}(t)] + cx_i(t) = cu_2(t),$$

$$i = 1, \ldots, N.$$

Die Gleichung für $i = 1$ ermöglicht das Einarbeiten der Randbedingung (5.2). Wählt man das Zahlenbeispiel wie oben, also

$$c = 1, \quad u_{1s} = 0,5, \quad N = 5 \curvearrowright \Delta z = 0,2,$$

so hat man

$$\dot{x}_1 = -3,5\, x_1 + 2,5\, u_3 + u_2,$$

$$\dot{x}_2 = -3,5\, x_2 + 2,5\, x_1 + u_2,$$

$$\vdots$$

$$\dot{x}_5 = -3,5\, x_5 + 2,5\, x_4 + u_2.$$

144

Im Strukturbild lassen sich diese Gleichungen als Kettenschaltung von 5 Verzögerungsgliedern erster Ordnung darstellen. Dabei greift u_3 nur am Eingang der Kette ein, u_2 dagegen wird vor jedem Kettenglied eingespeist.

Nach dieser Methode wurden die in den Bildern 6.10 und 6.11 wiedergegebenen Simulationsschriebe aufgenommen. Bezüglich der jeweiligen Eingangsgrößen entspricht Bild 6.10 dem Bild 6.7 und Bild 6.11 dem Bild 6.8.

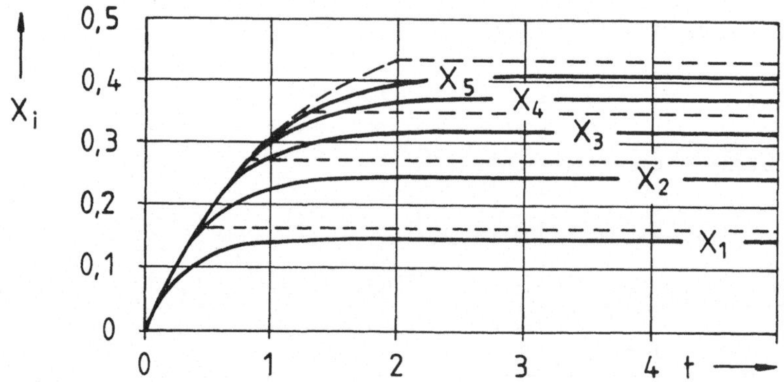

Bild 6.10: Übergangsverhalten bezüglich $u_2(t) = 0,5 \cdot \sigma(t)$ (Differenzenverfahren)

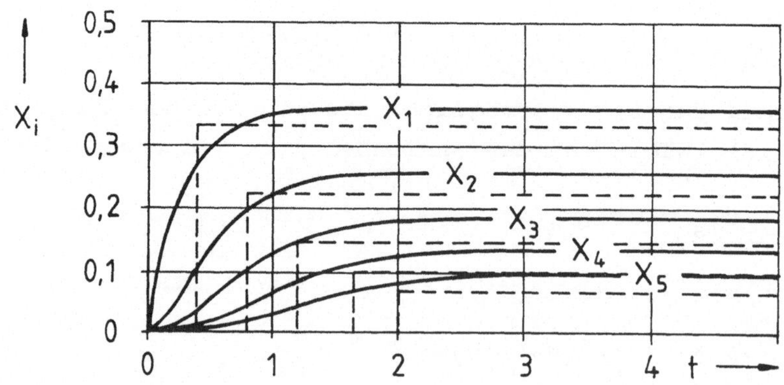

Bild 6.11: Übergangsverhalten bezüglich $u_3(t) = 0,5 \cdot \sigma(t)$ (Differenzenverfahren)

Der Vergleich mit der auch hier gestrichelt eingetragenen exakten Lösung macht deutlich, daß das Differenzenverfahren nicht nur dynamisch ungenauer als die Methode der gewichteten Reste ist, sondern auch einen statischen Fehler aufweist. Dies ist auch nicht verwunderlich. Eine Minimierung des Modellierungsfehlers, charakteristisch für die Methode der gewichteten Reste, fehlt beim Differenzenverfahren völlig.

Fazit: Will man mit dem Differenzenverfahren Genauigkeiten erzielen, die mit denen der Methode der gewichteten Reste vergleichbar sind, so muß man den Stützstellenabstand Δz sehr klein wählen. Dies führt zu hohen Unterteilungszahlen $N = 1/\Delta z$ und damit zu konzentrierten Näherungsmodellen hoher Ordnung.

6.7 Zusammenfassung

Ebenso wie im Fall des statischen Verhaltens (Abschnitt 4.7) sollen nun die verschiedenen Methoden zur Analyse des dynamischen Verhaltens linearer SVP nochmals einander gegenübergestellt werden. Die Ausführungen im Abschnitt 4.7 können direkt und teilweise wörtlich auf die Dynamik übertragen werden.

Das Hilfsmittel der Laplace-Transformation überführt zunächst die kombinierte Anfangswert- und Randwertaufgabe in eine reine Randwertaufgabe. Dabei treten s-abhängige und damit komplexe Koeffizienten auf.

Auf dem Wege der allgemeinen Lösung der Differentialgleichung (Abschnitt 6.2) über die charakteristische Gleichung wurde deutlich, daß *transzendente Übertragungsfunktionen* auftreten, die von dem Parameter z abhängen (Gl. (6.18)), solange man die Meß- bzw. Ausgangsgleichung noch nicht verwendet.

Es ist nicht möglich, das Übertragungsverhalten eines SVP durch eine *rationale* Übertragungsfunktion *exakt* wiederzugeben, da ein SVP sich nicht durch endlich viele Speicherglieder exakt beschreiben läßt.

Jedoch führt die modale Analyse (Abschnitt 6.4) auf *einfache rationale Übertragungsfunktionen für die Übertragung der Fourierkoeffizienten in getrennten Kanälen. Die exakte Systembe-*

schreibung erfordert unendlich viele solcher Kanäle (Gl. (6.41)). Hierin wird die nicht-endliche Dimension von SVP besonders augenfällig. In der Tat findet man in der Literatur häufig den Begriff "unendlich-dimensionale Systeme" als Synonym für SVP.

Das bei der Diskussion des statischen Zustands festgestellte "örtliche Tiefpaßverhalten" findet in der Dynamik seine Entsprechung in den mit wachsendem i abnehmenden Übertragungskonstanten in den einzelnen Kanälen. Dies bedeutet, daß die höheren Moden dynamisch sehr viel schwieriger anzuregen sind als z.B. die ersten fünf. Da häufig auch die Eigenwerte ρ_i der rationalen Übertragungspfade mit wachsendem i abnehmende Dominanz aufweisen (Gl. (6.45)ff.), ermöglicht die modale Analyse interessante *rationale Näherungen durch Reihenabbruch*. Insbesondere bei vorherigem Abspalten des Anteils $X_I(s,z)$ nach Abschnitt 6.3 genügen oft ganz wenige Reihenglieder (Gl. (6.47)).

Die Methode der Greenschen Funktion $G(s,z,\zeta)$ (Abschnitt 6.5) führt zu einer besonders prägnanten Darstellung des Systemzustands in Abhängigkeit von allen Einflußgrößen: Quellen, Randwerten und Anfangswerten. Darin liegt die universelle Bedeutung der Greenschen Funktion als einer verallgemeinerten Übertragungsfunktion. Ihre bereichsweise geschlossene Darstellung führt erneut auf transzendente Ausdrücke in s. Ihre Reihenentwicklung nach Eigenfunktionen stellt die Verbindung zur modalen Analyse her.

Die Greensche Funktion beschreibt in Kombination mit der Stellgleichung und der Meßgleichung das Eingangs-Ausgangsverhalten des SVP (Abschnitt 6.5.3) und läßt dieses nach außen als Mehrgrößenregelstrecke erscheinen.

Die halbanalytische Näherungsmethode der gewichteten Reste (Abschnitt 6.6) wird stets dann empfohlen, wenn eine modale Analyse nicht möglich oder numerisch zu aufwendig ist bzw. wenn die Bestimmung der Greenschen Funktion an ortsabhängigen Koeffizienten in den Modellgleichungen scheitert.

Diese sehr universelle Methode führt bei linearen SVP stets zu rationalen Näherungen von einfacher Struktur (Bild 6.5). Daher eignet sich die Methode auch sehr gut, wenn man *konzentrierte*

Ersatzsysteme möglichst niedriger Ordnung gewinnen möchte. Der exemplarische Vergleich mit dem finiten Differenzenverfahren machte offenkundig, daß man mit letzterem Verfahren die Ordnungsreduktion nicht so weit treiben kann wie mit der Methode der gewichteten Reste. An dem durchgeführten Simulationsbeispiel wurde auch gezeigt, wie man mit dieser Methode nichtlineare SVP simulieren kann, ohne um einen Arbeitspunkt linearisieren zu müssen.

7 Reglerentwurf im Frequenzbereich

Die im Kapitel 6 beschriebenen Methoden der dynamischen System-
analyse führten auf verschiedenartige Beschreibungsformen. Einige davon geben das Übertragungsverhalten exakt wieder, andere nur näherungsweise. Durch den Übergang in den Bildbereich
der Laplace-Transformation wurde eine Beziehung zum Begriff der
Übertragungsfunktion bzw. der Übertragungsmatrix hergestellt.
Insbesondere in Verbindung mit den Eingangsgleichungen

$$u_\Omega(t,z) = \underline{f}^T(z)\underline{u}^{(1)}(t), \tag{7.1}$$

$$[\underline{R}_{Oz}x(t,z)]_{z=O} = \underline{I}_O\underline{u}^{(2)}(t), \tag{7.2}$$

$$[\underline{R}_{1z}x(t,z)]_{z=1} = \underline{I}_1\underline{u}^{(2)}(t) \tag{7.3}$$

und der Ausgangsgleichung

$$\underline{y}(t) = \int_{z=O}^{1} \underline{c}(z)x(t,z)\,dz \tag{7.4}$$

erscheint das SVP nach außen als Mehrgrößenregelstrecke (bzw.
als Eingrößenstrecke im Spezialfall $p = q = 1$).

Die exakten Beschreibungsformen, etwa die Methode der Greenschen Funktion, führen bei einem SVP stets auf die Besonderheit
transzendenter Übertragungsfunktionen. Rationale Näherungen
hierfür erhält man durch Reihenabbruch bei der Methode der Eigenfunktionen sowie bei der Methode der gewichteten Reste. Hat
man sich eine rationale Näherung für das dynamische Verhalten
des SVP verschafft, so benötigt man von da an im Grunde keine
Theorie partieller Differentialgleichungen mehr. Insbesondere
kann sich dann der Reglerentwurf auf das endlich-dimensionale
Ersatzsystem stützen. Hierfür kann man auf die Vielfalt der zur
Verfügung stehenden Reglerentwurfsverfahren für SKP zurückgreifen. Es ist dennoch hilfreich, die *spezielle dynamische Struktur* linearer SVP im Auge zu behalten: die *parallelen Übertragungskanäle* bei der modalen Analyse, die *diagonale Struktur
des Dynamikblocks* bei der pseudo-modalen Analyse (Bild 6.5).
Denn diese speziellen Strukturen erweisen sich als Angelpunkt
für eine zweckmäßige Struktur des zu entwerfenden Reglers.

Setzt man im Hinblick auf das hier interessierende Übertragungsverhalten den Anfangszustand identisch Null, so genügt der Systemzustand eines linearen SVP in Verbindung mit den Eingangsgleichungen (7.1) - (7.3) stets einer Beziehung der Form

$$X(s,z) = \sum_{k=1}^{p} G_k(s,z)U_k(s), \qquad (7.5)$$

wobei die $G_k(s,z)$ sich mittels der Greenschen Funktion $G(s,z,\zeta)$ darstellen lassen.

So ist im Beispiel 6.8 nach Gl. (6.60) bzw. (6.61)

$$G_1(s,z) = \int_{\zeta=0}^{1} G(s,z,\zeta)f(\zeta)d\zeta, \qquad (7.6)$$

$$G_2(s,z) = 1 - z - s \cdot \int_{\zeta=0}^{1} G(s,z,\zeta)(1-\zeta)d\zeta = \left.\frac{\partial G(s,z,\zeta)}{\partial \zeta}\right|_{\zeta=0}, \qquad (7.7)$$

$$G_3(s,z) = z - s \cdot \int_{\zeta=0}^{1} G(s,z,\zeta)\zeta d\zeta = -\left.\frac{\partial G(s,z,\zeta)}{\partial \zeta}\right|_{\zeta=1}. \qquad (7.8)$$

Bei der linearisierten Gleichung (6.66) des Durchlaufofens liegen die $G_k(s,z)$ bereits konkreter vor:

$$G_1(s,z) = -c\,\frac{u_{2s}-u_{3s}}{u_{1s}}\exp\left(-\frac{c}{u_{1s}}z\right)\frac{1}{s}\left[1-\exp\left(-\frac{z}{u_{1s}}s\right)\right], \qquad (7.9)$$

$$G_2(s,z) = \frac{c}{s+c}\left[1-\exp\left(-\frac{c}{u_{1s}}z\right)\exp\left(-\frac{z}{u_{1s}}s\right)\right], \qquad (7.10)$$

$$G_3(s,z) = \exp\left(-\frac{c}{u_{1s}}z\right)\exp\left(-\frac{z}{u_{1s}}s\right). \qquad (7.11)$$

7.1 Eingrößenregelung

Im einfachsten und durchaus häufigen Fall ist die skalare Regelgröße $y(t)$ ein an einer bestimmten Stelle $z_1 \in [0,1]$ gemessener Wert von $x(t,z)$:

$$y(t) = x(t,z_1) = \int\limits_{z=0}^{1} \delta(z,z_1)x(t,z)dz, \qquad\qquad (7.12)$$

vgl. die Beispiele im Abschnitt 2.2.5.

Faßt man eine der Eingangsgrößen, etwa $u_j(t)$, als Stellgröße ins Auge, so wird das Eingangs-Ausgangsverhalten der Strecke beschrieben durch die Streckenübertragungsfunktion

$$\boxed{G_S(s) = G_j(s,z_1).} \qquad\qquad (7.13)$$

Im Bild 3.1 ist das Blocksymbol für die Strecke durch eine derartige Übertragungsfunktion zu charakterisieren. Mit der Reglerübertragungsfunktion $G_R(s)$ und der Stellgliedübertragungsfunktion $G_{ST}(s)$ hat man so die Übertragungsfunktion

$$G_0(s) = G_R(s)G_{ST}(s)G_S(s) \qquad\qquad (7.14)$$

des offenen Kreises. Sie bildet die Grundlage für den Reglerentwurf nach den klassischen Frequenzbereichverfahren, also dem *Frequenzkennlinienverfahren* und dem *Wurzelortskurvenverfahren*.

7.1.1 Ortskurven und Frequenzkennlinien

Der Reglerentwurf mit dem Frequenzkennlinienverfahren stützt sich auf das Nyquist-Kriterium [1], das unter sehr allgemeinen Bedingungen auch auf transzendente Frequenzgänge angewandt werden darf [44]. Für die praktische Handhabung wirkt sich allerdings der transzendente Charakter der Frequenzgänge erschwerend aus. Bei der Vielfalt der auftretenden Formen muß fast jeder Fall individuell behandelt werden. Daher sollen im folgenden nur exemplarisch einige Ortskurven und Bode-Diagramme bestimmt werden, teils exakt und teils näherungsweise.

Beispiel 7.1:

Beim Durchlaufofen nach Bild 2.12 und Gl. (6.66) soll die Austrittstemperatur $x(t,1) = y(t)$ des Wärmgutes mit einem ortsfesten Pyrometer gemessen und über die Heiztemperatur $u_2(t)$ geregelt werden. Nach Gl. (7.10) hat man hier den Frequenzgang

$$G_S(j\omega) = G_2(j\omega, 1) = \frac{c}{j\omega + c}\left[1 - \exp\left(-\frac{c}{u_{1s}}\right)\exp\left(-\frac{j\omega}{u_{1s}}\right)\right] \; . \quad (7.15)$$

Der Totzeitanteil tritt hier nicht in Reihe mit einem rationalen Anteil auf, was das Zeichnen der Bode-Diagramme erschwert.

Jedoch kann man leicht eine Vorstellung von der Ortskurve des transzendenten Anteils

$$G(j\omega) = 1 - \exp\left(-\frac{c}{u_{1s}}\right)\exp\left(-\frac{j\omega}{u_{1s}}\right) \qquad (7.16)$$

gewinnen (Bild 7.1).

Wie man sieht, schwankt $|G(j\omega)|$ periodisch in ω zwischen den den Werten $1 - \exp(-c/u_{1s})$ und $1 + \exp(-c/u_{1s})$.

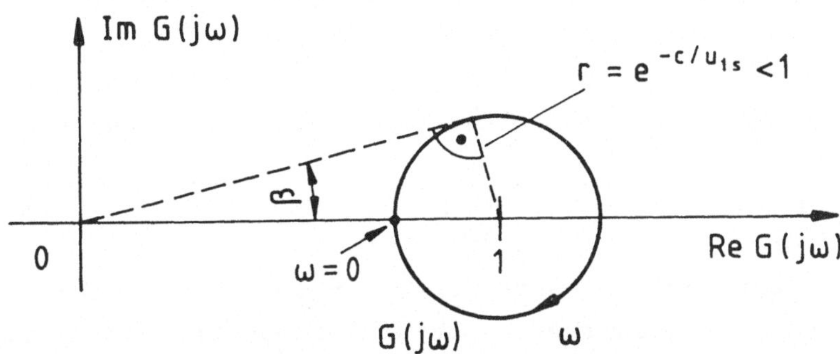

Bild 7.1: Die Ortskurve zu G(jω) nach Gl. (7.16)

Ebenso schwankt die Phase $\underline{/G(j\omega)}$ periodisch in ω zwischen $+\beta$ und $-\beta$, wobei

$$\beta = \mathrm{arc}\,\sin(e^{-c/u_{1s}}) \; . \qquad (7.17)$$

Die zugehörigen Frequenzkennlinien sind für das Zahlenbeispiel $c = 1$, $u_{1s} = 0{,}5$ im Bild 7.2 dargestellt. Wegen der logarithmisch geteilten ω-Achse rücken die Schwankungen von Betrag und Phase mit wachsendem ω immer mehr zusammen.

Das Zeichnen derartiger Frequenzkennlinien bedeutet einen Umstand, den man gern vermeiden möchte. Hierzu bieten sich ratio-

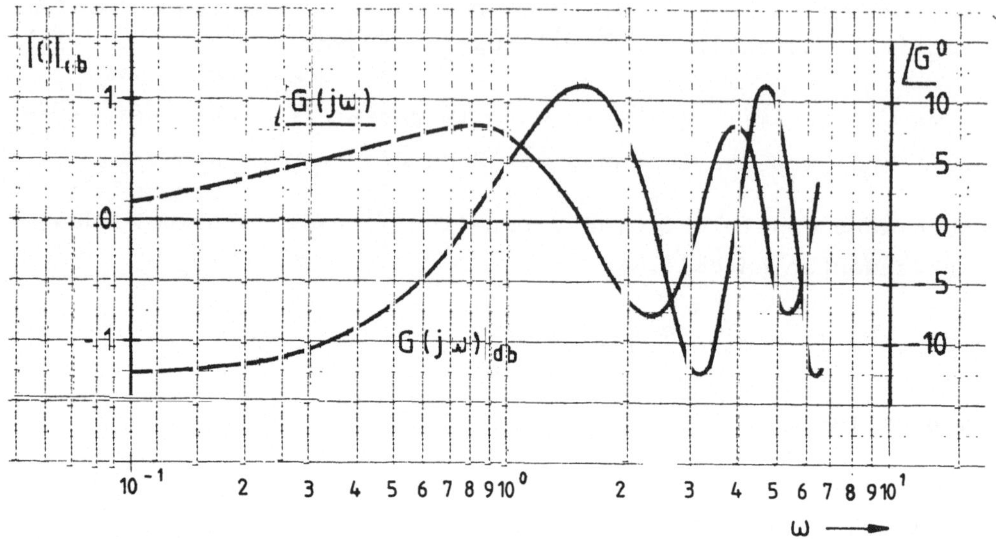

Bild 7.2: Frequenzkennlinien zur Ortskurve nach Bild 7.1

nale Näherungen an, wie man sie mit der Methode der gewichteten Reste erhält. Der ebenfalls naheliegende Weg, die Potenzreihe

$$\exp\left(-\frac{j\omega}{u_{1s}}\right) = 1 - \frac{1}{1!}\frac{j\omega}{u_{1s}} + \frac{1}{2!}\left(\frac{j\omega}{u_{1s}}\right)^2 - + \dots \tag{7.18}$$

abzubrechen, führt nur bei sehr langsamen Vorgängen (kleine ω) zu befriedigenden Ergebnissen. Andernfalls benötigt man viele Reihenglieder.

Für ein konkretes Entwurfsbeispiel werde der Streckenfrequenzgang (7.15) ergänzt durch die Stellglieddynamik

$$G_{ST}(j\omega) = \frac{1}{1+0,5j\omega} \, ,$$

und es werde ein Integralregler

$$G_R(j\omega) = \frac{K_R}{j\omega}$$

vorgesehen. Damit lautet der Frequenzgang des offenen Kreises

$$G_O(j\omega) = \frac{K_R G(j\omega)}{j\omega(1 + j\omega)(1 + j\,\frac{\omega}{2})} \ ,$$

mit $G(j\omega)$ nach Gl. (7.16). Unter Verwendung von Bild 7.2 erhält man die im Bild 7.3 wiedergegebenen Bode-Diagramme. Wegen des hier nahezu parasitären Einflusses von $G(j\omega)$ wurde $|G|_{db}$ in der Zeichnung gar nicht berücksichtigt, jedoch der Phasenanteil $\underline{/G}$ eingetragen.

- 90	-90	- 90	-90
- 11	-26	- 45	- 63
- 6	-14	- 26	-45
+ 3	+7	+7	- 6
-114	- 123	- 154	-204

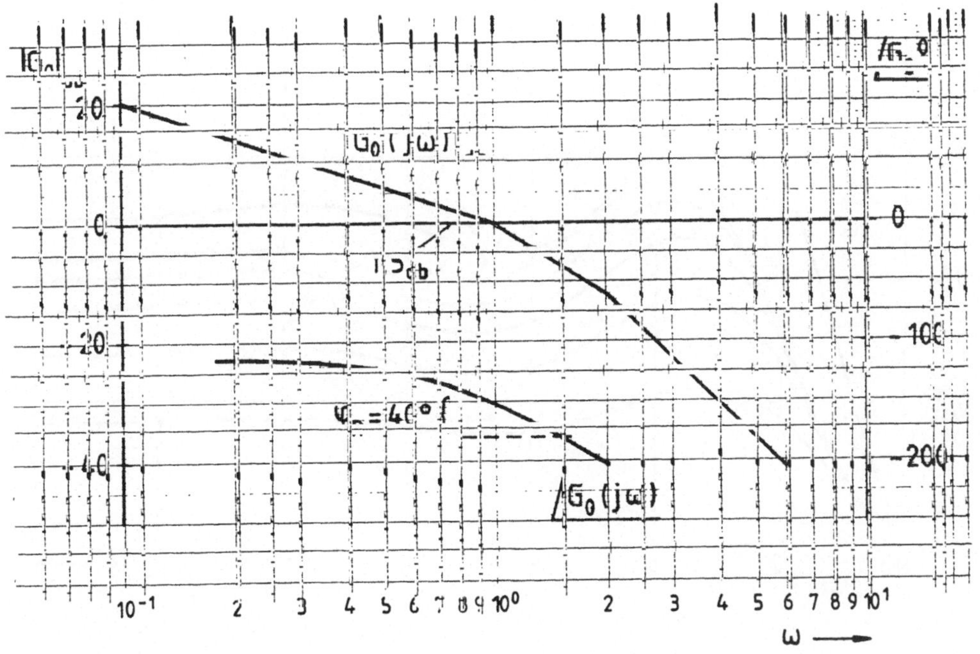

Bild 7.3: Frequenzkennlinien des offenen Kreises

Legt man eine Phasenreserve $\varphi_R = 40^{\circ}$ zugrunde [1], so liest man ab:

$$K_{db} = -1,5 \stackrel{\wedge}{=} 0,86 = K_R \cdot 0,864 \sim \underline{K_R = 1}.$$

Mit dem so entworfenen Regler wurde der Temperaturregelkreis nach der im Abschnitt 6.6 beschriebenen Simulationsmethode der gewichteten Reste nachgebildet. Bild 7.4 gibt das so ermittelte Führungsverhalten auf einen Sollwertsprung

$$w(t) = x_s(1)\,\sigma(t) = 0,432\ \sigma(t)$$

wieder. Man beachte, daß die Simulation von einem völlig energiefreien Anfangszustand ausgeht. Insbesondere ist auch der

Ofen zu Beginn dieses Anfahrvorganges noch kalt. Als Folge davon verläßt das Wärmgut erst nach etwa 7 Zeiteinheiten den Ofen mit einem näherungsweise konstanten und gewünschten Tempe-

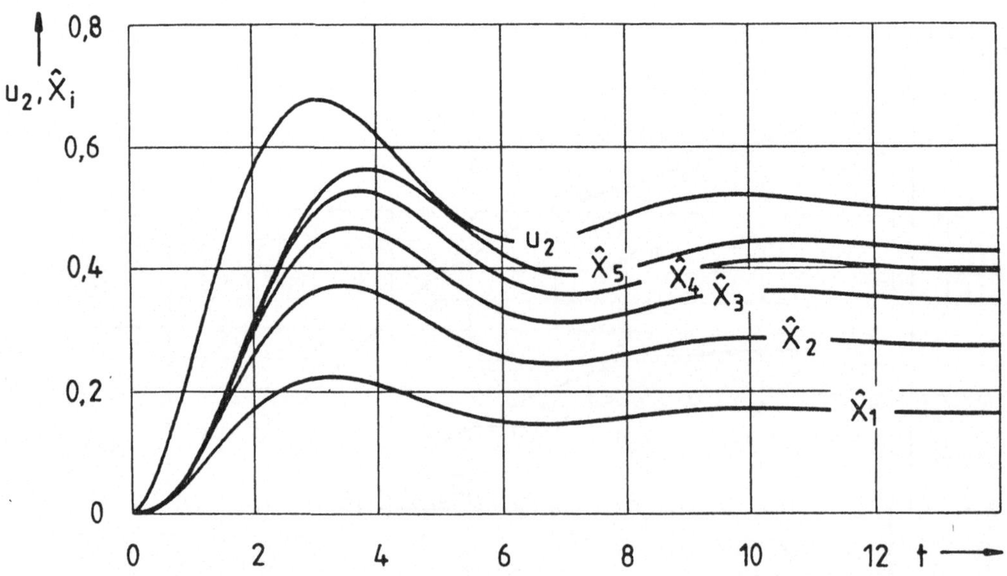

Bild 7.4: Führungsverhalten der Temperaturregelung
des Durchlaufofens

raturwert, wie man aus Bild 7.4 ablesen kann. Im übrigen bestätigt Bild 7.4 durch das Maß des Überschwingens die zugrundegelegte Phasenreserve von 40°. Für eine zufriedenstellende Dämpfung ist diese Phasenreserve offenkundig zu knapp gewählt. Dies geschah jedoch mit Absicht, da später (Abschnitt 8.2.3) gezeigt werden soll, wie man durch einen gezielten Einsatz der Transportgeschwindigkeit $u_1(t)$ als weiterer Stellgröße eine wesentliche Verbesserung der Dynamik erzielen kann (vgl. Bild 3.6). Im Bild 7.4 wurde der Ofen von Anfang an mit der konstanten Transportgeschwindigkeit $u_{1s} = 0{,}5$ betrieben. Man kann intuitiv vermuten, daß sich die Menge des Wärmgutes mit zu niedriger Austrittstemperatur ("Ausschuß") reduzieren läßt, indem man insbesondere während einer bestimmten Vorwärmphase das Transportband anhält. Diese Vermutung wird sich noch bestätigen. ∎

Beispiel 7.2:

In der linearisierten Gl. (6.66) des Durchlaufofens beschreibt die Übertragungsfunktion $G_1(s,z)$ nach Gl. (7.9) den Einfluß einer Änderung der Transportgeschwindigkeit. Am Ofenaustritt $z = 1$ hat man

$$- G_1(s,1) = c\,\frac{u_{2s} - u_{3s}}{u_{1s}} \exp\left(-\frac{c}{u_{1s}}\right)\frac{1}{s}\left[1 - \exp\left(-\frac{s}{u_{1s}}\right)\right] =$$

$$= \frac{c_1}{s}\left[1 - e^{-s/u_{1s}}\right], \qquad c_1 > 0. \tag{7.19}$$

Der Faktor $1/s$ läßt auf den ersten Blick integrales Verhalten vermuten, jedoch verschwindet auch der Zähler für $s \to 0$.

Die Reihenentwicklung für kleine $|s|$,

$$\frac{1}{s}\left[1 - e^{-s/u_{1s}}\right] = \frac{1}{s}\left[1 - 1 + \frac{s}{u_{1s}} - \frac{1}{2}\left(\frac{s}{u_{1s}}\right)^2 + - \dots\right] \approx$$

$$\approx \frac{1}{u_{1s}}\left[1 - \frac{s}{2u_{1s}}\right] \approx \frac{1}{u_{1s}} \cdot \frac{1}{1 + \frac{s}{2u_{s1}}}, \tag{7.20}$$

läßt erkennen, daß für langsam veränderliche Vorgänge näherungsweise Verzögerungsverhalten 1. Ordnung vorliegt. Die Übertragungskonstante ist $1/u_{1s}$ und die Zeitkonstante $1/2u_{1s}$.

Die zu

$$G(j\omega) = \frac{1}{j\omega}\left[1 - e^{-j\omega/u_{1s}}\right] \qquad (7.21)$$

gehörende Ortskurve ist im Bild 7.5 für das Zahlenbeispiel
$u_{1s} = 0,5$ konstruiert. Als Hilfskurven zur Erläuterung sind auch

$$1 - e^{-j\omega/u_{1s}}$$

sowie die daraus durch 90°-Drehung entstehende Kurve

$$\frac{1}{j}\left[1 - e^{-j\omega/u_{1s}}\right]$$

eingezeichnet. Aus letzterer entsteht $G(j\omega)$ nach Division durch
ω. Auf diese Weise erklärt sich die ungewöhnliche Spirale, die

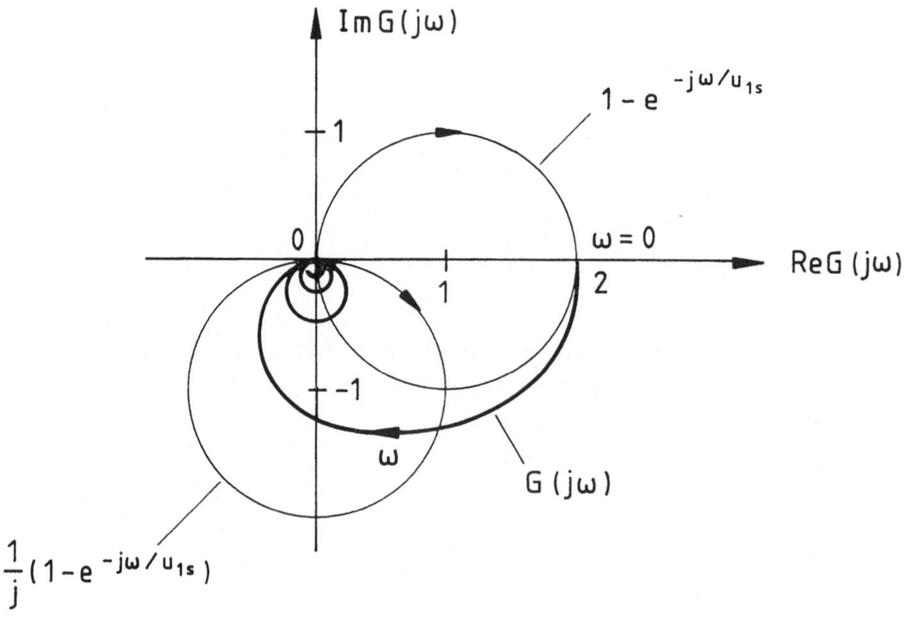

Bild 7.5: Erläuterung der Ortskurve zu $G(j\omega)$
nach Gl. (7.21)

den Ursprung nicht umschlingt, in ihm vielmehr in regelmäßigen
ω-Intervallen die reelle Achse tangiert.

Überträgt man diese Ortskurve in die Frequenzkennliniendarstellung, so ergeben sich bei

$$\omega_k = 2k\pi u_{1s}, \quad k = 1, 2, 3, \dots \, ,$$

Unendlichkeitsstellen der Betragskennlinie ($|G|_{db} = -\infty$) *und
Sprungstellen der Phasenkennlinie.*

Wegen dieses untypischen Verlaufs von Ortskurve und Frequenzkennlinien kann man hier nicht ohne weiteres mit rationalen
Näherungsfrequenzgängen arbeiten, es sei denn, die dynamischen
Vorgänge sind so langsam, daß beispielsweise Gl. (7.20) als
Näherung verwendet werden kann. ∎

Beispiel 7.3:

Ist der Differentialoperator D_z der Regelstrecke von zweiter
Ordnung, so treten in der Greenschen Funktion in der Regel hyperbolische Sinus- und Cosinusfunktionen auf. Diese transzendenten Ausdrücke in s charakterisieren dann auch die vorkommenden Übertragungsfunktionen. Unter diesem Aspekt soll nun das
Beispiel 6.8 nochmals aufgegriffen werden. Die Greensche Funktion wurde mit Gl. (6.59) geschlossen angegeben. Der Systemzustand genügt im Bildbereich der Gl. (6.60) bzw. der äquivalenten Gl. (6.61).

Mit Gl. (7.7) und (6.59) wird hier

$$G_2(s,z) = \left.\frac{\partial G(s,z,\zeta)}{\partial \zeta}\right|_{\zeta=0} = \frac{\mathrm{Sinh}[\sqrt{s}(1-z)]}{\mathrm{Sinh}\sqrt{s}} \, , \tag{7.22}$$

ferner nach Gl. (7.8)

$$G_3(s,z) = -\left.\frac{\partial G(s,z,\zeta)}{\partial \zeta}\right|_{\zeta=1} = \frac{\mathrm{Sinh}(\sqrt{s}z)}{\mathrm{Sinh}\sqrt{s}} \, . \tag{7.23}$$

Nimmt man einmal Quellenfreiheit an ($u_1(t) \equiv 0$), so beschreiben

diese beiden Übertragungsfunktionen den Einfluß der beiden Rand-
temperaturen $u_2(t)$ und $u_3(t)$ auf die Temperatur $x(t,z)$ längs des
Wärmeleiters:

$$X(s,z) = G_2(s,z)U_2(s) + G_3(s,z)U_3(s). \qquad (7.24)$$

Man überzeugt sich sofort davon, daß $G_2(s,0) \equiv 1$ und $G_3(s,1) \equiv 1$,
wie es ja physikalisch nicht anders sein kann.

Es sei nun $u_2(t)$ eine Steuergröße und $u_3(t)$ eine Störgröße. Dann
führt beispielsweise die Definition der Regelgröße $y(t) = x(t,1)$
nicht zu einer sinnvollen Problemstellung, denn diese Regelgröße
läßt sich mittels $u_2(t)$ überhaupt nicht beeinflussen: $G_2(s,1) \equiv 0$.
Dieses hier nahezu trivial anmutende Beispiel zeigt immerhin,
daß man bei der Zuordnung der Steuergrößen zu den Ausgangsgrößen
bei einem SVP mit einer gewissen Sorgfalt vorzugehen hat.

Die Meßstelle sei nun $z_1 = 0{,}5$. Damit lautet die Streckenübertragungsfunktion

$$G_S(s) = G_2(s,z_1) = \frac{\operatorname{Sinh}(0{,}5\sqrt{s})}{\operatorname{Sinh}\sqrt{s}} . \qquad (7.25)$$

Die Ortskurven und Bode-Diagramme derartiger Frequenzgänge
$G_S(j\omega)$ lassen sich durch analytische Zerlegung in Real- und Ima-
ginäranteil exakt berechnen. Man kann jedoch gerade hier gut auf
rationale Näherungen ausweichen. Für die hyperbolischen Funktionen existieren nämlich die folgenden unendlichen Produktdarstel-
lungen [64]:

$$\operatorname{Sinh} x = x\left(1 + \frac{x^2}{\pi^2}\right)\left(1 + \frac{x^2}{4\pi^2}\right)\left(1 + \frac{x^2}{9\pi^2}\right)\left(1 + \frac{x^2}{16\pi^2}\right) \ldots , \qquad (7.26)$$

$$\operatorname{Cosh} x = \left(1 + \frac{4x^2}{\pi^2}\right)\left(1 + \frac{4x^2}{9\pi^2}\right)\left(1 + \frac{4x^2}{25\pi^2}\right)\left(1 + \frac{4x^2}{49\pi^2}\right) \ldots . \qquad (7.27)$$

Mit ihrer Hilfe erhält man faktorisierte Übertragungsfunktionen,
die direkt zur Konstruktion der Bode-Diagramme geeignet sind.

Die Anwendung von Gl. (7.26) auf Gl. (7.25) ergibt

$$G_S(s) = \cfrac{0,5\sqrt{s}\left(1 + \dfrac{s}{4\pi^2}\right)\left(1 + \dfrac{s}{16\pi^2}\right)\left(1 + \dfrac{s}{36\pi^2}\right)\left(1 + \dfrac{s}{64\pi^2}\right)\cdots}{\sqrt{s}\left(1 + \dfrac{s}{\pi^2}\right)\left(1 + \dfrac{s}{4\pi^2}\right)\left(1 + \dfrac{s}{9\pi^2}\right)\left(1 + \dfrac{s}{16\pi^2}\right)\cdots}\quad.$$

Wie man sieht, kürzen sich hier sämtliche Nullstellen gegen entsprechende (stabile) Polstellen weg. Übrig bleibt

$$G_S(s) = \cfrac{0,5}{\displaystyle\prod_{k=1}^{\infty}\left[1 + \dfrac{s}{(2k-1)^2\pi^2}\right]}\quad. \tag{7.28}$$

Von der Theorie linearer SKP weiß man, daß Pol- Nullstellen-Kürzungen immer ein Zeichen *nicht vollständiger Steuer- und/oder Beobachtbarkeit* sind [1]. In der Tat liegt diese Situation auch hier vor. Sie wird erhellt durch einen Blick auf Bild 6.2 und den zugehörigen Text sowie auf Bild 4.1, das die Eigenfunktionen $\varphi_i(z)$ für dieses Beispiel veranschaulicht. Nach Bild 6.2 ist das System über $u_2(t)$ vollständig steuerbar, denn alle Moden $x_i^*(t)$ werden durch $u_2(t)$ angeregt. Das System ist jedoch von $y(t) = x(t,\frac{1}{2})$ aus nicht vollständig beobachtbar, denn an der Stelle $z = \frac{1}{2}$ haben alle geradzahlig indizierten $\varphi_i(z)$ einen Nulldurchgang (Bild 4.1). Daher machen sich $x_2^*(t)$, $x_4^*(t)$, $x_6^*(t)$, $\ldots$ in der Ausgangsgröße

$$y(t) = \sum_{i=1}^{\infty} x_i^*(t)\,\varphi_i(\tfrac{1}{2})$$

nicht bemerkbar. Für das Eingangs-Ausgangsverhalten sind somit im Bild 6.2 jetzt nur die Übertragungspfade

$$\frac{1}{s+\pi^2}\ ,\ \frac{1}{s+9\pi^2}\ ,\ \frac{1}{s+25\pi^2}\ ,\ \ldots$$

von Bedeutung. Daher sind für das Übertragungsverhalten nur die Polstellen $\rho_k = -(2k-1)^2\pi^2$, $k = 1, 2, 3, \ldots$, relevant, in Übereinstimmung mit Gl. (7.28).

Da die nicht beobachtbaren Teilsysteme hier stabil sind, hat der Kürzungseffekt keine nachteiligen Folgen. Nach Gl. (7.28) erhält man den Frequenzgang der Strecke zu

$$G_S(j\omega) = \frac{0,5}{\left[1 + \frac{j\omega}{\pi^2}\right]\left[1 + \frac{j\omega}{9\pi^2}\right]\left[1 + \frac{j\omega}{25\pi^2}\right] \; \cdots} \cdot \tag{7.29}$$

Zum näherungsweisen Zeichnen der Frequenzkennlinien kann man das Nennerprodukt ohne weiteres nach dem 3. oder 4. Faktor abbrechen, da die Knickfrequenzen rasch größer werden.

Diese Regelstrecke werde über das Stellglied

$$G_{ST}(j\omega) = \frac{1}{1 + 0,05 j\omega}$$

angesteuert, und es werde ein PI-Regler vorgesehen:

$$G_R(j\omega) = K_R \; \frac{1 + T_R j\omega}{j\omega} \quad .$$

Die faktorisierten Darstellungen (7.26) und (7.27) bieten gegenüber den transzendenten Funktionen den Vorteil, daß man die wesentlichen Streckenzeitkonstanten direkt ablesen kann. So wird man mittels T_R die größte Streckenzeitkonstante in Gl. (7.29) kompensieren:

$$T_R = \frac{1}{\pi^2} = \underline{0,102.}$$

Damit wird

$$G_o(j\omega) \approx \frac{K}{j\omega\left[1 + j\,\frac{\omega}{20}\right]\left[1 + j\,\frac{\omega}{9\pi^2}\right]\left[1 + j\,\frac{\omega}{25\pi^2}\right]\left[1 + j\,\frac{\omega}{49\pi^2}\right]} \tag{7.30}$$

mit $K = 0,5\,K_R$.

Die Bode-Diagramme für dieses Beispiel sind im Bild 7.6 gezeichnet. Wie man sieht, liefern in dem für die Anwendung des Nyquistkriteriums wesentlichen ω-Bereich praktisch nur die ersten vier Nennerfaktoren in Gl. (7.30) einen Beitrag zum Phasenverlauf. Noch unkritischer ist die Betragskennlinie. Legt man dem Entwurf eine Phasenreserve $\varphi_R = 60^o$ zugrunde, so liest man aus Bild 7.6 ab:

$$K_{db} = 18 \; \hat{=} \; 8 = 0,5\,K_R \; \sim \; \underline{K_R = 16.}$$

- 90	- 90	- 90	- 90
- 4	- 17	- 45	- 71
- 1	- 4	- 13	- 34
	- 1	- 5	- 14
		- 2	- 7
- 95	- 112	- 155	- 216

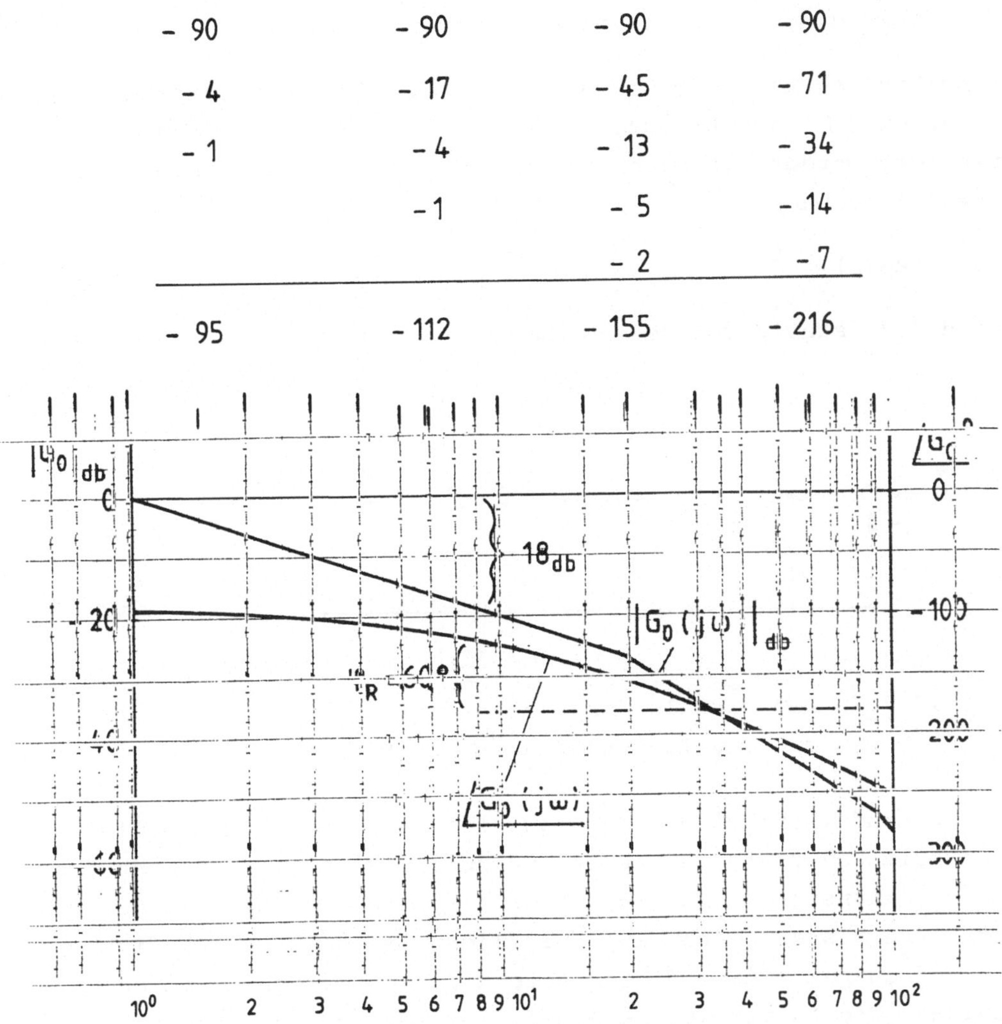

Bild 7.6: Frequenzkennlinien für Beispiel 7.3

Zusammenfassend kann man feststellen, daß das klassische Frequenzkennlinienverfahren durchaus für den Reglerentwurf für SVP geeignet ist. Es ist lediglich von Fall zu Fall sorgfältig zu prüfen, ob man mit rationalen Näherungen arbeiten kann oder besser die genauen transzendenten Frequenzgänge zugrundelegt. Dabei kann es vorkommen, daß der transzendente Anteil lediglich parasitären Charakter im Vergleich zu den ohnehin auch vorhandenen rationalen Anteilen in $G_o(j\omega)$ hat (Beispiel 7.1).

7.1.2 Anwendung des Wurzelortskurvenverfahrens

Grundsätzlich kann der Reglerentwurf mit dem Wurzelortskurvenverfahren [1] auf transzendente Übertragungsfunktionen G(s)
erweitert werden, da auch hier die Wurzeln der charakteristischen Gleichung

$$1 + kG(s) = 0 \qquad\qquad (7.31)$$

(Bild 7.7) stetig von dem Parameter k abhängen.

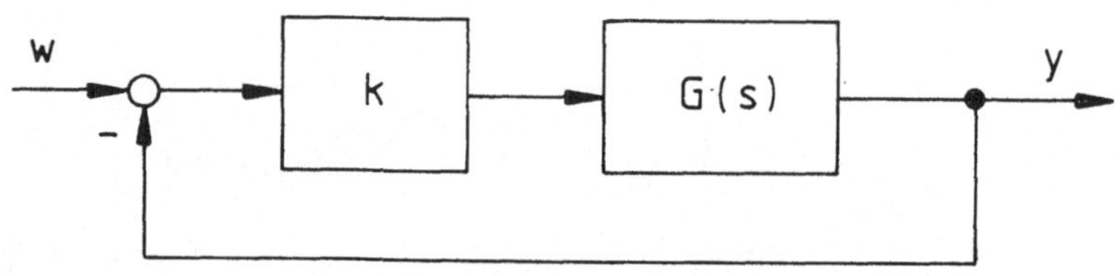

__Bild 7.7__: Dem Wurzelortskurvenverfahren
zugrundeliegender Regelkreis

Erschwerend wirkt sich allerdings die Tatsache aus, daß die Anzahl kritischer Stellen (Pole und Nullstellen) des offenen Kreises bei transzendentem G(s) nicht mehr endlich ist. Die Wurzelortskurve besteht daher aus unendlich vielen Ästen. Häufig können jedoch nur einige dieser Äste kritisch werden, nämlich diejenigen, die in der Nachbarschaft der imaginären Achse verlaufen. Die Berechnung dieser Äste ist meist nur numerisch möglich.

In speziellen, einfachen Fällen kann man die Wurzelortskurve
analytisch berechnen.

Beispiel 7.4:

Die Regelstrecke nach Gl. (7.15) werde mit einem (idealen) PD-
Regler

$$G_R(s) = k \cdot (1 + T_R s)$$

geregelt. Wie beim klassischen Entwurf werde T_R so gewählt, daß die Zeitkonstante $1/c$ des rationalen Anteils in Gl. (7.15) kompensiert wird:

$$T_R = \frac{1}{c} \; .$$

Die Stellglieddynamik sei vernachlässigbar, um das Beispiel einfach zu halten:

$$G_{ST}(s) \equiv 1.$$

Damit wird

$$G_O(s) = k \cdot \left[1 - \exp\left(-\frac{c}{u_{1s}}\right) \exp\left(-\frac{s}{u_{1s}}\right) \right] \; . \tag{7.32}$$

Als Vorbereitung für die Bestimmung der Wurzelortskurve werden zunächst die Nullstellen und Unendlichkeitsstellen von $G_O(s)$ ermittelt.

Mit $s = \delta + j\omega$ wird

$$G(s) = 1 - e^{-c/u_{1s}} \cdot e^{-s/u_{1s}} =$$

$$= 1 - e^{-(c+\delta)/u_{1s}} \cdot \left[\cos\frac{\omega}{u_{1s}} - j\sin\frac{\omega}{u_{1s}} \right] , \tag{7.33}$$

also

$$\mathrm{Re}\,G = 1 - e^{-(c+\delta)/u_{1s}} \cdot \cos\frac{\omega}{u_{1s}} \; ,$$

$$\mathrm{Im}\,G = e^{-(c+\delta)/u_{1s}} \cdot \sin\frac{\omega}{u_{1s}} \; .$$

In den Nullstellen muß $\mathrm{Re}\,G = 0$ *und* $\mathrm{Im}\,G = 0$ sein. Dies ist der Fall für

$$\omega = 2i\pi u_{1s}, \quad i = 0, \pm1, \pm2, \ldots , \tag{7.34}$$

$$\delta = -c.$$

Die Nullstellen liegen also äquidistant auf einer Ordinatenparallelen aufgereiht wie auf einer Perlenkette (Bild 7.8).

Weiterhin sieht man, daß Polstellen im Endlichen nicht vorkom-
men. Jedoch wächst $|G(s)|$ über alle Grenzen für $\delta \to -\infty$. Dies ist

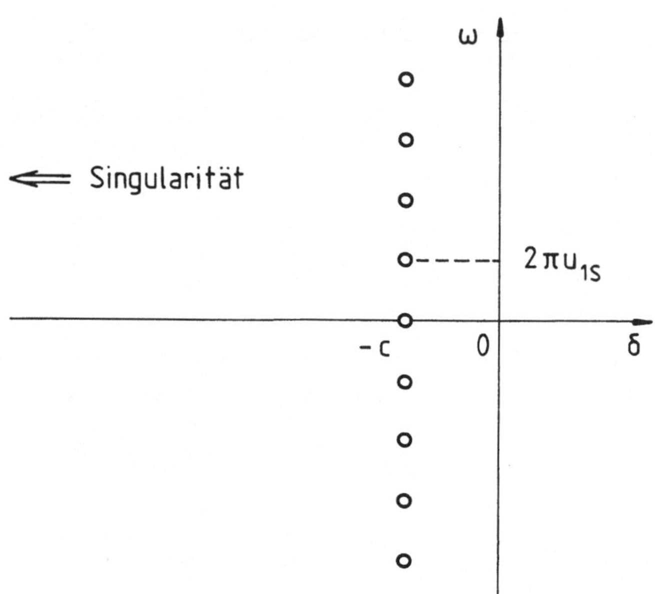

Bild 7.8: Nullstellen und Singularität von
G(s) nach Gl. (7.33)

eine Singularität, die von anderem Typ ist als die einer Polstelle im Endlichen. Sie tritt bei rationalen Funktionen nicht
auf, ist jedoch charakteristisch für bestimmte transzendente
Funktionen. $\delta \to -\infty$ kann dann als Häufungspunkt unendlich vieler
Polstellen interpretiert werden [50].

Die Wurzelortskurve genügt der Gl. (7.31), in diesem Beispiel
also

$$\left[1 + k - k\, e^{-(c+\delta)/u_{1s}} \cos \frac{\omega}{u_{1s}} \right] + j\left[k\, e^{-(c+\delta)/u_{1s}} \sin \frac{\omega}{u_{1s}} \right] = 0.$$

$$(7.35)$$

Wegen $k \geq 0$ ist diese Gleichung nur erfüllbar für

$$\omega = 2i\pi u_{1s}, \quad i = 0, \pm 1, \pm 2, \ldots \tag{7.36}$$

Dann verschwindet der Imaginärteil in Gl. (7.35), und der Realteil wird

$$1 + k - k\, e^{-(c + \delta)/u_{1s}} \overset{!}{=} 0.$$

Daraus folgt

$$\delta = -c + u_{1s} \ln \frac{k}{1+k}. \tag{7.37}$$

Die Gln. (7.36) und (7.37) sind die Parameterdarstellung der Wurzelortskurve. Ihre Äste sind nach Gl. (7.36) äquidistante Abszis-
senparallelen. Nach Gl. (7.37) beginnen diese für k = 0 bei $\delta = -\infty$
und streben für $k \to \infty$ in die Nullstellen (7.34), siehe Bild 7.9.

Greift man einen bestimmten Wert k > 0 heraus, so hat der geschlossene Regelkreis unendlich viele Polstellen, die sämtlich
auf einer Ordinatenparallelen nach Gl. (7.37) liegen. Wird k so
groß gewählt, daß diese Ordinatenparallele in der Nähe von $\delta =$
$= -c$ liegt, so ergeben sich quasi paarweise Pol-Nullstellenkür-
zungen, ohne daß der Regelkreis instabil werden kann. Seine Führungsübertragungsfunktion

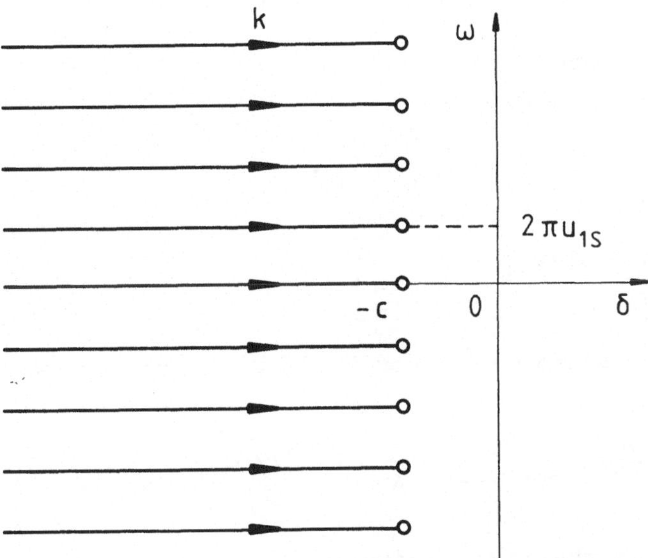

Bild 7.9: Wurzelortskurve für Beispiel 7.4

166

$$G_W(s) = \frac{Y(s)}{W(s)}$$

nimmt dann immer mehr das Idealverhalten $G_W(s) \equiv 1$ an. ∎

In der Realität werden freilich zu G(s) nach Gl. (7.33) stets weitere, z.B. rationale Dynamikanteile hinzutreten, bedingt durch die Regler- und Stellglieddynamik.

Beispiel 7.5:

Bereits wenn der PD-Regler aus Beispiel 7.4 durch den PI-Regler

$$G_R(s) = k \cdot \frac{1 + \frac{s}{c}}{s}$$

ersetzt wird (statische Führungsgenauigkeit), erfährt die Gleichung der Wurzelortskurve eine für die analytische Behandlung erhebliche Komplikation. Mit

$$G_O(s) = \frac{k}{s}\left[1 - \exp\left(-\frac{c}{u_{1s}}\right)\exp\left(-\frac{s}{u_{1s}}\right)\right] \tag{7.38}$$

tritt jetzt zu dem Diagramm nach Bild 7.8 eine Polstelle in $s = 0$ hinzu. Sie ist Ausgangspunkt eines Astes der Wurzelortskurve.

Statt Gl. (7.35) erhält man jetzt

$$\left[\delta + k\left(1 - e^{-(c+\delta)/u_{1s}}\cos\frac{\omega}{u_{1s}}\right)\right] +$$

$$+ j\left[\omega + k\,e^{-(c+\delta)/u_{1s}}\sin\frac{\omega}{u_{1s}}\right] = 0 \tag{7.39}$$

und daraus durch Elimination von k die Gleichung der Wurzelortskurve:

$$\omega - \omega e^{-(c+\delta)/u_{1s}}\cos\frac{\omega}{u_{1s}} - \delta e^{-(c+\delta)/u_{1s}}\sin\frac{\omega}{u_{1s}} = 0.$$

Sie läßt sich nur numerisch auswerten.

Beschränkt man sich jedoch auf eine linke Halbebene, nämlich den

Bereich

$$- (c + \delta)/u_{1s} > 2, \text{ also } \delta < -c - 2u_{1s},$$

so gilt dort

$$1 - e^{-(c + \delta)/u_{1s}} \cos \frac{\omega}{u_{1s}} \approx - e^{-(c + \delta)/u_{1s}} \cos \frac{\omega}{u_{1s}}.$$

In dieser Halbebene folgt somit aus Gl. (7.39) näherungsweise

$$\delta - \tilde{k} \cos \frac{\omega}{u_{1s}} = 0, \tag{7.40}$$

$$\omega + \tilde{k} \sin \frac{\omega}{u_{1s}} = 0, \tag{7.41}$$

mit der Abkürzung

$$\tilde{k} = k \, e^{-(c + \delta)/u_{1s}} \quad (> 0). \tag{7.42}$$

Das Problem ist jetzt so vereinfacht, daß man durch halbanalytisches Vorgehen Einblick in den Verlauf der Wurzelortskurve bekommt. So folgt aus Gl. (7.40) und (7.41)

$$\tan \frac{\omega}{u_{1s}} = \frac{\omega}{|\delta|}. \tag{7.43}$$

Zeichnet man sich die tan-Funktion auf, so sieht man, daß Gl. (7.43) neben der Lösung $\omega = 0$ für große $|\delta|$ weitere Lösungen bei

$$\frac{\omega}{u_{1s}} = \pm \pi, \pm 2\pi, \pm 3\pi, \ldots$$

hat. Wegen $\tilde{k} > 0$ in Gl. (7.40) und (7.41) kommen jedoch davon nur die ungeraden Vielfachen von π in Frage:

$$\omega = i\pi u_{1s}, \quad i = \pm 1, \pm 3, \pm 5, \ldots$$

Diese Abszissenparallelen sind somit asymptotische Näherungen der Wurzelortskurve für große $|\delta|$. Die Wurzeläste haben damit den im Bild 7.10 wiedergegebenen Verlauf.

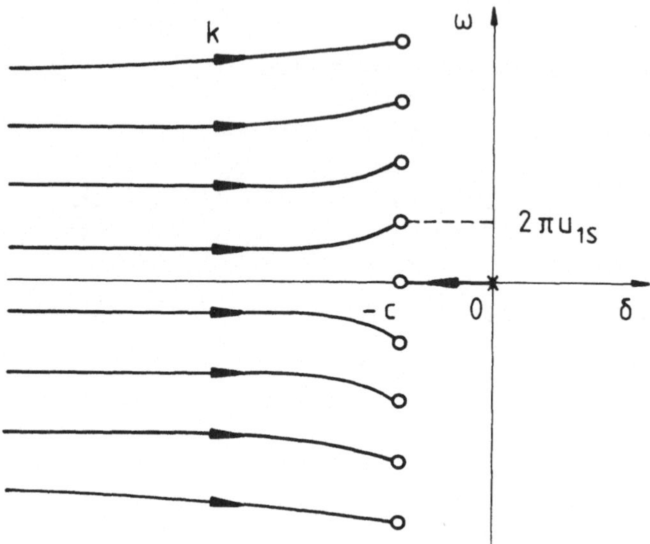

<u>Bild 7.10</u>: Wurzelortskurve für Beispiel 7.5

Wie man sieht, ist auch hier die Stabilisierung des Regelkreises unkritisch. Ähnlich wie im Beispiel 7.4 hat man für große k zunehmend Pol-Nullstellenkompensationen, ohne daß der Kreis instabil wird. ∎

Allgemein bleibt zum Wurzelortskurvenverfahren zu sagen, daß seine Anwendung auf SVP mühsam werden kann und in der Regel numerische Methoden zur Auswertung verlangt. Das Verfahren hat deshalb hier nicht die gleiche Bedeutung wie für SKP.

7.2 Mehrgrößenregelung

Bei den klassischen Frequenzbereichverfahren für Mehrgrößenregelungen mit konzentrierten Parametern stehen Verfahren zur dynamischen Entkopplung im Vordergrund des Interesses [40], [84]. Für die entkoppelten Teilsysteme kann man dann die Regler nach Methoden der Eingrößenregelung entwerfen. Ist dieses Konzept auf SVP übertragbar?

Ein Blick auf die Eingangs-Ausgangsgleichung (6.80) mit (6.81) zeigt, daß in die Übertragungsmatrix $\underline{G}_S(s)$ der Strecke die

Greensche Funktion $G(s,z,\zeta)$ entscheidend eingeht. Mit ihr sind auch die Elemente von $\underline{G}_S(s)$ transzendente Funktionen von s. Die Anwendung der klassischen Entkopplungsmethoden würde daher unvermeidbar auf transzendente Übertragungsfunktionen auch im Entkopplungsnetzwerk führen, die man dort nicht realisieren kann. Daher gilt:

Hat eine Regelstrecke mit verteilten Parametern endlich viele Steuer- und Meßgrößen, so ist eine vollständige dynamische Entkopplung im allgemeinen nicht realisierbar.

Dies schließt die Entkoppelbarkeit für *spezielle* Stell- und Meßanordnungen nicht aus. So wird z.B. in [14] für *äquidistante* Eingriffs- und Meßorte ein exaktes Entkopplungsverfahren für Strecken von zweiter und vierter Ordnung bezüglich z angegeben. Im folgenden wird keine spezielle Lokalisierung von Stell- und Meßanordnungen vorausgesetzt.

Es gibt eine interessante Möglichkeit einer *näherungsweisen dynamischen Entkopplung* auf der Grundlage rationaler Näherungen, wie man sie mit der Methode der gewichteten Reste erhält (Abschnitt 6.6). Die spezielle dynamische Struktur (Dynamikblock mit diagonaler Struktur im Bild 6.5) führt sogar auf ein *dynamikfreies Entkopplungsnetzwerk*, bei dem also nur algebraische Linearkombinationen gebildet werden müssen. Diese Methode wird im folgenden zunächst für den Fall reiner Quellenanregung erläutert (Abschnitte 7.2.1 und 7.2.2) und dann auf den etwas komplizierteren Fall der Randanregung erweitert (Abschnitt 7.2.3).

7.2.1 Näherungsweise dynamische Rückführungsentkopplung bei Stelleingriff über die Quelle

Bei den folgenden Überlegungen hat die Randanregung $\underline{u}^{(2)}(t)$ den Charakter einer Störgröße. Da sie für das Stellverhalten nicht relevant ist, wird $\underline{u}^{(2)}(t) \equiv \underline{0}$ und damit auch $x_I(t,z) \equiv 0$ gesetzt. Im Bild 6.5 kann daher $\hat{\underline{x}}_H(t)$ durch $\hat{\underline{x}}(t)$ ersetzt werden.

Weiterhin werde für die Mehrgrößenstrecke angenommen:

$$p = q = N, \tag{7.44}$$

d.h.

$$\dim \underline{u}^{(1)}(t) = \dim \underline{y}(t) = \dim \hat{\underline{x}}(t).$$

Man wählt also die Ordnung N der rationalen Näherung gleich der Anzahl der verfügbaren Stell- bzw. Meßgrößen.

Mit Gl. (6.92), (6.21) und (4.1) wird

$$\hat{\underline{U}}(s) = \int\limits_{o}^{1} \underline{w}(z)\underline{f}^{T}(z)dz\,\underline{U}^{(1)}(s) = \underline{D}\,\underline{U}^{(1)}(s),$$

mit

$$\underline{D} = \int\limits_{o}^{1} \underline{w}(z)\underline{f}^{T}(z)dz. \tag{7.45}$$

Aus Gl. (6.13) und (6.85) folgt die Näherung

$$\underline{Y}(s) = \int\limits_{o}^{1} \underline{c}(z)\underline{\phi}^{T}(z)dz\,\hat{\underline{X}}(s) = \underline{C}\,\hat{\underline{X}}(s),$$

mit

$$\underline{C} = \int\limits_{o}^{1} \underline{c}(z)\underline{\phi}^{T}(z)dz. \tag{7.46}$$

Wegen Annahme (7.44) sind die Matrizen $\underline{C}$ und $\underline{D}$ quadratisch. Sie seien weiterhin nicht singulär. Dann kann man Gl. (6.96) als Beziehung zwischen $\underline{u}^{(1)}$ und $\underline{Y}$ schreiben:

$$\underline{C}^{-1}\underline{Y} = \frac{1}{\alpha_2 s^2 + \alpha_1 s}\,\underline{B}^{-1}[-\underline{A}\,\underline{C}^{-1}\underline{Y} + \underline{D}\,\underline{U}^{(1)}],$$

also

$$\boxed{\underline{Y} = \frac{1}{\alpha_2 s^2 + \alpha_1 s}\,\underline{C}\,\underline{B}^{-1}\underline{D}[\underline{U}^{(1)} - \underline{D}^{-1}\,\underline{A}\,\underline{C}^{-1}\underline{Y}].} \tag{7.47}$$

Diese Beziehung erinnert ein wenig an die V-kanonische Struktur einer Mehrgrößenregelung. Mit dem Ansatz

$$\underline{u}^{(1)} = \tilde{\underline{U}} + \underline{K}_1\underline{Y}$$

und der Spezifikation

$$\underline{K}_1 = \underline{D}^{-1} \underline{A}\,\underline{C}^{-1} \tag{7.48}$$

wird zunächst

$$\underline{Y} = \frac{1}{\alpha_2 s^2 + \alpha_1 s}\, \underline{C}\,\underline{B}^{-1}\, \underline{D}\,\underline{\tilde{U}}.$$

Setzt man weiterhin

$$\underline{\tilde{U}} = \underline{K}_2\underline{\bar{U}},$$

mit

$$\underline{K}_2 = (\underline{C}\,\underline{B}^{-1}\underline{D})^{-1} = \underline{D}^{-1}\,\underline{B}\,\underline{C}^{-1}, \tag{7.49}$$

so hat man die entkoppelte Darstellung

$$\boxed{\underline{Y}(s) = \frac{1}{\alpha_2 s^2 + \alpha_1 s}\, \underline{\bar{U}}(s)} \tag{7.50}$$

mit *N gleichartigen parallelen Kanälen*. Diese Entkopplung wird zusammenfassend erzielt durch

$$\boxed{\underline{u}^{(1)}(t) = \underline{K}_1\underline{y}(t) + \underline{K}_2\underline{\bar{u}}(t).} \tag{7.51}$$

Bild 7.11 illustriert diese einfache Entkopplungsstruktur.

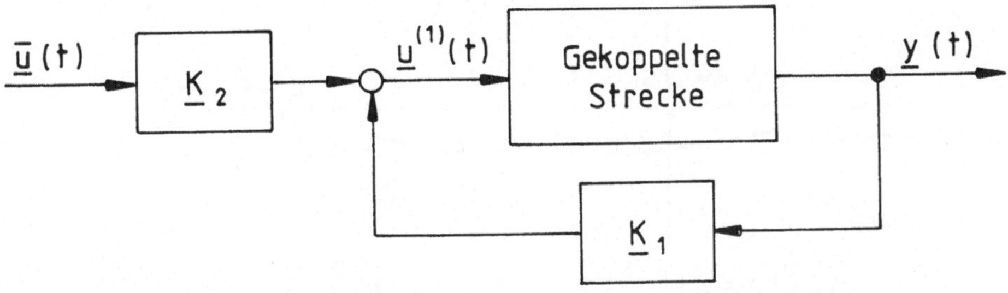

Bild 7.11: Struktur der Rückführungsentkopplung

Wie man sieht, sind die Entkopplungsmatrizen $\underline{K}_1$ und $\underline{K}_2$ in der Tat dynamikfrei. Sie entkoppeln die rationale Näherung vollständig und das reale SVP näherungsweise. Da nach Gl. (7.50) alle N Übertragungspfade gleich sind, kann man N gleiche Regler vorsehen, was das Einstellen der Reglerparameter sehr erleichtert.

Beispiel 7.6:

Der transversal schwingende Balken nach Bild 2.4 und Gl. (6.50) führt auf die Eigenwerte und Eigenfunktionen nach Gl. (4.53) und (4.54). Da die modale Analyse als Spezialfall in der Methode der gewichteten Reste enthalten ist, soll die näherungsweise Entkopplung für die im Bild 7.12 wiedergegebene Stell- und Meßkonstellation durchgeführt werden.

Die Punktkräfte

$$u_\Omega(t,z) = \delta(z,\tfrac{1}{3})u_1(t) + \delta(z,\tfrac{2}{3})u_2(t)$$

sind so lokalisiert, daß die Mode $x_3^*(t)$ nicht angeregt wird (vgl. Bild 4.1). Ohnehin sind die höheren Moden wegen der im mathematischen Modell vernachlässigten inneren Dämpfung des Balkens weniger kritisch. Die Aufgabe soll in der Schwingungsdämpfung der wichtigen Moden $x_1^*(t)$ und $x_2^*(t)$ bestehen. Hierzu wird die Auslenkung an den Stellen $z = 1/3$ und $z = 2/3$ nach Bild 7.12 gemessen.

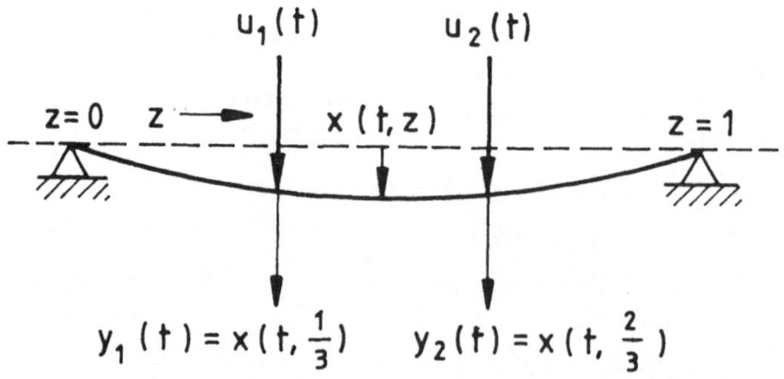

Bild 7.12: Stell- und Meßgrößen im Beispiel 7.6

Mit $p = q = N = 2$ erhält man hier unter Berücksichtigung von
$w_i(z) = \phi_i(z) = \varphi_i(z)$, $i = 1,2$, nach Gl. (7.46)

$$\underline{C} = \begin{bmatrix} \varphi_1(1/3) & \varphi_2(1/3) \\ \varphi_1(2/3) & \varphi_2(2/3) \end{bmatrix}$$

und nach Gl. (7.45)

$$\underline{D} = \begin{bmatrix} \varphi_1(1/3) & \varphi_1(2/3) \\ \varphi_2(1/3) & \varphi_2(2/3) \end{bmatrix}.$$

Weiterhin ist hier

$$\underline{A} = \begin{bmatrix} \pi^4 & 0 \\ 0 & 16\pi^4 \end{bmatrix}, \qquad \underline{B} = \underline{I}.$$

Damit ergibt sich numerisch nach Gl. (7.48)

$$\underline{K}_1 = \begin{bmatrix} 276 & -242 \\ -242 & 276 \end{bmatrix}$$

und nach Gl. (7.49)

$$\underline{K}_2 = \begin{bmatrix} 0,333 & 0 \\ 0 & 0,333 \end{bmatrix}.$$

Die großen Zahlenwerte der Elemente von $\underline{K}_1$ sind hier durch die
ebenfalls großen Zahlenwerte der Elemente von $\underline{A}$ bedingt.

In diesem Beispiel ist $\alpha_2 = 1$, $\alpha_1 = 0$. Daher führt die Entkopplung mit Gl. (7.50) auf die Übertragungspfade

$$Y_i(s) = \frac{1}{s^2}\, \bar{U}_i(s), \qquad i = 1,2. \tag{7.52}$$

Diese Übertragungsglieder mit doppelt integrierendem Verhalten
lassen sich nach klassischen Methoden beispielsweise mit realen
PD-Reglern

$$G_{Ri}(s) = K_R \frac{1 + T_R s}{1 + T_N s} \ , \qquad T_R > T_N, \qquad i = 1,2, \tag{7.53}$$

stabilisieren (Bild 7.13).

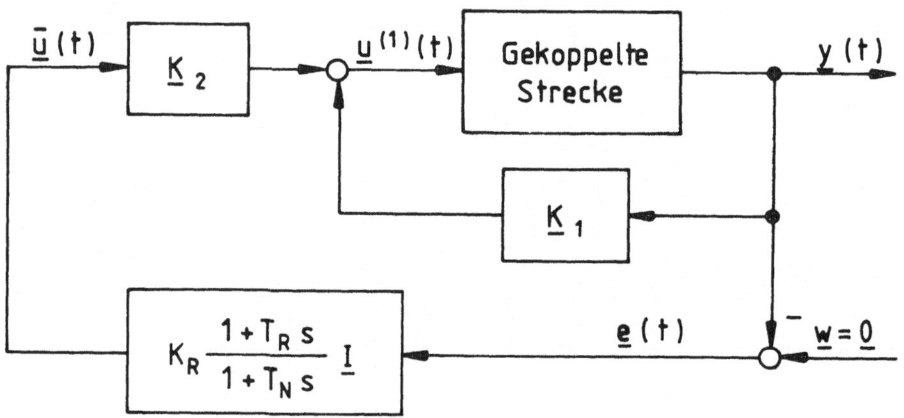

Bild ·7.13: Regelungsstruktur bei Rückführungsentkopplung

Betrachtet man Gl. (7.52) im Hinblick auf die modale Struktur
der Strecke nach Bild 6.4, so sieht man, daß die Rückführungsentkopplung nach Bild 7.11 bereits eine Polverschiebung beinhal-
tet. Im vorliegenden Beispiel werden die konjugiert komplexen
Polpaare $\pm\, j\pi^2$ und $\pm\, j4\pi^2$ jeweils zu Doppelpolen im Nullpunkt.
Die Stabilisierung, hier mit realen PD-Reglern nach Gl. (7.53),
bereitet dann keine Schwierigkeiten.

7.2.2 Näherungsweise dynamische Reihenentkopplung bei Stelleingriff über die Quelle

Es gibt eine weitere einfache Möglichkeit, die Streckengleichung
(7.47) zu entkoppeln. Hierzu schreibt man die Gleichung in der
Form

$$(\alpha_2 s^2 + \alpha_1 s)\underline{Y} = \underline{C}\,\underline{B}^{-1}\,\underline{D}\,\underline{U}^{(1)} - \underline{\tilde{A}}\,\underline{Y}, \tag{7.54}$$

mit

$$\tilde{\underline{A}} = \underline{C}\,\underline{B}^{-1}\,\underline{A}\,\underline{C}^{-1}. \tag{7.55}$$

Es seien nun $\underline{v}_1, \ldots, \underline{v}_N$ die Eigenvektoren von $\tilde{\underline{A}}$ zu den (hier einfach und reell angenommenen) Eigenwerten $\tilde{\lambda}_1, \ldots, \tilde{\lambda}_N$. Faßt man die $\underline{v}_i$ zur Modalmatrix

$$\underline{V} = (\underline{v}_1, \ldots, \underline{v}_N)$$

zusammen und führt man die Ähnlichkeitstransformation

$$\underline{Y} = \underline{V}\,\tilde{\underline{Y}} \quad \text{bzw.} \quad \tilde{\underline{Y}} = \underline{V}^{-1}\,\tilde{\underline{Y}} \tag{7.56}$$

durch, so wird aus Gl. (7.54)

$$(\alpha_2 s^2 + \alpha_1 s)\,\tilde{\underline{Y}} = \underline{V}^{-1}\,\underline{C}\,\underline{B}^{-1}\,\underline{D}\,\underline{U}^{(1)} - \underline{V}^{-1}\,\tilde{\underline{A}}\,\underline{V}\,\tilde{\underline{Y}},$$

also wegen

$$\underline{V}^{-1}\,\tilde{\underline{A}}\,\underline{V} = \text{diag}(\tilde{\lambda}_i):$$

$$\tilde{\underline{Y}} = \text{diag}\left\{\frac{1}{\alpha_2 s^2 + \alpha_1 s + \tilde{\lambda}_i}\right\}\underline{V}^{-1}\,\underline{C}\,\underline{B}^{-1}\,\underline{D}\,\underline{U}^{(1)}. \tag{7.57}$$

Hieraus läßt sich mittels

$$\underline{U}^{(1)} = \tilde{\underline{K}}_1\,\tilde{\underline{U}}, \tag{7.58}$$

$$\tilde{\underline{K}}_1 = (\underline{V}^{-1}\,\underline{C}\,\underline{B}^{-1}\,\underline{D})^{-1} = \underline{D}^{-1}\,\underline{B}\,\underline{C}^{-1}\,\underline{V} \tag{7.59}$$

sofort die entkoppelte Darstellung

$$\boxed{\tilde{\underline{Y}}(s) = \text{diag}\left\{\frac{1}{\alpha_2 s^2 + \alpha_1 s + \tilde{\lambda}_i}\right\}\tilde{\underline{U}}(s)} \tag{7.60}$$

gewinnen. Die gesamte Struktur der Entkopplungsanordnung ist im Bild 7.14 wiedergegeben. Das Eingangs-Ausgangsverhalten dieser Struktur ist den N entkoppelten Übertragungspfaden nach Gl. (7.60) äquivalent.

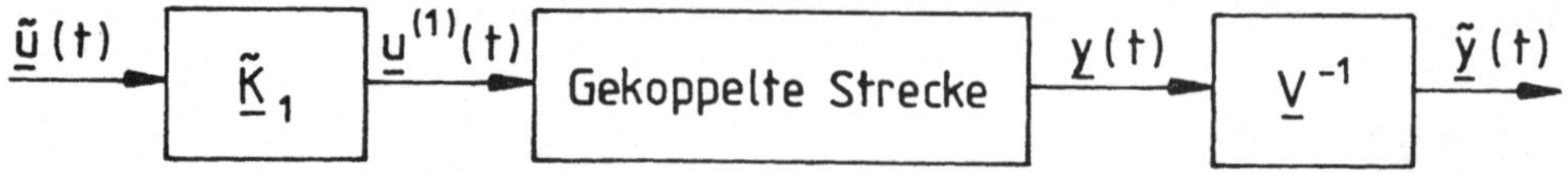

$$\underline{\tilde{u}}(t) \longrightarrow \boxed{\underline{\tilde{K}}_1} \xrightarrow{\underline{u}^{(1)}(t)} \boxed{\text{Gekoppelte Strecke}} \xrightarrow{\underline{y}(t)} \boxed{\underline{V}^{-1}} \xrightarrow{\underline{\tilde{y}}(t)}$$

__Bild 7.14__: Struktur der Reihenentkopplung

Auch bei dieser Reihenentkopplung sind die Entkopplungsmatrizen konstant, was erneut auf die diagonale Struktur des Dynamikblocks im Bild 6.5 zurückzuführen ist. Die technische Realisierung der Entkopplung erfordert daher lediglich die Bildung von Linearkombinationen und ist somit denkbar einfach. Das rationale Näherungsmodell der Strecke wird hiermit exakt dynamisch entkoppelt, das reale SVP also näherungsweise, und zwar umso besser, je größer $p = q = N$ ist.

Beispiel 7.7:

Die Regelstrecke nach Bild 7.12 soll nun nach Bild 7.14 näherungsweise entkoppelt werden. Nach Gl. (7.55) ergibt sich

$$\underline{\tilde{A}} = \begin{bmatrix} 8,5\pi^4 & -7,5\pi^4 \\ -7,5\pi^4 & 8,5\pi^4 \end{bmatrix}$$

mit den Eigenwerten

$$\tilde{\lambda}_1 = \pi^4, \quad \tilde{\lambda}_2 = 16\pi^4,$$

sowie die Modalmatrix

$$\underline{V} = \begin{bmatrix} \dfrac{1}{\sqrt{2}} & -\dfrac{1}{\sqrt{2}} \\ \dfrac{1}{\sqrt{2}} & \dfrac{1}{\sqrt{2}} \end{bmatrix}, \quad \underline{V}^{-1} = \begin{bmatrix} \dfrac{1}{\sqrt{2}} & \dfrac{1}{\sqrt{2}} \\ -\dfrac{1}{\sqrt{2}} & \dfrac{1}{\sqrt{2}} \end{bmatrix}.$$

Damit wird nach Gl. (7.59)

$$\underline{\tilde{K}}_1 = 0{,}236 \cdot \begin{bmatrix} 1 & -1 \\ 1 & 1 \end{bmatrix} \ .$$

Mit $\underline{V}^{-1}$ und $\underline{\tilde{K}}_1$ liegen die für die Reihenentkopplung nach Bild 7.14 erforderlichen Matrizen numerisch vor. Nach Gl. (7.60) ist diese Struktur den beiden entkoppelten Teilsystemen

$$\tilde{Y}_1 = \frac{1}{s^2 + \pi^4}\,\tilde{U}_1 \ , \qquad \tilde{Y}_2 = \frac{1}{s^2 + 16\pi^4}\,\tilde{U}_2 \qquad (7.61)$$

äquivalent. Wie man sieht, reproduzieren sich hier die bereits bekannten Streckeneigenwerte $\pm\, j\pi^2$ und $\pm\, j4\pi^2$. Dies hängt ursächlich mit dem hier zugrundeliegenden Spezialfall der modalen Analyse zusammen. Bei der allgemeineren Methode der gewichteten Reste, für die die Entkopplungsstruktur nach Bild 7.14 ebenso anwendbar ist, werden in den entkoppelten Kanälen im allgemeinen nicht die Streckeneigenwerte auftreten.

Während bei der im Abschnitt 7.2.1 beschriebenen Methode bereits mit dem Entkopplungsverfahren eine Polverschiebung einhergeht, fällt die Aufgabe der Polverschiebung und damit der Stabilisierung jetzt ausschließlich den Reglern zu (Bild 7.15).

Wie aus Bild 7.15 ersichtlich ist, wird hier der Führungsvektor $\underline{w}(t)$ ebenfalls der Modaltransformation unterzogen. Die Regelung erfolgt daher *in den Modalkoordinaten* $\tilde{y}_i(t)$ und $\tilde{w}_i(t)$. *Bezüglich dieser Koordinaten ist die Mehrgrößenregelung in rationaler Näherung entkoppelt.* Dagegen ist die Regelungsstruktur im Bild 7.13 bezüglich der *Originalkoordinaten* der rationalen Näherung entkoppelt.

Bei der technischen Realisierung der Struktur nach Bild 7.15 kann man den Soll-Istwertvergleich auch zwischen $\underline{w}$ und $\underline{y}$ vornehmen, da man dann die Matrix $\underline{V}^{-1}$ nur einmal zu realisieren braucht.

Im vorliegenden Beispiel lassen sich die beiden Teilregelstrecken nach Gl. (7.61) erneut mit PD-Reglern

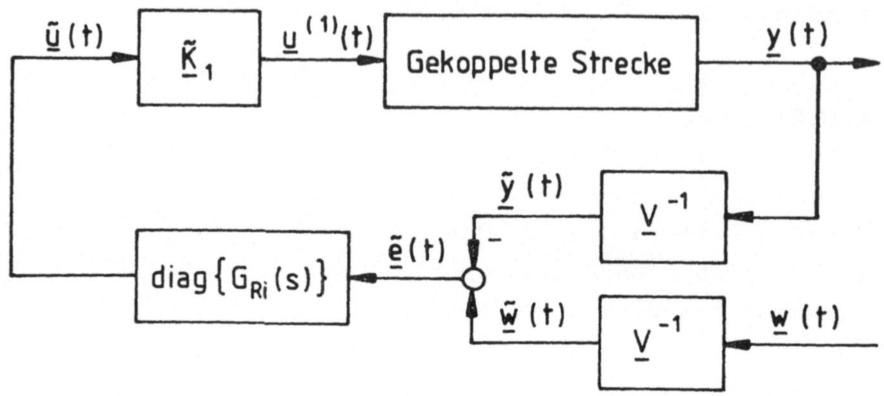

Bild 7.15: Regelungsstruktur bei Reihenentkopplung

$$G_{Ri}(s) = K_{Ri} \cdot \frac{1 + T_{Ri}s}{1 + T_{Ni}s} \ , \qquad i = 1,2,$$

stabilisieren. Für die Auslegung der Reglerparameter kann man das Wurzelortskurvenverfahren in seiner klassischen Form heranziehen.

7.2.3 Näherungsweise dynamische Entkopplung bei Stelleingriff am Rand

Im Unterschied zu den Abschnitten 7.2.1 und 7.2.2 sei das SVP jetzt ausschließlich von den beiden Rändern $z = 0$ und $z = 1$ her gezielt beeinflußbar. Dabei werde angenommen, daß alle m Komponenten des Vektors $\underline{u}^{(2)}(t)$ als Steuergrößen zur Verfügung stehen (m ist zugleich die Ordnung des Differentialoperators D_z, vgl. Abschnitt 4.1). Da eine eventuell vorhandene Quelle $u_\Omega(t,z)$ jetzt als Störgröße wirkt, ist sie für das Stellverhalten irrelevant und wird daher im folgenden gleich Null gesetzt. Nach Abschnitt 4.1 kann man mit $p = m$ auch

$$\underline{u}^{(2)}(t) = [u_1(t), \ldots, u_m(t)]^T \tag{7.62}$$

schreiben. Für das Beispiel der Wärmeleitung ist dann $m = 2$, für das Beispiel des transversal schwingenden Balkens ist $m = 4$.

Der gemäß

$$\underline{y}(t) = \int_{0}^{1} \underline{c}(z) x(t,z) \, dz \qquad (7.63)$$

gebildete Ausgangsvektor der Strecke habe ebenfalls die Dimension $q = m$. Schließlich werde auch die Ordnung der rationalen Näherung des SVP zu $N = m$ gewählt. Damit hat man statt Gl. (7.44) nun

$$\dim \underline{u}^{(2)}(t) = \dim \underline{y}(t) = \dim \underline{\hat{x}}_H(t) = m. \qquad (7.64)$$

Die Spezifikation $N = m$ bedeutet angesichts der Kleinheit von m eine erhebliche Ordnungsreduktion des SVP. Man ist daher auf ein Näherungsverfahren angewiesen, das bereits mit kleinem N eine gute Genauigkeit liefert. Ein derartiges Verfahren liegt in der Methode der gewichteten Reste vor (Abschnitt 6.6). Die modale Analyse ist darin als Spezialfall enthalten. Erneut sei in diesem Zusammenhang auf die Bedeutung des Abspaltens von $x_I(t,z)$ nach Abschnitt 6.3 hingewiesen. Dieser Maßnahme ist es zu verdanken, daß $x_H(t,z)$ durch wenige Reihenglieder gut approximierbar ist (Gln. (6.43) und (6.44) sowie zugehöriger Text).

Nach Abschnitt 6.6 werde das lineare SVP durch die folgende rationale Näherung ersetzt:

$$\hat{X}(s,z) = X_I(s,z) + \underline{\phi}^T(z)\underline{\hat{X}}_H(s), \qquad 0 \leq z \leq 1, \qquad (7.65)$$

mit

$$X_I(s,z) = \underline{p}^T(z)\underline{u}^{(2)}(s), \qquad (7.66)$$

$$D_z X_I(s,z) = \underline{r}^T(z)\underline{u}^{(2)}(s), \qquad (7.67)$$

$$\underline{\hat{X}}_H(s) = \frac{1}{\alpha_2 s^2 + \alpha_1 s} \, \underline{B}^{-1}[\underline{\hat{U}}(s) - \underline{A}\,\underline{\hat{X}}_H(s)], \qquad (7.68)$$

$$\underline{\hat{U}}(s) = -[(\alpha_2 s^2 + \alpha_1 s)\underline{D}_p + \underline{D}_r]\underline{u}^{(2)}(s), \qquad (7.69)$$

$$\underline{D}_p = \int_0^1 \underline{w}(z)\underline{p}^T(z)\,dz,\tag{7.70}$$

$$\underline{D}_r = \int_0^1 \underline{w}(z)\underline{r}^T(z)\,dz.\tag{7.71}$$

Diese Gleichungen lassen sich zur folgenden zusammenfassen:

$$\hat{X}(s,z) = \underline{p}^T(z)\underline{U}^{(2)}(s) - \underline{\phi}^T(z)\underline{B}^{-1}(\underline{D}_p + \frac{1}{\alpha_2 s^2 + \alpha_1 s}\,\underline{D}_r)\underline{U}^{(2)}(s) -$$

$$- \frac{1}{\alpha_2 s^2 + \alpha_1 s}\,\underline{\phi}^T(z)\underline{B}^{-1}\,\underline{A}\,\hat{\underline{X}}_H(s)\,.$$

Mit der Ausgangsnäherung

$$\underline{Y}(s) = \int_0^1 \underline{c}(z)\hat{X}(s,z)\,dz\tag{7.72}$$

und den Abkürzungen

$$\underline{C} = \int_0^1 \underline{c}(z)\underline{\phi}^T(z)\,dz,\tag{7.73}$$

$$\underline{C}_p = \int_0^1 \underline{c}(z)\underline{p}^T(z)\,dz,\tag{7.74}$$

also

$$\underline{Y}(s) = \underline{C}\,\hat{\underline{X}}_H(s) + \underline{C}_p\underline{U}^{(2)}(s)\tag{7.75}$$

und folglich

$$\hat{\underline{X}}_H(s) = \underline{C}^{-1}\underline{Y}(s) - \underline{C}^{-1}\underline{C}_p\underline{U}^{(2)}(s)\,,$$

kann man das Eingangs-Ausgangsverhalten der Strecke schließlich in rationaler Form anschreiben:

$$\boxed{\begin{aligned}\underline{Y}(s) &= (\underline{C}_p - \underline{C}\,\underline{B}^{-1}\underline{D}_p)\underline{U}^{(2)}(s) + \\ &+ \frac{1}{\alpha_2 s^2 + \alpha_1 s}\,\underline{C}\,\underline{B}^{-1}(\underline{A}\,\underline{C}^{-1}\underline{C}_p - \underline{D}_r)[\underline{U}^{(2)}(s) - (\underline{C}_p - \underline{C}\,\underline{A}^{-1}\underline{D}_r)^{-1}\underline{Y}(s)]\,.\end{aligned}}$$

$$\tag{7.76}$$

Es sei angemerkt, daß wegen Gl. (7.64) alle vorkommenden Matrizen vom Typ (m,m) sind. Soweit Matrizen zu invertieren sind, werden diese als nicht singulär vorausgesetzt.

Gl. (7.76) läßt sich schrittweise entkoppeln, wobei man durchweg mit *konstanten Entkopplungsmatrizen* auskommt.

Im ersten Schritt wird

$$\underline{U}^{(2)}(s) = \underline{\tilde{U}}(s) + \underline{K}_1 \underline{Y}(s) \tag{7.77}$$

gesetzt mit der Spezifikation

$$\underline{K}_1 = (\underline{C}_p - \underline{C}\,\underline{A}^{-1}\underline{D}_r)^{-1} \ . \tag{7.78}$$

Damit wird

$$\underline{Y}(s) = (\underline{C}_p - \underline{C}\,\underline{B}^{-1}\underline{D}_p)[\underline{\tilde{U}}(s) + \underline{K}_1\underline{Y}(s)] +$$

$$+ \frac{1}{\alpha_2 s^2 + \alpha_1 s}\underline{C}\,\underline{B}^{-1}(\underline{A}\,\underline{C}^{-1}\underline{C}_p - \underline{D}_r)\underline{\tilde{U}}(s) \ .$$

Aufgelöst nach $\underline{Y}(s)$ ergibt dies

$$\underline{Y}(s) = \underline{P}_1\underline{\tilde{U}}(s) + \frac{1}{\alpha_2 s^2 + \alpha_1 s}\underline{P}_2\underline{\tilde{U}}(s) , \tag{7.79}$$

mit

$$\underline{P}_1 = [\underline{I} - (\underline{C}_p - \underline{C}\,\underline{B}^{-1}\underline{D}_p)\underline{K}_1]^{-1}(\underline{C}_p - \underline{C}\,\underline{B}^{-1}\underline{D}_p) , \tag{7.80}$$

$$\underline{P}_2 = [\underline{I} - (\underline{C}_p - \underline{C}\,\underline{B}^{-1}\underline{D}_p)\underline{K}_1]^{-1}\underline{C}\,\underline{B}^{-1}(\underline{A}\,\underline{C}^{-1}\underline{C}_p - \underline{D}_r) \ . \tag{7.81}$$

Im zweiten Entkopplungsschritt wird

$$\underline{\tilde{U}}(s) = \underline{K}_2\underline{\bar{U}}(s) \tag{7.82}$$

gesetzt mit der Spezifikation

$$\underline{K}_2 = \underline{P}_2^{-1} \ . \tag{7.83}$$

Das ergibt

182

$$\underline{Y}(s) = \underline{P}_1\underline{P}_2^{-1}\underline{\bar{U}}(s) + \frac{1}{\alpha_2 s^2 + \alpha_1 s} \underline{\bar{U}}(s).$$ (7.84)

Es seien nun $\underline{v}_1, \ldots, \underline{v}_m$ die Eigenvektoren von $\underline{P}_1\underline{P}_2^{-1}$ zu den (hier einfach und reell angenommenen) Eigenwerten $\tilde{\lambda}_1, \ldots, \tilde{\lambda}_m$. Faßt man wie im Abschnitt 7.2.2 die $\underline{v}_i$ zur Modalmatrix

$$\underline{V} = (\underline{v}_1, \ldots, \underline{v}_m)$$

zusammen und führt man die Ähnlichkeitstransformation

$$\underline{Y} = \underline{V}\,\underline{\tilde{Y}} \quad \text{bzw.} \quad \underline{\tilde{Y}} = \underline{V}^{-1}\underline{Y}$$ (7.85)

sowie

$$\underline{\bar{U}} = \underline{V}\,\underline{\tilde{U}} \quad \text{bzw.} \quad \underline{\tilde{U}} = \underline{V}^{-1}\underline{\bar{U}}$$ (7.86)

durch, so wird im dritten Entkopplungsschritt aus Gl. (7.84)

$$\underline{\tilde{Y}}(s) = \underline{V}^{-1}\underline{P}_1\underline{P}_2^{-1}\,\underline{V}\,\underline{\tilde{U}}(s) + \frac{1}{\alpha_2 s^2 + \alpha_1 s}\,\underline{\tilde{U}}(s).$$

Hieraus erhält man wegen

$$\underline{V}^{-1}\underline{P}_1\underline{P}_2^{-1}\,\underline{V} = \text{diag}\,(\tilde{\lambda}_i)$$

die entkoppelte Darstellung

$$\boxed{\underline{\tilde{Y}}(s) = \text{diag}\left\{\frac{1 + \tilde{\lambda}_i(\alpha_2 s^2 + \alpha_1 s)}{\alpha_2 s^2 + \alpha_1 s}\right\}\underline{\tilde{U}}(s).}$$ (7.87)

Faßt man die drei Entkopplungsschritte zusammen, so hat man die folgenden nichtdynamischen Linearkombinationen zu realisieren.

Am Streckeneingang:

$$\boxed{\underline{u}^{(2)}(t) = \underline{K}_1\underline{y}(t) + \underline{K}_2\,\underline{V}\,\underline{\tilde{u}}(t),}$$ (7.88)

am Streckenausgang:

$$\boxed{\underline{\tilde{y}}(t) = \underline{V}^{-1}\underline{y}(t).}$$ (7.89)

Im Bild 7.16 ist diese Entkopplungsstruktur dargestellt und sogleich um die diagonale Reglermatrix zum geschlossenen Kreis mit dem Führungsvektor $\underline{w}$(t) ergänzt worden. Ähnlich wie im Bild 7.15 erfolgt auch hier die Regelung in Modalkoordinaten.

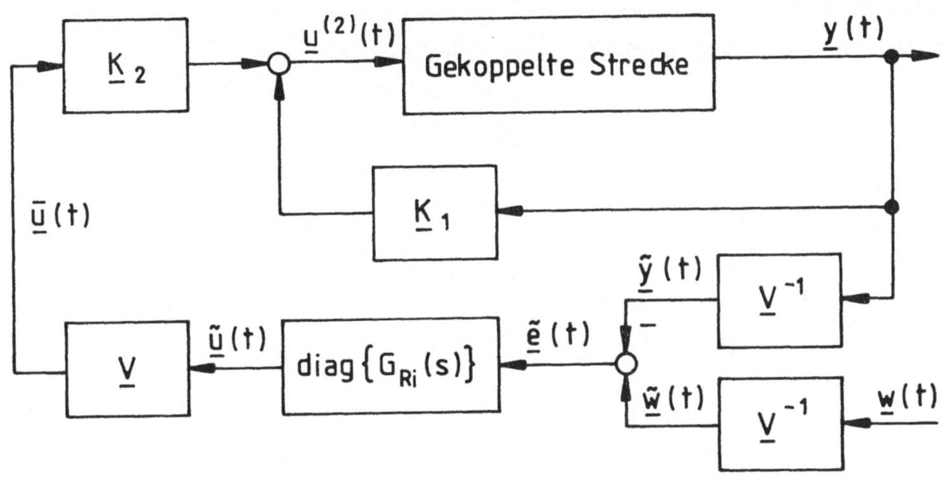

Bild 7.16: Entkopplung und Regelung bei Stelleingriff
           am Rand

Die Struktur im Bild 7.16 verhält sich bezüglich des rationalen Streckenmodells m-ter Ordnung wie m entkoppelte Einzelregelkreise mit den Führungsübertragungsfunktionen

$$G_{wi}(s) = \frac{\tilde{Y}_i(s)}{\tilde{W}_i(s)} = \frac{G_{oi}(s)}{1 + G_{oi}(s)} \; , \quad i = 1, \ldots, m, \qquad (7.90)$$

wobei

$$G_{oi}(s) = G_{Ri}(s) \; \frac{1 + \tilde{\lambda}_i(\alpha_2 s^2 + \alpha_1 s)}{\alpha_2 s^2 + \alpha_1 s} \; , \quad i = 1, \ldots, m. \qquad (7.91)$$

Da das rationale Streckenmodell das unendlich-dimensionale SVP approximiert, wird für dieses eine näherungsweise dynamische Entkopplung erzielt. Angesichts der einfachen Bauart der Gl. (7.91) können die Regler $G_{Ri}(s)$ in bekannter Weise nach klassischen Verfahren entworfen werden.

Auch bei der Struktur nach Bild 7.16 kann man den Soll-Istwertvergleich direkt zwischen $\underline{w}$ und $\underline{y}$ vornehmen, da man dann die Matrix $\underline{V}^{-1}$ nur einmal technisch zu realisieren hat.

Beispiel 7.8:

Eine ebene Metallplatte soll durch beidseitige Wärmebehandlung so erwärmt bzw. gekühlt werden, daß die beiden Oberflächentemperaturen an vorgegebene Sollwerte angeglichen werden (Bild 7.17).

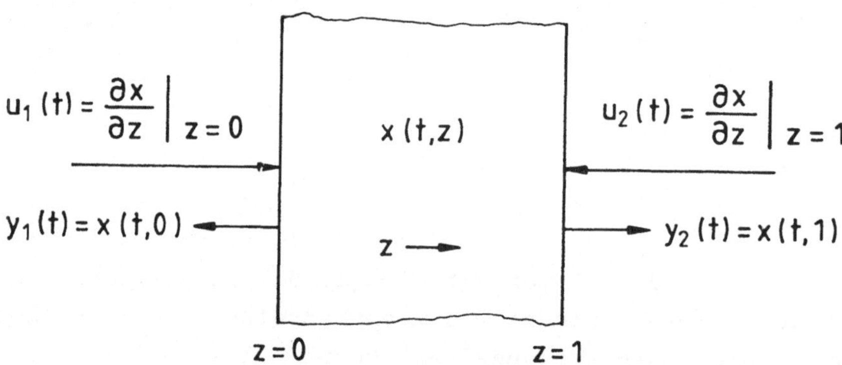

Bild 7.17: Regelstrecke mit je zwei Steuer- und
Meßgrößen auf dem Rand

Im Falle der beidseitigen Erwärmung ist $u_1(t) < 0$ und $u_2(t) > 0$ (siehe Gl. (2.41)).

Der Regelstrecke wird das folgende mathematische Modell zugrundegelegt:

$$\frac{\partial x}{\partial t} - \frac{\partial^2 x}{\partial z^2} = 0, \quad 0 < z < 1, \tag{7.92}$$

$$\frac{\partial x}{\partial z}\bigg|_{z=0} = u_1(t), \qquad \frac{\partial x}{\partial z}\bigg|_{z=1} = u_2(t), \tag{7.93}$$

$$y_1(t) = x(t,0), \qquad y_2(t) = x(t,1). \tag{7.94}$$

Damit liegt eine gekoppelte Zweigrößenstrecke vor (p = q = 2). Bereits von der Physik her ist evident, daß hier jede der Steuergrößen jede der Ausgangsgrößen beeinflußt: Eine Wärmezufuhr am linken Rand erhöht nicht nur die Randtemperatur x(t,0), sondern mit gewisser Zeitverzögerung auch die Randtemperatur x(t,1). Insofern unterscheidet sich die Situation hier von dem Beispiel 7.3, wo die Randbedingungen von erster Art waren.

Nach Gl. (7.64) wählt man N = 2. Dies bedeutet für x(t,z) den Näherungsansatz (vgl. Bild 6.3)

$$\hat{x}(t,z) = x_I(t,z) + \hat{x}_H(t,z) =$$

$$= (z - \frac{1}{2} z^2)u_1(t) + \frac{1}{2} z^2 u_2(t) +$$

$$+ x_{H1}^*(t) + x_{H2}^*(t) \sqrt{2} \cos \pi z. \tag{7.95}$$

Im Zuge der modalen Analyse werden hier die Eigenfunktionen $\varphi_i(z)$ sowohl als Basis wie auch als Gewichtsfunktionen $w_i(z)$ gewählt. Damit wird

$$\underline{A} = \begin{bmatrix} 0 & 0 \\ 0 & \pi^2 \end{bmatrix} \qquad \underline{B} = \underline{I}.$$

Weiterhin ist hier

$$\underline{c}(z) = \begin{bmatrix} \delta(z,0) \\ \delta(z,1) \end{bmatrix},$$

sowie mit Gl. (6.27)

$$\underline{p}^T(z) = [z - \frac{1}{2} z^2, \frac{1}{2} z^2]$$

und mit Gl. (6.28)

$$\underline{r}^T(z) = [1, \; -1].$$

Nach elementarer numerischer Rechnung erhält man mit Gl. (7.78)

$$\underline{K}_1 = \begin{bmatrix} -1 & 1 \\ -1 & 1 \end{bmatrix},$$

mit Gl. (7.81) und (7.83)

$$\underline{K}_2 = \begin{bmatrix} -0,3324 & -0,1676 \\ 0,1676 & 0,3324 \end{bmatrix},$$

sowie die Modalmatrix zu $\underline{P}_1\underline{P}_2^{-1}$:

$$\underline{V} = \frac{1}{\sqrt{2}} \begin{bmatrix} 1 & -1 \\ 1 & 1 \end{bmatrix}.$$

Die zugehörigen Eigenwerte sind

$$\tilde{\lambda}_1 = 0,0832, \qquad \tilde{\lambda}_2 = 0,0186.$$

Diese dürfen natürlich nicht mit den Streckeneigenwerten verwechselt werden.

Die mittels $\underline{K}_1$, $\underline{K}_2$ und $\underline{V}$ entkoppelte Strecke verhält sich nach Gl. (7.87) wie die beiden getrennten Übertragungsglieder

$$\tilde{Y}_1(s) = \frac{1 + 0,0832s}{s} \, \tilde{U}_1(s),$$

$$\tilde{Y}_2(s) = \frac{1 + 0,0186s}{s} \, \tilde{U}_2(s). \tag{7.96}$$

Man beachte jedoch, daß diese vollständige Entkopplung nur für die durch ein System zweiter Ordnung genäherte Strecke gilt. Die vom Rand her ebenfalls angeregten Moden $x_{H3}^*(t)$, $x_{H4}^*(t)$, ... führen in der Realität zu einer unvermeidbaren Kopplung der beiden Übertragungskanäle. Wegen des hier recht gut ausgeprägten "örtlichen Tiefpaßverhaltens" kann man jedoch davon ausgehen, daß die höheren Moden nur geringen Einfluß haben.

Nach Bild 7.16 erfolgt die Regelung in den (näherungsweise) entkoppelten Modalkoordinaten. Die beiden Teilstrecken nach Gl. (7.96) haben integrales Verhalten, bedingt durch den Streckeneigenwert $\lambda_1 = 0$. Die Stabilisierung gelingt daher bei statischer Führungsgenauigkeit mit ganz einfachen P-Reglern

$$G_{R1}(s) \equiv K_{R1}, \qquad G_{R2}(s) \equiv K_{R2}.$$

Die beiden charakteristischen Gleichungen lauten damit

$$s + K_{R1}(1 + 0{,}0832s) = 0,$$

$$s + K_{R2}(1 + 0{,}0186s) = 0.$$

Legt man in beiden Fällen den Pol des geschlossenen Kreises z.B. an die Stelle $s_1 = s_2 = -2$, so sind hierdurch die Reglerparameter festgelegt:

$$K_{R1} = 2{,}4, \qquad K_{R2} = 2{,}08.$$

Die Simulation läßt sich auf der Grundlage der modalen Struktur der Strecke nach Bild 6.3 durchführen. Berücksichtigt man hierfür die ersten vier Moden in $\hat{x}_H(t,z)$, so erhält man schließlich die gekoppelte Struktur nach Bild 7.18.

Das physikalische Verhalten der Strecke wird durch diese Näherung bereits sehr gut wiedergegeben, wie der Rechnerschrieb im Bild 7.19 zeigt. Dabei wurde am rechten Rand $z = 1$ ein Wärmestrom $u_2 = 1$ sprungförmig eingeprägt. Man erkennt deutlich das integrierende Verhalten der Strecke. Die Oberflächentemperatur $y_2(t)$ zeigt naturgemäß einen sehr steilen Anfangsverlauf. Dieser wird in der modalen Näherung durch einen gewissen Anfangssprung approximiert.

Die Entkopplungsgleichungen einschließlich der beiden P-Regler nehmen numerisch die folgende Form an:

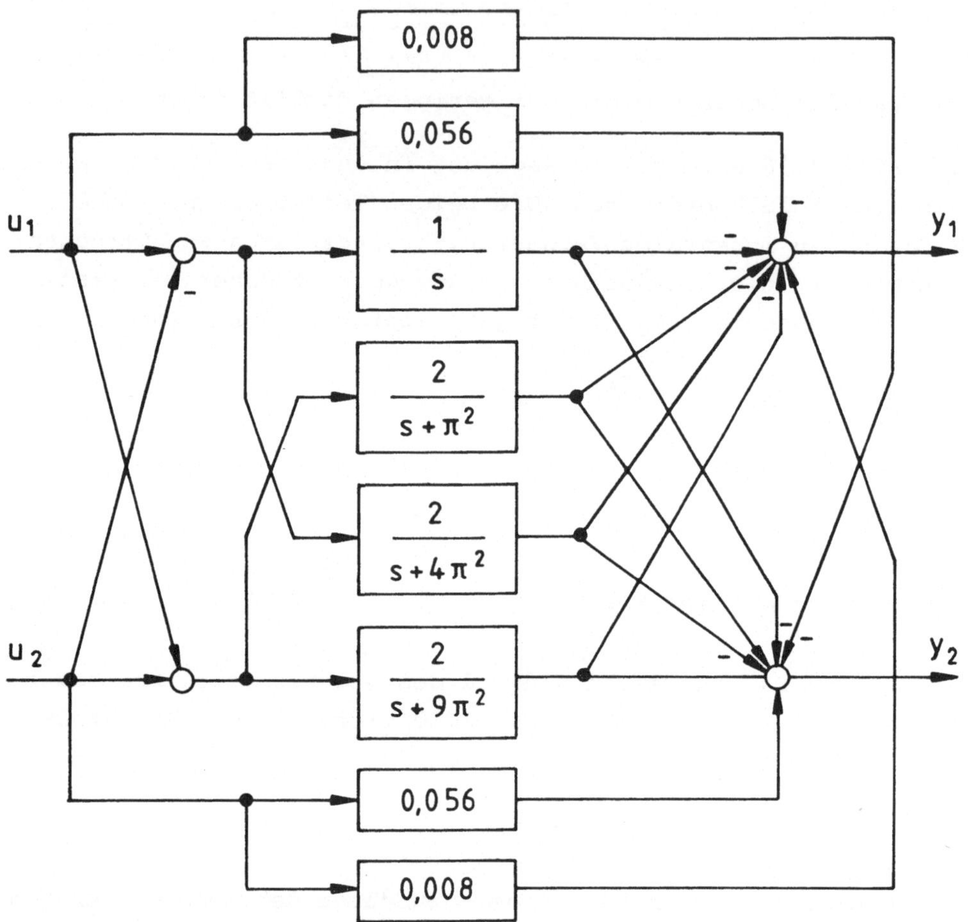

Bild 7.18: Struktur der Strecke als modale
            Näherung 4. Ordnung

$$u_1 = - y_1 + y_2 - 0,7715(w_1 - y_1) - 0,4285(w_2 - y_2),$$

$$u_2 = - y_1 + y_2 + 0,4285(w_1 - y_1) + 0,7715(w_2 - y_2).$$

Für das Beispiel $w_1 = 0,2$ und $w_2 = 0,6$ sind im Bild 7.20 die
Führungssprungantworten $y_1(t)$ und $y_2(t)$ sowie die Steuergrößen
$u_1(t)$ und $u_2(t)$ als Rechnerschrieb wiedergegeben.

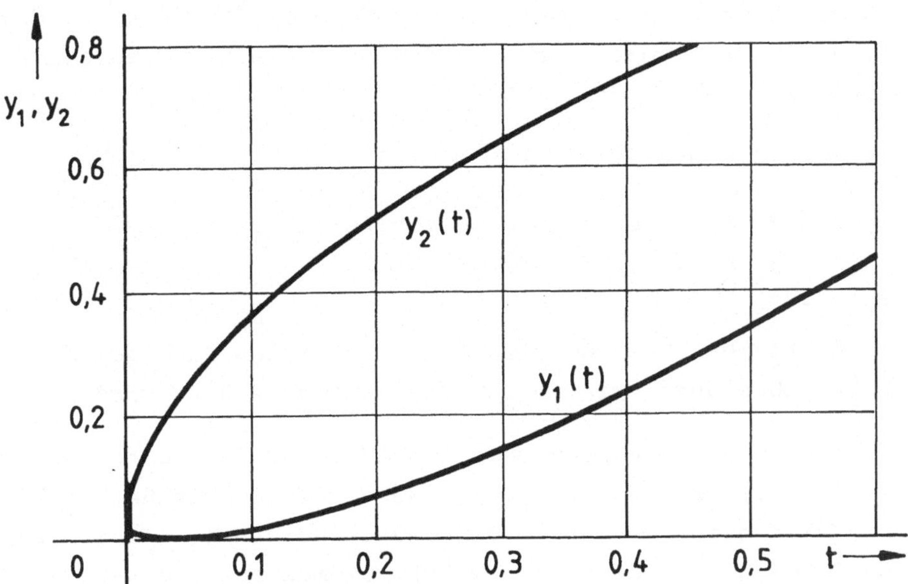

Bild 7.19: Übergangsverhalten der Strecke für

$$u_2(t) = \sigma(t), \qquad u_1(t) = 0.$$

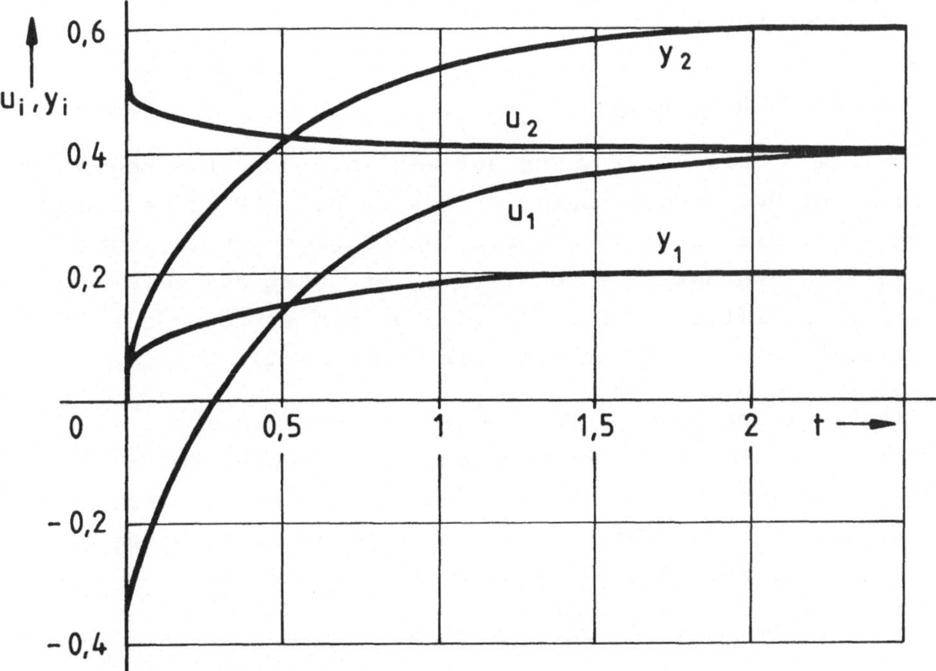

Bild 7.20: Führungsverhalten der Zweigrößenregelung

Wie man sieht, werden die Anforderungen an die Dynamik ($s_1 = s_2$ = - 2), an die Entkopplung sowie an die statische Genauigkeit gut erfüllt. Wegen

$$x_s(z) = 0,2 + 0,4z$$

schwingen die beiden Steuergrößen schließlich auf

$$u_{1s} = u_{2s} = 0,4$$

ein. Im statischen Zustand wird damit am linken Rand genau so viel Wärme abgeführt, wie am rechten Rand zugeführt wird.

Es soll jedoch nicht verschwiegen werden, daß der Vorzeichenwechsel im Zeitverlauf von $u_1(t)$ eine gerätetechnische Komplikation mit sich bringt: $u_1(t) < 0$ bedeutet Heizen ($0 \leq t \leq 0,28$), $u_1(t) > 0$ bedeutet Kühlen ($t > 0,28$). Da man auf dem Rand $z = 0$ nur *ein* Stellglied wird installieren können, muß dieses hier im Hinblick auf den statischen Zustand ein Stellglied mit Kühlwirkung sein. Negative Werte von $u_1(t)$ werden dann abgeschnitten, was gegenüber Bild 7.20 zu Verzögerungen im dynamischen Einschwingverhalten führt. ■

7.3 Modale Profilregelung

Im Kapitel 3 (Bild 3.7) wurde auf ein interessantes Regelungsproblem bei SVP hingewiesen, für das es bei SKP keine Entsprechung gibt: die Regelung einer ortsabhängigen Größe, kurz *Profilregelung* genannt. Die Regelgröße ist jetzt das gesamte örtliche Profil $x(t,z)$, $0 \leq z \leq 1$, das an ein vorgegebenes Sollprofil $w(t,z)$, $0 \leq z \leq 1$, angeglichen werden soll.

Es liegt auf der Hand, daß man diese Aufgabe in ihrer idealisierten Formulierung nicht technisch wird lösen können, da zur Messung von $x(t,z)$ eine endliche Anzahl von Meßgliedern nicht ausreicht. Eine zunächst idealisierte Betrachtungsweise gibt jedoch Hinweise für eine näherungsweise Realisierung.

Das Adjektiv "modal" in der Überschrift dieses Abschnitts weist darauf hin, daß nur solche Regelstrecken betrachtet werden, die sich durch modale Analyse (Abschnitt 6.4) in entkoppelte Übertragungskanäle für die Fourierkoeffizienten zerlegen lassen.

E. D. Gilles [57] sowie *L. A. Gould* und *M. A. Murray-Lasso* [60] entwickelten unabhängig voneinander die Idee, die Entkopplung der Fourierkoeffizienten auch im Regler beizubehalten und so die Profilregelung auf eine Regelung der Moden $x_i^*(t)$ in entkoppelten Regelkreisen zurückzuführen. Daher ist das Verfahren als *modale Profilregelung* bekannt geworden.

7.3.1 Der Grundgedanke

Zur Erläuterung des Prinzips seien die Randbedingungen der Strecke zunächst als homogen angenommen, und der Stelleingriff erfolge über die Quelle $u_\Omega(t,z)$.

Geht man wie seither von einer realen Stellgleichung der Form

$$u_\Omega(t,z) = \sum_{k=1}^{p_1} f_k(z)u_k(t) = \underline{f}^T(z)\underline{u}^{(1)}(t) \qquad (7.97)$$

aus, so werden durch *jede* Stellkomponente $u_k(t)$ i.a. unendlich viele Moden $x_i^*(t)$ der Strecke angeregt, da

$$u_i^*(t) = \int_0^1 u_\Omega(t,z)\varphi_i(z)dz = \underline{f}_i^{*T}\underline{u}^{(1)}(t), \qquad i = 1, 2, 3, \ldots \qquad (7.98)$$

Die Stellgleichung in der allgemeinen Form (7.97) führt also zu einer Kopplung, die für das Konzept der modalen Regelung hinderlich ist. Ist jedoch speziell

$$\boxed{f_k(z) = \varphi_k(z), \qquad k = 1, \ldots, p_1,} \qquad (7.99)$$

fallen also die Geometriefunktionen $f_k(z)$, $k = 1, \ldots, p_1$, mit den ersten p_1 Eigenfunktionen zusammen, so werden in Gl. (7.97) die Steuergrößen $u_k(t)$, $k = 1, \ldots, p_1$, zu Fourierkoeffizienten der Quelle $u_\Omega(t,z)$:

$$u_\Omega(t,z) = \sum_{i=1}^{p_1} u_i(t)\varphi_i(z) = \sum_{i=1}^{p_1} u_{\Omega i}^*(t)\varphi_i(z). \qquad (7.100)$$

Damit hat man die gewünschte Entkopplung am Streckeneingang, denn die *ideale Stellgleichung*, Gl. (7.100), repräsentiert die aus Abschnitt 6.4 bekannte *Fouriersynthese* von $u_\Omega(t,z)$.

192

Wie ist die Situation am Streckenausgang? Dort hat man von der Meßgleichung

$$\underline{y}(t) = \int\limits_{z=o}^{1} \underline{c}(z) x(t,z) dz \qquad (7.101)$$

auszugehen. Wegen

$$x(t,z) = \sum_{k=1}^{\infty} x_k^*(t) \varphi_k(z)$$

gilt für die Komponenten von $\underline{y}(t)$:

$$y_i(t) = \sum_{k=1}^{\infty} \left\{ \int\limits_{o}^{1} c_i(z) \varphi_k(z) dz \cdot x_k^*(t) \right\}, \quad i = 1, \ldots, q. \qquad (7.102)$$

Ebenso wie die Stellgleichung (7.97) führt also auch die Ausgangsgleichung (7.101) i.a. zu einer Kopplung unendlich vieler Moden $x_k^*(t)$ mit *allen* Ausgangsgrößen $y_i(t)$. Ist jedoch speziell

$$\boxed{c_i(z) = \varphi_i(z), \quad i = 1, \ldots, q,} \qquad (7.103)$$

sowie weiterhin

$$p_1 = q, \qquad (7.104)$$

fallen also erneut die Geometriefunktionen $c_i(z)$, $k = 1, \ldots, p_1$, mit den ersten p_1 Eigenfunktionen zusammen, so werden in Gl. (7.101) die Ausgangsgrößen $y_i(t)$, $i = 1, \ldots, p_1$, zu Fourierkoeffizienten des Zustands $x(t,z)$:

$$y_i(t) = x_i^*(t) = \int\limits_{z=o}^{1} x(t,z) \varphi_i(z) dz, \quad i = 1, \ldots, p_1. \qquad (7.105)$$

Damit ist auch am Ausgang die gewünschte Entkopplung gegeben, denn die *ideale Meßgleichung*, Gl. (7.105), repräsentiert die aus Abschnitt 6.4 bekannte *Fourieranalyse* von $x(t,z)$.

Gl. (7.99) und (7.103) sind die wesentlichen Annahmen, die der idealen modalen Profilregelung zugrundeliegen. Unter diesen Annahmen realisiert die Stellgleichung (7.97) exakt eine Fouriersynthese und die Meßgleichung (7.101) exakt eine Fourieranalyse.

Die modale Profilregelung nimmt dann die im Bild 7.21 wiedergegebene Struktur an. In der oberen Bildhälfte erkennt man die Regelstrecke einschließlich idealer Stell- und Meßgleichung. Die Fourier*analyse* von $u_\Omega(t,z)$ ist ein der Strecke innewohnendes Strukturmerkmal, das von Realisierungsfragen unberührt bleibt. Zusammen mit der vorgeschalteten idealen Stellgleichung ergibt sich so gerade die p_1-reihige Einheitsmatrix $\underline{I}$, die den Steuervektor $\underline{u}^{(1)}(t)$ reproduziert:

$$\underline{u}_\Omega^*(t) = \underline{u}^{(1)}(t). \tag{7.106}$$

Ebenso ist die Fourier*synthese* von $x(t,z)$ ein der Strecke innewohnendes Strukturmerkmal, das keiner Realisierungsfrage bedarf. Zusammen mit der nachgeschalteten idealen Meßgleichung ergibt sich erneut die p_1-reihige Einheitsmatrix $\underline{I}$, die den Vektor der ersten p_1 Moden reproduziert:

$$\underline{y}(t) = \underline{x}^*(t). \tag{7.107}$$

In der unteren Bildhälfte sind die Regler $G_{R1}(s), \ldots, G_{Rp_1}(s)$ sowie die dynamischen Stellglieder $G_{ST1}(s), \ldots, G_{STp_1}(s)$ zu finden. Der Soll-Istwertvergleich erfolgt zwischen den Fourierkoeffizienten von $w(t,z)$ und $x(t,z)$. Dabei wurde

$$w(t,z) = \sum_{i=1}^{p_1} w_i^*(t)\varphi_i(z) \tag{7.108}$$

angenommen. Das Sollprofil möge also zu jedem Zeitpunkt durch ebenfalls p_1 Reihenglieder darstellbar sein.

Die Regelung erfolgt somit im Koordinatensystem der Moden, in dem ja die entkoppelte Darstellung erzielt wurde. Die Struktur im Bild 7.21 verhält sich daher wie p_1 entkoppelte Einzelregelkreise mit den Führungsübertragungsfunktionen

$$G_{wi}(s) = \frac{X_i^*(s)}{W_i^*(s)} = \frac{G_{oi}(s)}{1+G_{oi}(s)} , \quad i = 1, \ldots, p_1, \tag{7.109}$$

mit

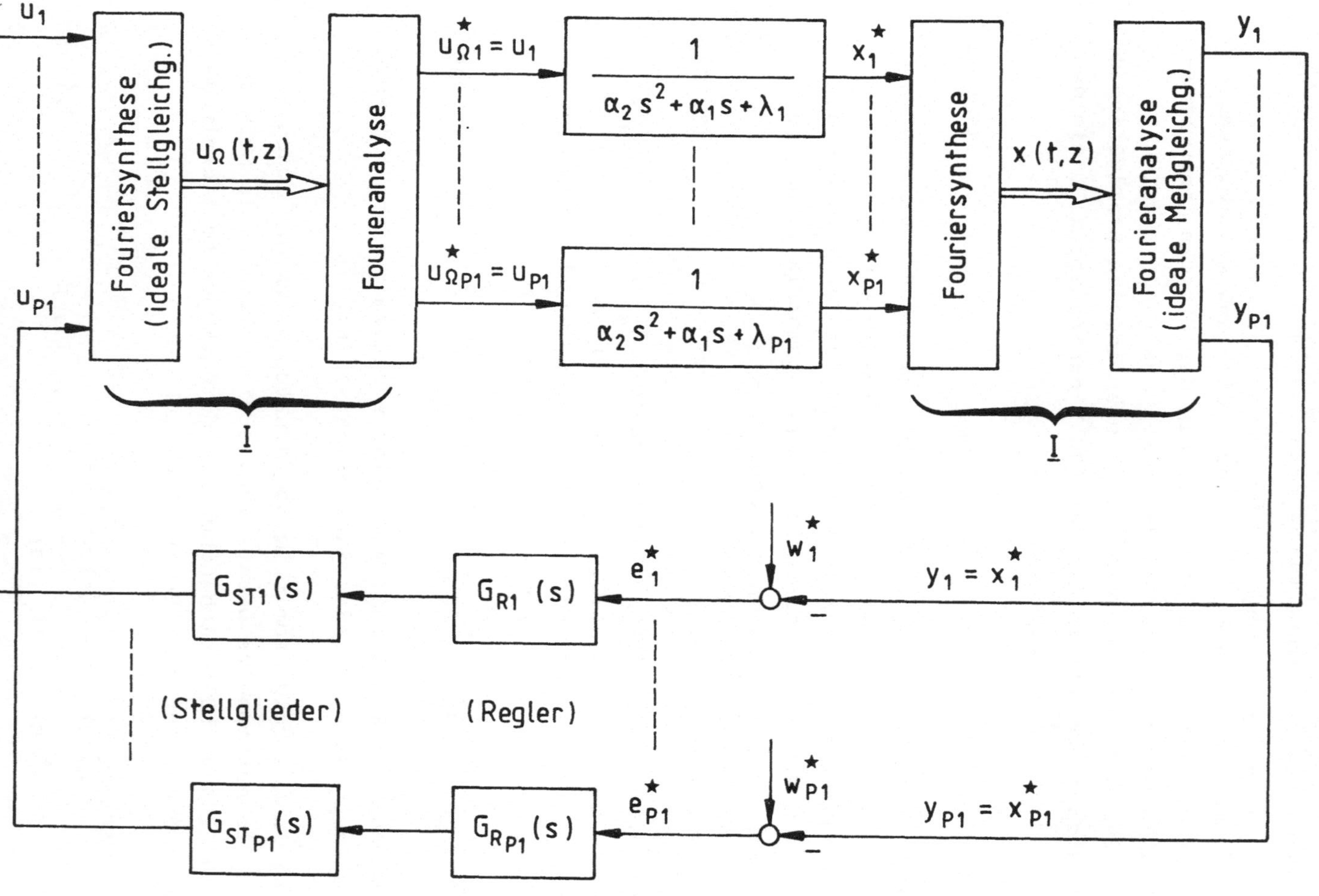

Bild 7.21: Struktur der idealen modalen Profilregelung

$$G_{oi}(s) = G_{Ri}(s)G_{STi}(s) \frac{1}{\alpha_2 s^2 + \alpha_1 s + \lambda_i} , \qquad (7.110)$$

$$i = 1, \ldots, p_1 .$$

Dabei sind $\lambda_1, \ldots, \lambda_{p_1}$ Eigenwerte des örtlichen Differentialoperators D_z (Abschnitte 4.4 und 6.4).

Da die Stellglieder $G_{STi}(s)$ in der Regel rational in s sein werden, was für die Regler $G_{Ri}(s)$ ohnehin gilt, hat man rationale Übertragungsfunktionen $G_{oi}(s)$ in den entkoppelten Kreisen. Daher kann man die p_1 Regler nach bekannten klassischen Methoden entwerfen, z.B. mittels Frequenzkennlinien oder Wurzelortskurven.

Es versteht sich von selbst, daß bei der Idealstruktur nach Bild 7.21 die Eigendynamik der restlichen Moden $x^*_{p_1+1}(t)$, $x^*_{p_1+2}(t)$, .. durch die Regelung nicht verändert wird. Häufig entspricht dies aber gerade dem Entwurfsziel. So sind in dem Wärmeleitungsbeispiel nach Bild 6.2 die Streckeneigenwerte

$$\rho_1 = -\pi^2 , \qquad \rho_2 = -4\pi^2 , \qquad \rho_3 = -9\pi^2$$

die am weitesten rechts gelegenen. Man möchte daher vor allem einige wenige wesentliche Moden, beispielsweise $x^*_1(t)$, $x^*_2(t)$ und $x^*_3(t)$ durch die Regelung schneller machen. Dies gelingt bei nicht zu langsamen Stellgliedern ohne weiteres mit klassischen PI-Reglern

$$G_{Ri}(s) = K_{Ri} \frac{1 + T_{Ri}s}{s} , \qquad i = 1, \ldots, p_1 .$$

7.3.2 Der Einfluß inhomogener Randbedingungen

Im vorigen Abschnitt 7.3.1 wurden die Randbedingungen der Strecke als homogen vorausgesetzt. Da auch das Sollprofil w(t,z) nach Gl. (7.108) die gleichen homogenen Randbedingungen erfüllt, sind die *Randbedingungen des Istprofils x(t,z) mit dem Sollprofil w(t,z) verträglich.*

Diese Verträglichkeit ist nicht immer von selbst gegeben, wie das folgende einfache Beispiel zeigt: Die Temperaturverteilung

$x(t,z)$ im Bereich $0 \leq z \leq 1$ unterliege den Randstörungen

$$x(t,0) = 0{,}5,$$

$$x(t,1) = 1{,}5,$$

während das gewünschte Sollprofil $w(z) \equiv 1$, $0 \leq z \leq 1$, ist.

Man hat daher die beiden Fälle zu unterscheiden, ob die Randeingangsgrößen $\underline{u}^{(2)}(t)$ den Charakter von Stellgrößen oder von Störgrößen haben.

Will man mittels idealer modaler Profilregelung den Zustand $x(t,z)$ an ein Sollprofil $w(t,z)$ mit i.a. inhomogenen Randbedingungen angleichen, so müssen die Randeingangsgrößen $\underline{u}^{(2)}(t)$ als Steuergrößen zur Verfügung stehen und so eingestellt werden, daß die Randbedingungen von $x(t,z)$ mit $w(t,z)$ verträglich sind.

Haben die Randeingangsgrößen $\underline{u}^{(2)}(t)$ Störgrößencharakter, so sind die Randbedingungen von $x(t,z)$ i.a. nicht mit $w(t,z)$ verträglich. Der Zustand $x(t,z)$ läßt sich dann mittels idealer modaler Profilregelung nicht mehr genau an $w(t,z)$ angleichen, sondern nur noch näherungsweise.

Beispiel 7.9:

Zur Illustration dieser Zusammenhänge werde erneut Bild 6.2 als Beispiel gewählt, wobei jedoch $u_\Omega(t,z)$ unverändert nach Gl. (7.100) gebildet werde. Dadurch muß im Bild 6.2 $u_2(t)$ in $u_{p_1+1}(t)$ und $u_3(t)$ in $u_{p_1+2}(t)$ umbenannt werden. Die Randbedingungen lauten also

$$x(t,0) = u_{p_1+1}(t), \tag{7.111}$$

$$x(t,1) = u_{p_1+2}(t). \tag{7.112}$$

Diese Randfunktionen mögen zunächst als *Stellgrößen* zusätzlich zu $\underline{u}^{(1)}(t)$ zur Verfügung stehen. Das Sollprofil sei der Einfachheit halber zeitunabhängig,

$$w(z) = w_0 + (w_1 - w_0)z + \sum_{i=1}^{p_1} w_{Hi}^* \varphi_i(z), \tag{7.113}$$

hat also die Randwerte $w(0) = w_0$, $w(1) = w_1$. Die Verträglich-keitsbedingung erfordert daher die Randsteuerwerte

$$u_{p_1+1} = w_0, \qquad u_{p_1+2} = w_1. \tag{7.114}$$

Diese erzeugen im eingeschwungenen Zustand (vgl. Bild 6.1) gera-de den Lösungsanteil

$$x_I(z) = w_0 + (w_1 - w_0)z, \tag{7.115}$$

der auch in $w(z)$ vorkommt. Die modale Profilregelung über die Quelle $u_\Omega(t,z)$ regelt daher letztlich nur noch die Koeffizienten $x^*_{Hi}(t)$ des homogenen Lösungsanteils auf die Werte w^*_{Hi} nach Gl. (7.113) ein. Daher stimmt im eingeschwungenen Zustand $x_S(z)$ mit $w(z)$ überein.

(*Anmerkung*: Nach Gl. (7.114) wurden hier die Randwerte u_{p_1+1} und u_{p_1+2} sofort auf die *statisch* erforderlichen Endwerte einge-stellt. Denkbar ist auch eine gezielte *dynamische* Verstellung der Randwerte). ∎

Beispiel 7.10:

Nun werde angenommen, daß die Randwerte nicht zur Steuerung zur Verfügung stehen, sondern Störcharakter haben. Sind sie kon-stant,

$$u_{p_1+1} \neq w_0, \qquad u_{p_1+2} \neq w_1, \tag{7.116}$$

so wird sich (bei stabil ausgelegter Regelung) ein Zustand $x_S(z) \neq w(z)$ einstellen. Er ist von der Form

$$x_S(z) = u_{p_1+1} + (u_{p_1+2} - u_{p_1+1})z + \sum_{i=1}^{p_1} x^*_{Hi}\varphi_i(z), \tag{7.117}$$

bzw. in sinngemäßer Anwendung von Gl. (6.48)

$$x_S(z) = \sum_{i=1}^{\infty} \frac{\sqrt{2}}{i\pi}[u_{p_1+1} - (-1)^i u_{p_1+2}]\varphi_i(z) + \sum_{i=1}^{p_1} x^*_{Hi}\varphi_i(z) = $$

$$= \sum_{i=1}^{\infty} x^*_i \varphi_i(z). \tag{7.118}$$

Geht man im Bild 7.21 von Reglern $G_{Ri}(s)$ mit integrierendem Verhalten aus, so werden auch bei bleibenden Randstörungen (7.116) die ersten p_1 Moden $x_i^*(t)$, $i = 1, \ldots, p_1$, exakt auf die Sollwerte w_i^*, $i = 1, \ldots, p_1$, eingeregelt. Daher stellt sich der statische Zustand

$$x_s(z) = u_{p_1+1} + (u_{p_1+2} - u_{p_1+1})z + \sum_{i=1}^{p_1} w_i^* \varphi_i(z) -$$

$$- \sum_{i=1}^{p_1} \frac{\sqrt{2}}{i\pi} [u_{p_1+1} - (-1)^i u_{p_1+2}] \varphi_i(z) \qquad (7.119)$$

ein. Für das Zahlenbeispiel

$$w(z) \equiv 1, \quad p_1 = 5, \quad u_6 = .0,5, \quad u_7 = 1,5$$

ist im Bild 7.22 der statische Zustand

$$x_s(z) = 0,5 + z + \frac{1}{\pi} \sin 2\pi z + \frac{1}{2\pi} \sin 4\pi z$$

nach Gl. (7.119) dem Sollzustand $w(z) \equiv 1$ gegenübergestellt. Erwartungsgemäß wird das Sollprofil nur noch "im Mittel" erreicht: die ersten fünf Fourierkoeffizienten von $x_s(z)$ und $w(z)$ stimmen überein.

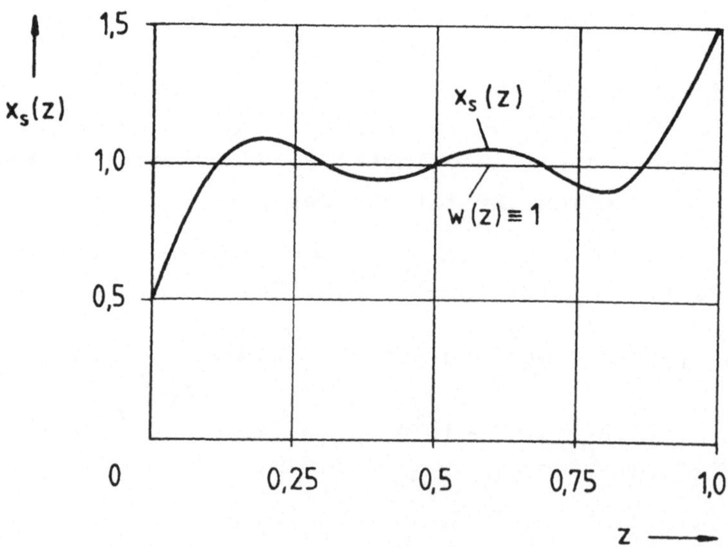

Bild 7.22: Statischer Zustand bei Unverträglichkeit der Randbedingungen

7.3.3 Näherungsweise Realisierung

Der idealen modalen Profilregelung liegt wesentlich die ideale
Stellgleichung (7.100) sowie die ideale Meßgleichung (7.105)
zugrunde. Man sieht sofort, daß z.B. punktweiser Stelleingriff,

$$f_k(z) = \delta(z,z_k), \qquad k = 1, \ldots, p_1,$$

sowie punktweise Messung,

$$c_i(z) = \delta(z,z_i), \qquad i = 1, \ldots, p_1,$$

weit von der Idealisierung entfernt sind.

Es seien nun die $f_k(z)$, $k = 1, \ldots, p_1$, beliebig gegebene, linear
unabhängige Geometriefunktionen. Ebenso seien die $c_i(z)$, $i = 1$,
$\ldots, p_1$, beliebig gegeben, jedoch linear unabhängig.

Dann kann man die modale Profilregelung wenigstens näherungsweise durchführen, indem man davon ausgeht, daß infolge des
örtlichen Tiefpaßverhaltens der Strecke nur die ersten p_1 der
in

$$u_\Omega(t,z) = \underline{f}^T(z)\,\underline{u}^{(1)}(t)$$

enthaltenen Eigenfunktionen den Zustand $x(t,z)$ nennenswert beeinflussen. Es gilt dann

$$u_{\Omega i}^*(t) = \int_{z=o}^{1} \underline{f}^T(z)\,\varphi_i(z)\,dz\,\underline{u}^{(1)}(t) = \underline{f}_i^{*T}\underline{u}^{(1)}(t),$$

$$i = 1, \ldots, p_1,$$

kurz

$$\underline{u}_\Omega^*(t) = \underline{F}^*\underline{u}^{(1)}(t), \tag{7.120}$$

wobei die $\underline{f}_i^{*T}$ die Zeilen der quadratischen Matrix $\underline{F}^*$ sind. Die
Inverse F^{*-1} existiert infolge der linearen Unabhängigkeit der
$f_k(z)$. Damit folgt aus Gl. (7.120)

$$\underline{u}^{(1)}(t) = \underline{F}^{*-1}\underline{u}_\Omega^*(t). \tag{7.121}$$

Am Streckenausgang hat man dann statt Gl. (7.102) nahezu

$$\underline{y}(t) = \sum_{k=1}^{p_1}\left\{\int_0^1 \underline{c}(z)\,\varphi_k(z)\,dz\; x_k^*(t)\right\} = \sum_{k=1}^{p_1} \underline{c}_k^* x_k^*(t),\qquad (7.122)$$

kurz

$$\underline{y}(t) = \underline{C}^*\underline{x}^*(t),\qquad (7.123)$$

wobei die $\underline{c}_k^*$ die Spalten der quadratischen Matrix $\underline{C}^*$ sind. Die Inverse $\underline{C}^{*-1}$ existiert infolge der linearen Unabhängigkeit der $c_k(z)$. Damit folgt aus Gl. (7.123)

$$\underline{x}^*(t) = \underline{C}^{*-1}\underline{y}(t).\qquad (7.124)$$

Die realisierbare Version der modalen Regelung nimmt damit die Struktur nach Bild 7.23 an. Gegenüber Bild 7.21 ist dabei weiterhin vorausgesetzt, daß alle p_1 Stellglieder die *gleiche Dynamik* haben. Denn sonst wäre

$$\underline{U}_\Omega^*(s) = \underline{F}^*\underline{U}^{(1)}(s) = \underline{F}^*\mathrm{diag}\{G_{STi}(s)\}\,\underline{F}^{*-1}\mathrm{diag}\{G_{Ri}(s)\}\,\underline{E}^*(s),$$

und die Matrizen $\underline{F}^*$ und $\underline{F}^{*-1}$ ließen sich nicht mehr zur Einheitsmatrix zusammenfassen. Der Entkopplungsgedanke ließe sich dann nicht mehr retten, jedenfalls nicht auf einfache Weise. Mit

$$G_{STi}(s) = G_{ST}(s),\quad i = 1,\ \ldots,\ p_1,\qquad (7.125)$$

wird jedoch

$$\underline{U}_\Omega^*(s) = \underline{F}^*\underline{F}^{*-1}G_{ST}(s)\,\mathrm{diag}\{G_{Ri}(s)\}\underline{E}^*(s),\qquad (7.126)$$

also

$$U_{\Omega i}^* = G_{ST}(s)\,G_{Ri}(s)\,E_i^*(s),\quad i = 1,\ \ldots,\ p_1.\qquad (7.127)$$

Dennoch sind die Moden in der Struktur nach Bild 7.23 nicht streng entkoppelt. Wegen des Reihenabbruchs in Gl. (7.122) werden nämlich über die Matrix $\underline{C}^{*-1}$ die Moden $x_i^*(t)$ nur als Näherungen $\hat{x}_i^*(t)$ rekonstruiert (Bild 7.23). Daher müssen auch in dem statisch sich einstellenden Istprofil $x_s(z)$ gewisse Ungenauigkei-

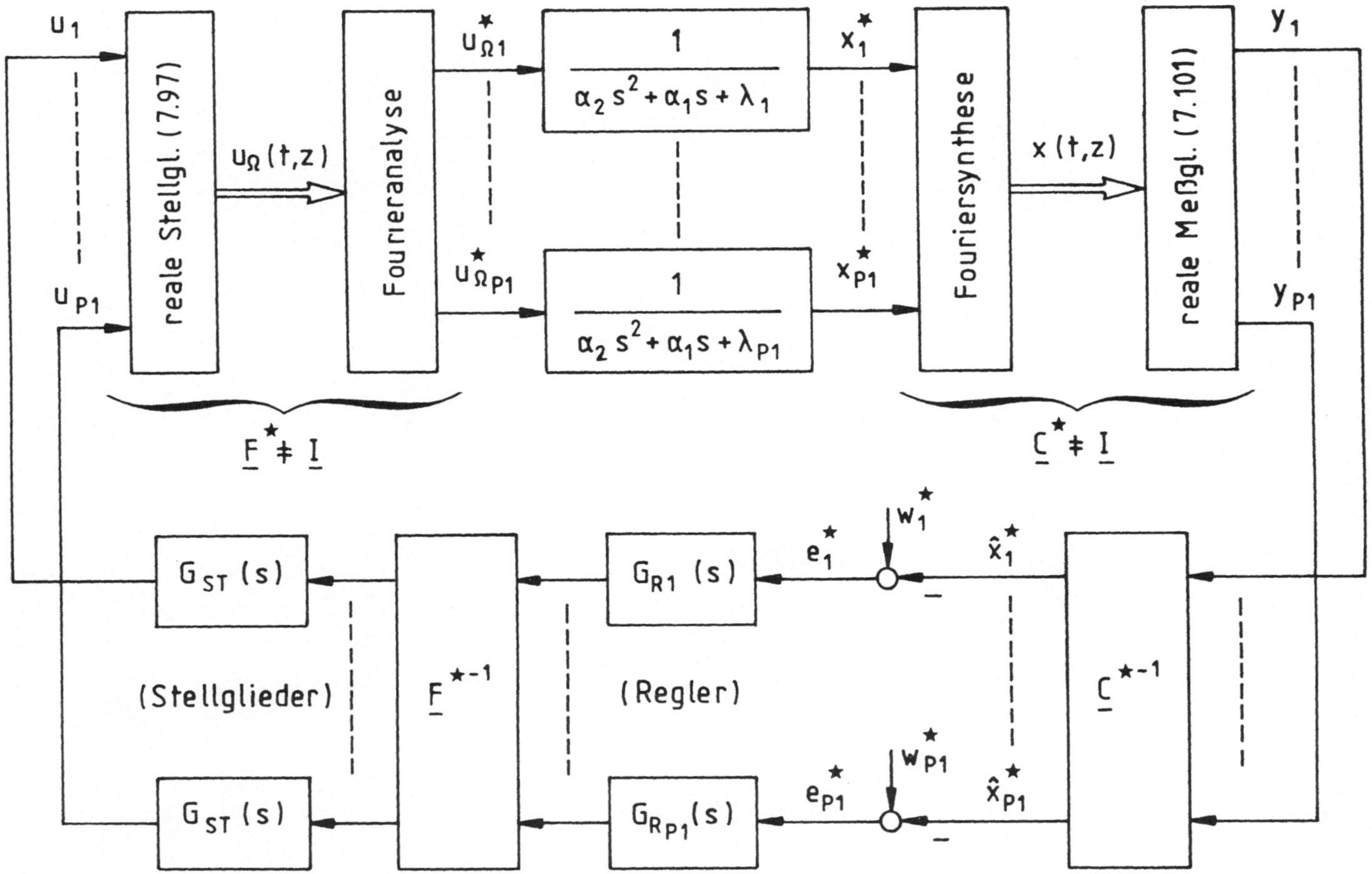

Bild 7.23: Näherungsweise Realisierung der modalen Profilregelung

ten in Kauf genommen werden. Bezüglich des Einflusses inhomogener Randbedingungen gelten die Überlegungen aus Abschnitt 7.3.2 sinngemäß auch hier.

8 Reglerentwurf im Zeitbereich

Die Entwicklung der regelungstechnischen Entwurfsmethoden für
SKP ist seit Beginn der 60er Jahre durch das Vordringen der
Zeitbereichverfahren gekennzeichnet. Vor allem die Arbeiten von
R. E. Kalman [68] initiierten eine kaum noch überschaubare Fülle
an Analyse- und Syntheseverfahren auf der Grundlage der Zustandsdarstellung (2.51), (2.52). Für den Reglerentwurf kristal-
lisierten sich zwei Hauptrichtungen heraus: Regelung durch Polvorgabe und Verfahren der Minimierung quadratischer Gütekriterien.

Die Erweiterung dieser Methoden auf SVP erfordert eine gewisse
Sorgfalt, sofern die Ergebnisse auch in mathematischer Hinsicht befriedigen sollen. So ist der Gebrauch des Begriffs
"Polvorgabe" bei der Regelung eines SVP nur dann unkritisch,
wenn bereits das dynamische Verhalten des ungeregelten SVP
durch *Polstellen bzw. Eigenwerte* charakterisiert ist, wenn also
die Übertragungsfunktion der Strecke keine anderen Singularitä-
ten als Polstellen aufweist [41]. Als einfaches und realistisches Gegenbeispiel betrachte man Bild 7.8 (Beispiel 7.4) und
den erläuternden Text. Da hier das Streckenverhalten nicht
durch Polstellen bzw. Eigenwerte bestimmt ist, führen Begriffe
wie "Polverschiebung" oder "Polvorgabe" am Problem vorbei. Die
Ursache hierfür reicht zurück zum Eigenwertproblem des örtlichen Differentialoperators D_z (Abschnitt 4.4.1): Bereits im Beispiel 4.4 zeigte sich, daß das dem Strömungsvorgang zugeordnete
Eigenwertproblem keine Lösung hat.

Es sei darauf hingewiesen, daß die mathematisch einwandfreie
Klärung der hier angeschnittenen Probleme einen verallgemeinerten Eigenwertbegriff erfordert: den Begriff des "Spektrums"
eines linearen Operators. Zu seiner Darstellung wäre jedoch ein
weitgehender Exkurs in die Funktionalanalysis unvermeidbar. Der
näher interessierte Leser sei daher auf die mathematisch ausge-
richtete Spezialliteratur verwiesen, z.B. [12], [42], [49].

Aus der Theorie des Spektrums eines Operators ergibt sich, daß
die Polvorgabeverfahren begrifflich ohne weiteres auf die Klasse der SVP übertragen werden können, für die eine *modale Analyse*

möglich ist (Abschnitt 6.4) [41]. Nach Gl. (6.41) ist jetzt das
Übertragungsverhalten durch diskrete Eigenwerte bestimmt. Einige Aspekte dieser Verfahren werden exemplarisch im Abschnitt
8.1 erörtert.

Die Minimierung quadratischer Gütekriterien führt bei SKP auf
die Riccati'sche Matrix-Differentialgleichung [5], für die es
bei SVP ein Analogon gibt [18]. Die Erörterung dieser Methoden
setzt allerdings ein Verständnis der Optimierungstheorie für
SVP voraus, die hier nicht dargestellt werden soll.

Jedoch soll eine weitere Entwurfsmethodik im Zeitbereich behandelt werden, die für SVP größere Bedeutung als für SKP besitzt:
die Direkte Methode von Ljapunow [73]. Ihre Erweiterung auf SVP
wurde vor allem von *V. I. Zubow* [89], *J. L. Massera* [77] und
K. Persidskii [80] betrieben. Die Anwendung dieser Methode erfordert einerseits ein gewisses analytisches Geschick bei der
Handhabung von Integralungleichungen, andererseits braucht man
aber nicht die dynamischen Systemgleichungen zu lösen, um die
Stabilitätsfrage zu klären. Die Direkte Methode ist sehr uni-
versell, nicht an die oben beschriebenen Einschränkungen bei
der Polvorgabe gebunden und auch nicht auf lineare Systeme beschränkt. Diese Methode ist Gegenstand des Abschnitts 8.2.

8.1 Regelung durch Polvorgabe

8.1.1 Der Grundgedanke des Verfahrens

Um die Analogien zwischen SKP und SVP herauszuarbeiten, sei zunächst an die Regelung eines SKP durch lineare Zustandsrückführung erinnert (Bild 8.1) [1].

Dabei wurde der einfachste Fall einer Strecke n-ter Ordnung mit
einer Steuergröße u(t) und einer Ausgangsgröße y(t) zugrundegelegt:

$$\dot{\underline{x}}(t) = \underline{A}\,\underline{x}(t) + \underline{b}\,u(t) , \qquad\qquad (8.1)$$

$$y(t) = \underline{c}^T \underline{x}(t) . \qquad\qquad (8.2)$$

Das im Bild 8.1 verwendete lineare, nichtdynamische Regelungs-
gesetzt lautet

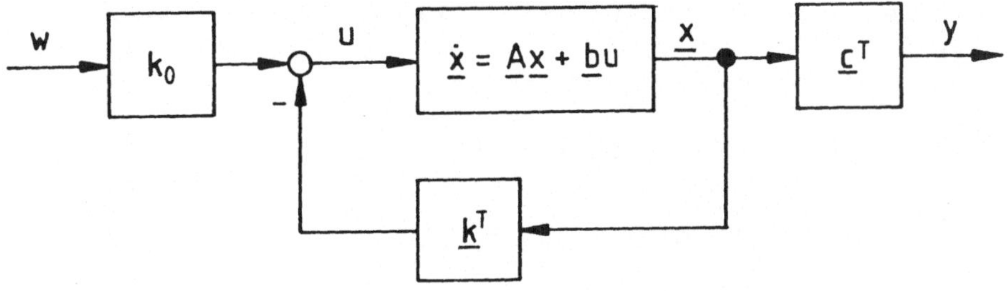

__Bild 8.1__: Lineare Zustandsregelung eines SKP

$$u(t) = -\underline{k}^T\underline{x}(t) + k_o w(t). \tag{8.3}$$

Eingesetzt in Gl. (8.1) ergibt dies die Zustandsdifferentialgleichungen des geschlossenen Kreises,

$$\underline{\dot{x}}(t) = (\underline{A} - \underline{b}\,\underline{k}^T)\underline{x}(t) + \underline{b}k_o w(t) , \tag{8.4}$$

mit der neuen Systemmatrix

$$\tilde{\underline{A}} = \underline{A} - \underline{b}\,\underline{k}^T . \tag{8.5}$$

Ist die Strecke steuerbar [1], so kann man mittels linearer
Zustandsrückführung die Eigenwerte $\tilde{\lambda}_1, \ldots, \tilde{\lambda}_n$ der Matrix $\tilde{\underline{A}}$
an beliebige vorgegebene Stellen plazieren und auf diese Weise
das dynamische Verhalten der Regelung gezielt beeinflussen.
Hierzu hat man die n Komponenten $k_1, \ldots, k_n$ des Vektors $\underline{k}^T$
zur Verfügung.

In einem zweiten Schritt wird dann das "Vorfilter" k_o so berechnet, daß bei konstanter Führungsgröße $w(t) \equiv w_s$ im eingeschwungenen Zustand $y_s = w_s$ wird (statische Führungsgenauigkeit).

Das Verfahren läßt sich in weitgehender Analogie auf SVP übertragen. Zur Erläuterung werde eine einfache Regelstrecke be-

trachtet, die in der im Abschnitt 4.1 beschriebenen Klasse enthalten ist:

$$\frac{\partial x(t,z)}{\partial t} + D_z x(t,z) = f(z)u(t), \qquad 0 < z < 1, \tag{8.6}$$

$$[R_{0z} x(t,z)]_{z=0} = [R_{1z} x(t,z)]_{z=1} = 0, \tag{8.7}$$

$$y(t) = \int_{z=0}^{1} c(z)x(t,z)\,dz. \tag{8.8}$$

Die Verhältnisse sind hier insofern einfach, als die Differentialgleichung (8.6) von erster Ordnung bezüglich t ist, die
Randbedingungen (8.7) homogen sind und nur eine Steuergröße
u(t) und eine Ausgangsgröße y(t) auftritt.

Weiterhin sei das zugehörige Eigenwertproblem

$$D_z \varphi(z) = \lambda\varphi(z), \qquad 0 < z < 1, \tag{8.9}$$

$$[R_{0z} \varphi(z)]_{z=0} = [R_{1z} \varphi(z)]_{z=1} = 0, \tag{8.10}$$

vom Sturm-Liouville-Typ (Abschnitt 4.4.1). Dies impliziert, daß
höchstens endlich viele Eigenwerte λ_i negativ sind. Der Operator D_z sei der Einfachheit halber von der Form (4.41), so daß
Gl. (4.42) gilt. Die Beispiele 4.5 und 4.6 veranschaulichen
diesen Typus. Die Wärmeleitung ist als Spezialfall darin enthalten.

In sinngemäßer Verallgemeinerung von Gl. (8.3) wird das Regelungsgesetz

$$\boxed{u(t) = -\int_{z=0}^{1} k(z)x(t,z)\,dz + k_0 w(t)} \tag{8.11}$$

angesetzt (vgl. auch Gl. (3.1) und Bild 3.4). Damit nimmt die
Regelung die im Bild 8.2 wiedergegebene Struktur an. Sie kann
als örtlich verteiltes Analogon zu der Struktur nach Bild 8.1
verstanden werden.

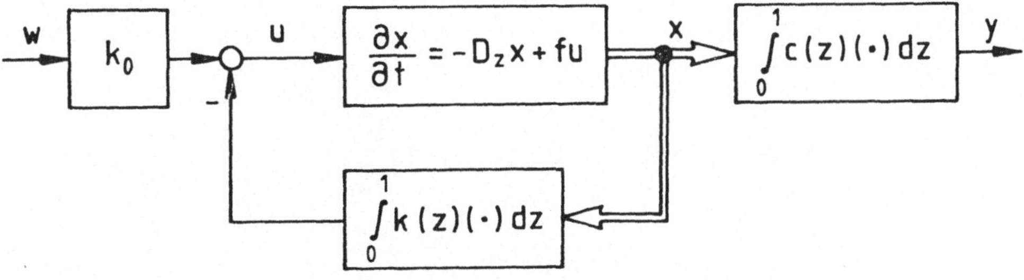

<u>Bild 8.2</u>: Lineare Zustandsregelung eines SVP

Der Vergleich der beiden Bilder vermittelt insbesondere die in Tabelle 8.1 aufgeführten Analogien zwischen SKP und SVP.

SKP	SVP
$\underline{x}(t)$	$x(t,z)$
$u(t)$	$u(t)$
$y(t) = \underline{c}^T \underline{x}(t)$	$y(t) = \int\limits_0^1 c(z)x(t,z)\,dz$
$\underline{A}$	$- D_z$
$\underline{b}$	$f(z)$
$\underline{k}^T \underline{x}(t)$	$\int\limits_0^1 k(z)x(t,z)\,dz$

<u>Tabelle 8.1</u>: Einige Analogien bei der Regelung durch Zustandsrückführung

Aufgrund der getroffenen Voraussetzungen kann man die Regelstrekke im Bild 8.2 einer modalen Analyse unterziehen (Abschnitt 6.4):

$$\dot{x}_i^*(t) = -\lambda_i x_i^*(t) + f_i^* u(t), \quad i = 1, 2, 3, \ldots \qquad (8.12)$$

wobei

$$x_i^*(t) = \int_0^1 x(t,z)\varphi_i(z)\,dz, \quad i = 1, 2, 3, \ldots \qquad (8.13)$$

$$f_i^* = \int_0^1 f(z)\varphi_i(z)\,dz, \quad i = 1, 2, 3, \ldots \qquad (8.14)$$

Mittels Laplace-Transformation der Gl. (8.12),

$$X_i^*(s) = \frac{f_i^*}{s + \lambda_i}\, U(s) + \frac{x_i^*(0)}{s + \lambda_i}, \quad i = 1, 2, 3, \ldots, \qquad (8.15)$$

sieht man sofort, daß die ungeregelte Strecke genau dann stabil ist, wenn alle Eigenwerte $\rho_i = -\lambda_i$, $i = 1, 2, 3, \ldots$, *negativ* sind. Daß dies nicht immer zutrifft, zeigen die Beispiele 4.5 und 4.6.

Die Entwurfsaufgabe besteht deshalb darin, in einem ersten Schritt die ortsabhängige Gewichtsfunktion k(z) in der Reglergleichung (8.11) so zu bestimmen, daß zumindest die kritischen Eigenwerte ρ_i des offenen Kreises auf stabile und geeignet spezifizierte Positionen $\tilde{\rho}_i$ in der s-Ebene verschoben werden. In einem zweiten Schritt ist das Vorfilter k_o hinsichtlich statischer Führungsgenauigkeit zu entwerfen.

Anmerkungen:

1) Die i-te Eigenbewegung $x_i^*(t)$ ist nach Gl. (8.12) offensichtlich genau dann über die Steuergröße u(t) beeinflußbar, wenn $f_i^* \neq 0$ gilt. Sind *alle* $f_i^* \neq 0$, so ist die Regelstrecke *steuerbar*. Wie sogleich noch gezeigt werden wird, genügt für die *Stabilisierbarkeit* der Strecke mittels Zustandsrückführung bereits eine abgeschwächte Form der Steuerbarkeit: Es brauchen nur diejenigen $f_i^* \neq 0$ zu sein, die zu den kritischen Eigenwerten $\rho_i = -\lambda_i \geq 0$ gehören.

2) Das Funktional

$$\int_0^1 k(z)x(t,z)\,dz, \qquad (8.16)$$

das im Bild 8.2 die Zustandsrückführung bewirkt, ist von der
gleichen Bauart wie das Funktional in der Ausgangsgleichung
(8.8). Während jedoch die Gewichtsfunktion $c(z)$ durch die Art
der Meßanordnung in der Regel festliegt, bestehen in der Wahl
von $k(z)$ gerade die entscheidenden Entwurfsfreiheiten. Daher
kann man das Funktional (8.16) auch als "einstellbare Meßanordnung" interpretieren.

3) Vergleicht man die hier formulierte Aufgabenstellung mit
derjenigen der modalen Profilregelung (Abschnitt 7.3), so ist
jetzt das Entwurfsziel bescheidener. Nicht ein Profil $w(z)$ des
Zustands $x(t,z)$ soll eingestellt werden, sondern nur ein fester
Wert w_s der Ausgangsgröße $y(t)$. Daher genügt eine einzige Steuergröße $u(t)$. Dennoch wird wie bei der modalen Profilregelung
der gesamte Zustand $x(t,z)$ für die Regelung verwendet, um dem
geschlossenen Kreis eine *vorgebbare Dynamik* verleihen zu können.

Wie kann man nun einen Regler $k(z)$ finden, der die gestellte
Aufgabe löst?

Hierzu ist es zweckmäßig, auch die Ortsfunktion $k(z)$ als Reihe
nach den Eigenfunktionen darzustellen:

$$k(z) = \sum_{i=1}^{N} k_i^* \varphi_i(z). \tag{8.17}$$

Die Reihe wurde von vornherein nach einem N-ten Glied abgebro-
chen, da man nur endlich viele Reglerparameter k_i^* realisieren
möchte. Diese Parameter und auch ihre Anzahl N sind noch nicht
festgelegt.

Wegen der Orthonormalität der $\varphi_i(z)$ nach Gl. (4.42) und mit

$$x(t,z) = \sum_{i=1}^{\infty} x_i^*(t)\varphi_i(z) \tag{8.18}$$

wird

$$\int_{0}^{1} k(z)x(t,z)\,dz = \sum_{i=1}^{N} k_i^* x_i^*(t). \tag{8.19}$$

Die Reglergleichung (8.11) lautet damit

$$u(t) = - \sum_{i=1}^{N} k_i^* x_i^*(t) + k_o w(t). \tag{8.20}$$

Eingesetzt in die Streckengleichungen (8.12) ergibt dies

$$\dot{x}_i^*(t) = \rho_i x_i^*(t) - f_i^* \sum_{j=1}^{N} k_j^* x_j^*(t) + f_i^* k_o w(t), \tag{8.21}$$

$$i = 1, \ 2, \ 3, \ \ldots$$

Bildet man aus den jeweils ersten N Komponenten $x_i^*(t)$ und f_i^* die Vektoren

$$\underline{x}^*(t) = (x_1^*(t), \ \ldots, \ x_N^*(t))^T$$

und

$$\underline{f}^* = (f_1^*, \ \ldots, \ f_N^*)^T,$$

und schreibt man

$$\sum_{j=1}^{N} k_j^* x_j^*(t) = \underline{k}^{*T} \underline{x}^*(t),$$

so kann man ein N-dimensionales Teilsystem von den Gln. (8.21) abspalten,

$$\underline{\dot{x}}^*(t) = [\mathrm{diag}(\rho_i) - \underline{f}^* \underline{k}^{*T}] \underline{x}^*(t) + \underline{f}^* k_o w(t), \tag{8.22}$$

das von dem unendlich-dimensionalen Restsystem

$$\dot{x}_i^*(t) = \rho_i x_i^*(t) - f_i^* \underline{k}^{*T} \underline{x}^*(t) + f_i^* k_o w(t), \tag{8.23}$$

$$i = N + 1, \ N + 2, \ \ldots,$$

nicht beeinflußt wird.

In Gl. (8.22) versteht sich diag(ρ_i) als N-reihige Diagonalmatrix mit $\rho_1, \ \ldots, \ \rho_N$ als Diagonalelementen.

Die dynamische Struktur der Gleichungen (8.22) und (8.23) geht anschaulich aus Bild 8.3 hervor. Dabei ist auch Gl. (8.23) in Vektorform geschrieben, und der Index R weist auf "Restsystem" hin. Ferner ist auch die Ausgangsgleichung (8.8) mittels

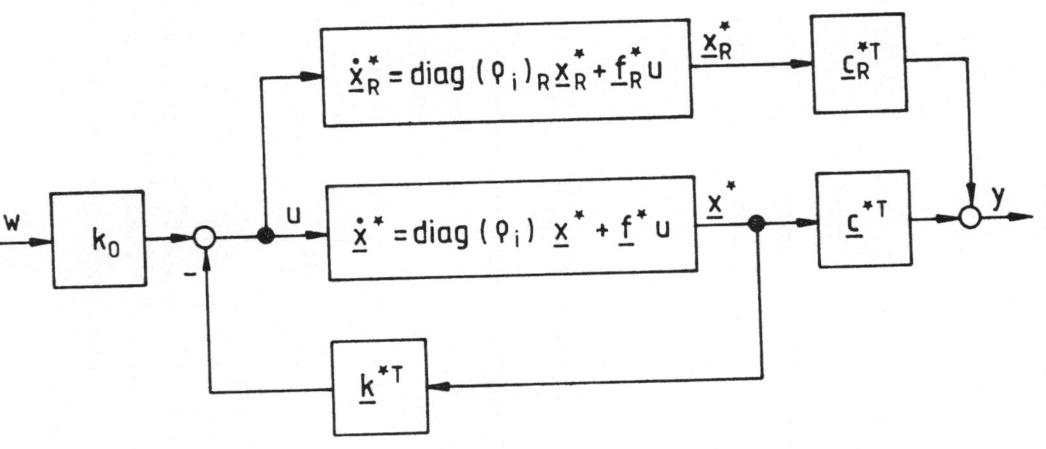

Bild 8.3: Dynamische Struktur der Zustandsregelung in Modalkoordinaten

212

$$c(z) = \sum_{i=1}^{\infty} c_i^* \varphi_i(z) \qquad\qquad (8.24)$$

in Modalkoordinaten geschrieben worden:

$$y(t) = \sum_{i=1}^{\infty} c_i^* x_i^*(t) = \underline{c}^{*T} \underline{x}^*(t) + \underline{c}_R^{*T} \underline{x}_R^*(t). \qquad\qquad (8.25)$$

Aus der einseitigen Kopplung der Struktur im Bild 8.3 ergibt sich sofort die folgende Stabilitätsaussage:

Die der modalen Darstellung nach Bild 8.3 äquivalente Zustandsregelung nach Bild 8.2 ist stabil, wenn sowohl die N-dimensionale Dynamikmatrix

$$\underline{\tilde{A}} = \mathrm{diag}(\rho_i) - \underline{f}^* \underline{k}^{*T} \qquad\qquad (8.26)$$

als auch die restlichen Eigenwerte ρ_{N+1}, ρ_{N+2}, *... stabil sind.*

Da nach Voraussetzung höchstens endlich viele $\rho_i \geq 0$ sein können, kann man N stets so wählen, daß das unendlichdimensionale Restsystem stabil ist. Damit läuft die Stabilitätsfrage auf die Analyse der Matrix $\underline{\tilde{A}}$ nach Gl. (8.26) hinaus. Nach der Theorie der SKP ist dieses System aber immer mittels $\underline{k}^{*T}$ stabilisierbar, sofern nur die Teilstrecke der Ordnung N,

$$\underline{\dot{x}}^*(t) = \mathrm{diag}(\rho_i) - \underline{f}^* u(t),$$

steuerbar ist, sofern also f_1^*, ..., f_N^* von Null verschieden sind [1]. Dann kann man darüber hinaus die Eigenwerte $\tilde{\rho}_1$, ..., $\tilde{\rho}_N$ der Matrix $\underline{\tilde{A}}$ beliebig mittels $\underline{k}^{*T}$ plazieren (reell oder paarweise konjugiert komplex).

Hierzu schreibt man wie von den SKP her bekannt die charakteristische Gleichung der Regelung einerseits in der Form

$$(s - \tilde{\rho}_1)(s - \tilde{\rho}_2) \ \cdots \ (s - \tilde{\rho}_N) = 0,$$

andererseits in der Form

$$\det(s\underline{I} - \mathrm{diag}(\rho_i) + \underline{f}^* \underline{k}^{*T}) = 0.$$

Aus der Identität

$$\det(s\underline{I} - \operatorname{diag}(\rho_i) + \underline{f}^*\underline{k}^{*T}) = \prod_{i=1}^{N} (s - \tilde{\rho}_i) \tag{8.27}$$

erhält man dann durch Koeffizientenvergleich die gesuchten Reglerparameter $k_1^*, \ldots, k_N^*$. Man beachte dabei, daß auf der rechten Seite der Gl. (8.27) nach Ausmultiplizieren ein Polynom

$$s^n + a_{n-1}s^{n-1} + \ldots + a_1 s + a_o$$

mit *bekannten* Koeffizienten a_ν steht, da man ja die $\tilde{\rho}_i$ vorgeschrieben hat.

Beispiel 8.1:

Das mathematische Modell der Regelstrecke sei

$$\frac{\partial x(t,z)}{\partial t} = \frac{\partial^2 x(t,z)}{\partial z^2} + 50\, x(t,z) + 50 \cdot \delta(z,\tfrac{1}{4})u(t),$$
$$0 < z < 1, \tag{8.28}$$

$$x(t,0) = x(t,1) = 0, \tag{8.29}$$

$$y(t) = x(t,\tfrac{1}{2}) = \int_0^1 \delta(z,\tfrac{1}{2})x(t,z)\,dz. \tag{8.30}$$

Nach Beispiel 4.5 ist hier

$$\lambda_i = -50 + (i\pi)^2, \quad i = 1, 2, 3, \ldots,$$

also

$$\rho_i = -\lambda_i = 50 - (i\pi)^2, \quad i = 1, 2, 3, \ldots \tag{8.31}$$

Wegen $\rho_1 > 0$ und $\rho_2 > 0$ ist die Strecke instabil. Die Aufgabe der Zustandsregelung soll darin bestehen, diese beiden Eigenwerte nach links zu verschieben und die restlichen ρ_i, $i = 3, 4,$ $\ldots$, unverändert zu lassen. Daher wählt man hier

$$N = 2,$$

214

und es werde spezifiziert:

$$\tilde{\rho}_1 = \tilde{\rho}_2 = -40.$$

In Gl. (8.28) wurde mit

$$f(z) = 50 \cdot \delta(z, \tfrac{1}{4})$$

ein punktförmiger Stelleingriff an der Stelle $z = \tfrac{1}{4}$ angenommen. Daher wird

$$f_i^* = 50\varphi_i(\tfrac{1}{4}) = 50\sqrt{2}\sin\tfrac{i\pi}{4}, \qquad i = 1, 2, 3, \ldots$$

Wie man sieht, ist die Strecke bei dieser Wahl des Stellortes mittels Zustandsrückführung stabilisierbar, denn die Koeffizienten

$$f_1^* = 50, \qquad f_2^* = 50\sqrt{2}$$

sind von Null verschieden.

Nach Gl. (8.27) wird

$$\begin{vmatrix} s - \rho_1 + 50k_1^* & 50k_2^* \\ 50\sqrt{2}k_1^* & s - \rho_2 + 50\sqrt{2}k_2^* \end{vmatrix} = (s - \tilde{\rho}_1)(s - \tilde{\rho}_2),$$

also

$$s^2 + (-\rho_1 - \rho_2 + 50k_1^* + 50\sqrt{2}k_2^*)s + \rho_1\rho_2 - 50k_1^*\rho_2 -$$

$$-50\sqrt{2}k_2^*\rho_1 = s^2 - (\tilde{\rho}_1 + \tilde{\rho}_2)s + \tilde{\rho}_1\tilde{\rho}_2.$$

Der Koeffizientenvergleich liefert ein lineares Gleichungssystem für k_1^* und k_2^* mit der Lösung

$$k_1^* = 4{,}34, \qquad k_2^* = -1{,}22.$$

8.1.2 Berechnung des Vorfilters

Mit der Bestimmung der Reglergewichtsfunktion

$$k(z) = \sum_{i=1}^{N} k_i^* \varphi_i(z)$$

ist das dynamische Teilproblem gelöst. Es steht noch die Berechnung des Vorfilters k_o aus. Dies ist ein rein statisches Problem.

Hierzu werde zunächst angenommen, daß der Eigenwert $\lambda_j = 0$ *nicht* auftritt. Dann existiert nach Abschnitt 4.5 die Greensche Funktion $g(z,\zeta)$ der *statischen* Streckengleichungen

$$D_z x_s(z) = f(z)u_s, \qquad 0 < z < 1,$$

$$[R_{oz} x_s(z)]_{z=0} = [R_{1z} x_s(z)]_{z=1} = 0,$$

$$y_s = \int_0^1 c(z) x_s(z) dz,$$

und nach Gl. (4.93) wird

$$y_s = \int_{z=0}^{1} c(z) \int_{\zeta=0}^{1} g(z,\zeta) f(\zeta) d\zeta dz \cdot u_s = K_s u_s, \qquad (8.32)$$

mit K_s als Streckenverstärkungsfaktor. Selbstverständlich muß $K_s \neq 0$ vorausgesetzt werden.

Der statische Zustand der Strecke ergibt sich nach Gl. (4.92) zu

$$x_s(z) = \int_{\zeta=0}^{1} g(z,\zeta) f(\zeta) d\zeta \cdot u_s. \qquad (8.33)$$

Am Streckeneingang gilt Gl. (8.11), im statischen Zustand also

$$u_s = - \int_{z=0}^{1} k(z) x_s(z) dz + k_o w_s =$$

$$= - \int_{z=0}^{1} k(z) \int_{\zeta=0}^{1} g(z,\zeta) f(\zeta) d\zeta dz \cdot u_s + k_o w_s,$$

bzw. aufgelöst nach u_s:

$$u_s = \left[1 + \int_{z=0}^{1} k(z) \int_{\zeta=0}^{1} g(z,\zeta) f(\zeta) d\zeta dz\right]^{-1} k_o w_s. \qquad (8.34)$$

In Verbindung mit Gl. (8.32) erhält man nun das *statische Eingangs-Ausgangsverhalten der Regelung* nach Bild 8.2:

$$y_s = \frac{\int\limits_{z=0}^{1} c(z) \int\limits_{\zeta=0}^{1} g(z,\zeta)f(\zeta)d\zeta dz}{1 + \int\limits_{z=0}^{1} k(z) \int\limits_{\zeta=0}^{1} g(z,\zeta)f(\zeta)d\zeta dz} \cdot k_o w_s \; .$$

Statische Führungsgenauigkeit bedeutet $y_s = w_s$. Damit ist das *Vorfilter k_o bei nicht-integralem Streckenverhalten* bestimmt:

$$k_o = \frac{1 + \int\limits_{z=0}^{1} k(z) \int\limits_{\zeta=0}^{1} g(z,\zeta)f(\zeta)d\zeta dz}{\int\limits_{z=0}^{1} c(z) \int\limits_{\zeta=0}^{1} g(z,\zeta)f(\zeta)d\zeta dz} \; . \tag{8.35}$$

Diese Beziehung sowie ihre Herleitung verdeutlicht erneut den Nutzen der Greenschen Funktion $g(z,\zeta)$. Ohne diese fundamentale Begriffsbildung wäre die Bestimmung des Vorfilters k_o viel umständlicher gewesen.

Da das im Abschnitt 8.1.1 beschriebene Verfahren sich an den Eigenwerten λ_i und Eigenfunktionen $\varphi_i(z)$ orientiert, kann man $g(z,\zeta)$ nach Gl. (4.90) sofort als Reihe anschreiben:

$$g(z,\zeta) = \sum_{i=1}^{\infty} \frac{1}{\lambda_i} \varphi_i(z)\varphi_i(\zeta) \; . \tag{8.36}$$

Da weiterhin $k(z)$ nach Gl. (8.17) nur aus N Reihengliedern besteht, vereinfacht sich mit Gl. (8.36) und Gl. (4.42) der Zähler in Gl. (8.35):

$$k_o = \frac{1 + \sum_{i=1}^{N} \frac{k_i^* f_i^*}{\lambda_i}}{K_s} \; .$$

Im Nenner dieser Gleichung empfiehlt es sich dagegen, mit der *geschlossenen* Form der Greenschen Funktion zu arbeiten, da Reihenabbruch hier zu Ungenauigkeiten führt.

Beispiel 8.2:

Für das Beispiel 8.1 soll das Vorfilter k_o berechnet werden. Da
hier sowohl nach Gl. (8.28) der Stelleingriff als auch nach Gl.
(8.30) die Messung punktförmig erfolgen, wird der Nenner in Gl.
(8.35) besonders einfach:

$$k_o = \frac{1 + \sum_{i=1}^{2} \dfrac{k_i^* f_i^*}{\lambda_i}}{50 \cdot g\left(z = \frac{1}{2},\ \zeta = \frac{1}{4}\right)} \ . \tag{8.37}$$

Die Bestimmung von $g(z,\zeta)$ nach Abschnitt 4.5.2 wird dem Leser
zur Übung empfohlen. Es ergibt sich

$$g(z,\zeta) = \begin{cases} \dfrac{\sin(5\sqrt{2}z)\sin[5\sqrt{2}(1-\zeta)]}{5\sqrt{2}\,\sin(5\sqrt{2})} \ , & 0 \leqq z \leqq \zeta, \\[3ex] \dfrac{\sin[5\sqrt{2}(1-z)]\sin(5\sqrt{2}\zeta)}{5\sqrt{2}\,\sin(5\sqrt{2})} \ , & \zeta \leqq z \leqq 1. \end{cases} \tag{8.38}$$

Benötigt wird der Wert

$$g\left(\frac{1}{2}\ ,\ \frac{1}{4}\right) = \frac{\sin(5\sqrt{2}/2)\sin(5\sqrt{2}/4)}{5\sqrt{2}\,\sin(5\sqrt{2})} = -\,0{,}0753 \ .$$

Alle anderen Größen in Gl. (8.37) sind bereits aus Beispiel 8.1
bekannt. Damit wird schließlich

$$k_o = -\,50{,}6 \ . \qquad\blacksquare$$

Es werde nun angenommen, daß das der Strecke zugeordnete Sturm-
Liouville-Problem den *Eigenwert* $\lambda_j = 0$ aufweist. In der zugehörigen j-ten Dynamikgleichung (8.12) muß dann natürlich

$$f_j^* \neq 0 \tag{8.39}$$

vorausgesetzt werden, um diesen instabilen Eigenwert verschieben zu können. Wegen $\lambda_j = 0$ existiert die Greensche Funktion
$g(z,\zeta)$ nicht (Abschnitt 4.5), so daß das Vorfilter jetzt nicht
nach Gl. (8.35) berechnet werden kann.

Jedoch folgt aus dem integralen Verhalten der j-ten Gleichung (8.12),

$$\dot{x}_j^*(t) = f_j^* u(t),$$

ganz elementar

$$u_s = 0$$

und damit weiter

$$x_{is}^* = 0 \text{ für alle } i \neq j.$$

Der statische Zustand ist daher

$$x_s(z) = x_{js}^* \varphi_j(z).$$

Der Koeffizient x_{js}^* ist zwar nicht aus den statischen Strecken-gleichungen bestimmbar, jedoch aus der Gesamtstruktur der Regelung nach Bild 8.2. Gl. (8.20) nimmt nämlich im statischen Zustand jetzt die Form

$$0 = - k_j^* x_{js}^* + k_o w_s$$

an, woraus wegen $k_j^* \neq 0$

$$x_{js}^* = \frac{k_o}{k_j^*} w_s$$

folgt. Am Streckenausgang hat man statisch

$$y_s = \int_0^1 c(z) x_s(z) dz = c_j^* x_{js}^* = c_j^* \frac{k_o}{k_j^*} w_s .$$

Wie man sieht, muß man hier unbedingt die Meßanordnung so wählen, daß

$$c_j^* = \int_0^1 c(z) \varphi_j(z) dz \neq 0 \tag{8.40}$$

gilt. Sonst wäre statisch $y_s = 0$. Unter der Voraussetzung (8.40) folgt aus $y_s = w_s$ sofort das *Vorfilter k_o bei Strecken mit Eigen-wert $\lambda_j = 0$:*

$$\boxed{k_o = \frac{k_j^*}{c_j^*}} \cdot \qquad (8.41)$$

Der Leser kann den gesamten Gedankengang, der zur Gl. (8.41) führte, auch anschaulich anhand der modalen Struktur nach Bild 8.3 nachvollziehen.

8.1.3 Anmerkungen und Verallgemeinerungen

Das in den Abschnitten 8.1.1 und 8.1.2 beschriebene Polvorgabeverfahren geht von einer ähnlichen Idealisierung aus, wie sie bereits der idealen Modalen Profilregelung (Abschnitt 7.3.1) zugrundelag: Mit dem Regleransatz (8.17) und der daraus resultierenden Gleichung (8.19) wird angenommen, man könne die Fourierkoeffizienten $x_1^*(t), \ldots, x_N^*(t)$ des Streckenzustandes messen. Praktisch kann dies, wie im Abschnitt 7.3.3 beschrieben, nur näherungsweise unter Inkaufnahme eines Reihenabbruchfehlers realisiert werden.

Im vorliegenden Fall wird man sich hierzu außer der Hauptregelgröße $y(t)$ nach Gl. (8.8) noch einen q-dimensionalen Meßvektor

$$\underline{y}_M(t) = \int\limits_{z=o}^{1} \underline{c}_M(z)\,x(t,z)\,dz \qquad (8.42)$$

verschaffen. Bei punktweiser Messung von $x(t,z_i)$, $i = 1, \ldots, q$, wird dann nach Abschnitt 2.2.5

$$\underline{c}_M(z) = \begin{bmatrix} \delta(z,z_1) \\ \cdot \\ \cdot \\ \cdot \\ \delta(z,z_q) \end{bmatrix} \cdot$$

Mit Gl. (8.18) ergibt sich

$$\underline{y}_M(t) = \sum_{i=1}^{\infty} \int\limits_{z=o}^{1} \underline{c}_M(z)\,\varphi_i(z)\,dz\, x_i^*(t) = \sum_{i=1}^{\infty} \underline{c}_{Mi}^* x_i^*(t) \approx$$

$$\approx \sum_{i=1}^{q} \underline{c}_{Mi}^* x_i^*(t) = \underline{c}_M^* \underline{x}^{*(q)}(t). \qquad (8.43)$$

Der Reihenabbruch nach dem q-ten Glied führt zu einem Fehler, jedoch entsteht auf diese Weise die reguläre (vgl. Abschnitt 7.3.3) (q,q)-Matrix $\underline{C}_M^*$, so daß man Gl. (8.43) nach $\underline{x}^{*(q)}(t)$ auflösen kann:

$$\underline{x}^{*(q)}(t) = \underline{C}_M^{*-1}\, \underline{y}_M(t)\,. \qquad (8.44)$$

Da man für die Regelung die ersten N Koeffizienten $x_i^*(t)$ benötigt, wird aus Gl. (8.44) sofort klar, daß q Meßgrößen mit

$$q \geq N \qquad (8.45)$$

vorzusehen sind. Nimmt man einmal $q = N$ an, so wird

$$\underline{x}^*(t) = \underline{x}^{*(q)}(t) = \underline{C}_M^{*-1}\, \underline{y}_M(t)\,. \qquad (8.46)$$

Das Regelungsgesetz (8.20) geht damit in die realisierbare Form

$$\boxed{u(t) = -\,\underline{k}^{*T}\underline{C}_M^{*-1}\, \underline{y}_M(t)\; +\; k_0 w(t)} \qquad (8.47)$$

über.

Die näherungsweise Realisierung des Reglers in der Form (8.47) hat *einen dynamischen und einen statischen Nebeneffekt.*

Was die Dynamik betrifft, so liegen die tatsächlichen Eigenwerte der so realisierten Regelung nicht exakt an den nach Abschnitt 8.1.1 berechneten Stellen. Es entsteht eine *Unschärfe der Eigenwertpositionen* sowohl bei den $\tilde{\rho}_i$, $i = 1, \ldots, N$, als auch bei den restlichen Eigenwerten, die man gar nicht verschieben wollte. In [53], [54] wurde ein Verfahren angegeben, mit dem man diese Unschärfe abschätzen kann durch Berechnung sicherer Eigenwertgebiete.

Was das statische Verhalten betrifft, so muß das Vorfilter k_0 gegenüber Gl. (8.35) bzw. (8.41) korrigiert werden. Diese Modifikation wird als Übungsaufgabe dem Leser überlassen und soll hier insbesondere aus folgendem Grunde nicht vertieft werden: Sowohl die Zustandsregelung nach Bild 8.1 (SKP) als auch die nach Bild 8.2 (SVP) ist zu statischer Führungsgenauigkeit ohne-

hin nur in der Lage, solange keine konstanten Störgrößen einwirken. Daher geht beispielsweise in der Regelung nach Bild
8.2 die statische Führungsgenauigkeit bereits dann verloren,
wenn die angenommene Homogenität der Randbedingungen verletzt
ist. Gerade vom Rand her wirken aber häufig Störungen auf ein
SVP ein. Abhilfe ist natürlich möglich. Sie besteht in der
*Überlagerung eines Hauptregelkreises mit einem integral wirken-
den Regler* nach Bild 3.5. Dieser Regler erzwingt die statische
Genauigkeit auch bei bleibenden additiven Störgrößen und bei
Parameterunsicherheiten in der Strecke. Den Entwurf der Regler
1 und 2 im Bild 3.5 kann man bei modaler Struktur der Strecke
auf bekannte SKP-Methoden zurückführen, ähnlich wie dies bereits im Abschnitt 8.1.1 geschah. Es sei hier insbesondere auf
die Anwendung der modalen Regelung nach *B. Porter und R. Crossley* [81] sowie auf die noch universellere Reglerformel nach *G.
Roppenecker* [83] verwiesen, wenngleich diese Verfahren primär
für SKP entwickelt wurden.

Bei der Einführung des Polvorgabeverfahrens für SVP im Abschnitt 8.1.1 wurde von einem Stelleingriff u(t) über die *Quellenfunktion*

$$u_\Omega(t,z) = f(z)u(t)$$

ausgegangen. In vielen Anwendungen erfolgt jedoch der *Stelleingriff auf dem Rand*. Im Abschnitt 6.4 wurden zwei verschiedene
Möglichkeiten behandelt, die inhomogenen Randbedingungen bei
der modalen Analyse zu berücksichtigen: Entweder man spaltet
einen Anteil $x_I(t,z)$ mit inhomogenen Randbedingungen ab (Bild
6.1 als Beispiel), oder man führt eine vollständige modale Analyse durch, bei der auch $x_I(t,z)$ nach den Eigenfunktionen der
Strecke entwickelt wird (Bild 6.2 als Beispiel). Die letztere Version ist für die Lösung des *dynamischen* Teilproblems der Polvorgabe besonders geeignet, da sie in einfacher Weise den Fall der
Randsteuerung auf den Fall der Quellensteuerung zurückzuführen
vermag.

Beispiel 8.3:

Die Regelstrecke im Bild 6.2 genügt wegen Gl. (6.49) im Zeitbereich der Darstellung

222

$$\dot{x}_i^*(t) = - (i\pi)^2 x_i^*(t) + f_i^* u_1(t) +$$

$$+ \, i\pi\sqrt{2}u_2(t) - i\pi\sqrt{2}(-1)^i u_3(t), \quad i = 1, 2, 3, \ldots \quad (8.48)$$

Nimmt man einmal Quellenfreiheit an, $u_1(t) \equiv 0$, sowie eine homogene Randbedingung bei $z = 1$,

$$x(t,1) = u_3(t) \equiv 0,$$

so erhält man

$$\dot{x}_i^*(t) = - (i\pi)^2 x_i^*(t) + (i\pi)\sqrt{2}u(t), \quad i = 1, 2, 3, \ldots, \quad (8.49)$$

wobei die Randsteuergröße

$$x(t,0) = u_2(t)$$

mit $u(t)$ abgekürzt wurde.

Mit Blick auf Gl. (8.12) wirkt die Randsteuergröße $u(t)$ so, als liege eine Quellensteuergröße

$$u_\Omega(t,z) = f(z)u(t)$$

mit den Fourierkoeffizienten $f_i^* = (i\pi)\sqrt{2}$, $i = 1, 2, 3, \ldots$, vor. Daher kann das Verfahren aus Abschnitt 8.1.1 zur Berechnung des Reglers $k(z)$ direkt übernommen werden.

Dagegen eignet sich Gl. (8.35) jetzt *nicht* zur Berechnung des Vorfilters k_o, wenngleich der Eigenwert $\lambda_j = 0$ nicht auftritt. Dies hat seine Ursache darin, daß die $f_i^* = (i\pi)\sqrt{2}$ jetzt *reine Rechengrößen* sind, die zu einer nicht konvergenten Reihe

$$\sum_{i=1}^{\infty} f_i^* \varphi_i(z) = \sum_{i=1}^{\infty} (i\pi) \cdot 2 \cdot \sin(i\pi z) \qquad (8.50)$$

führen. Daher kann man die in Gl. (8.35) benötigte Funktion $f(\zeta)$ nicht darstellen (es sei denn, man weicht auf Pseudofunktionen aus. Durch eine Erweiterung des Funktionen- und Operatorbegriffs [29] kann man dann die Reihe (8.50) formal als $-\delta'(z)$ darstellen, also als negative Ableitung des örtlichen Dirac-Impulses $\delta(z)$).

Das Vorfilter k_o läßt sich jedoch ganz einfach bestimmen, wenn
man von der für *statische* Untersuchungen geeigneteren Struktur
nach Bild 6.1 ausgeht (vgl. auch Bild 4.3). Aus diesem Bild
liest man für das hier diskutierte Problem sofort den statischen Zustand ab:

$$x_s(z) = x_{Is}(z) = (1 - z)u_s.$$

Die Regelgröße sei z.B.

$$y(t) = x(t,\tfrac{1}{2}).$$

Damit wird

$$y_s = x_s(\tfrac{1}{2}) = \tfrac{1}{2} u_s.$$

In Verbindung mit der statischen Reglergleichung (8.11),

$$u_s = - \int_{z=o}^{1} k(z)x_s(z)dz + k_o w_s,$$

erhält man durch simple Elimination von $x_s(z)$ für dieses Beispiel das Vorfilter

$$k_o = 2\cdot[1 + \int_{z=o}^{1} k(z)(1 - z)dz]. \qquad (8.51)$$
∎

Die Behandlung der Polvorgabeverfahren soll hier bewußt über
eine exemplarische und einfache Darstellung nicht hinausgehen.
Kompliziertere SVP mit vektoriellem Zustand $\underline{x}(t,z)$ sowie mit
mehreren Steuer- und Ausgangsgrößen kann man beispielsweise
stets mit der im Abschnitt 6.6 beschriebenen *Methode der gewichteten Reste* auf ein endlich-dimensionales Zustandsraummodell zurückführen. Für dieses läßt sich dann der Zustandsregler und er-
forderlichenfalls auch der Beobachter (Bild 3.8) nach bekannten
SKP-Methoden entwerfen. Erneut wird in diesem Zusammenhang von
der Anwendung des *finiten Differenzenverfahrens* abgeraten, da
es bei Genauigkeitsansprüchen zu Zustandsraummodellen hoher Ordnung führt (vgl. Abschnitt 6.6, Beispiel 6.12). Man kann ein
derartiges Modell hoher Ordnung zwar nachträglich einer *Ordnungsreduktion* unterziehen, beispielsweise nach den bewährten
Verfahren von *E. Eitelberg* [47] oder *L. Litz* [74]; die Ordnungsreduktion und der damit verbundene erhebliche numerische Aufwand

lassen sich jedoch vermeiden, wenn man sich von vornherein für
ein Galerkin-Modell niedriger Ordnung entscheidet.

8.2 Reglerentwurf mit der Direkten Methode von Ljapunow

Die Theorie von *A. M. Ljapunow* [1], [5], [73] ist ein univer-
selles Werkzeug für die Stabilitätsanalyse und -synthese insbesondere nichtlinearer dynamischer Systeme. Dennoch wird sie von
Anwendern im Vergleich zu anderen Verfahren als weniger praktikabel beurteilt. Das liegt zum einen in der Schwierigkeit be-
gründet, für ernsthafte Anwendungsprobleme eine geeignete Ljapunow-Funktion zu konstruieren. Zum anderen hat die mit dieser
Methode erzielbare Stabilitätsaussage nur hinreichenden Charakter, was zu recht konservativem Verhalten derart entworfener
Regelungen führen kann.

Die Direkte Methode, von Ljapunow primär für SKP entwickelt,
wurde Mitte der 50er Jahre von mehreren Autoren, insbesondere
von *V. I. Zubow* [89], auf SVP ausgedehnt. Für all diese an einem verallgemeinerten Energiebegriff orientierten Verfahren ist
dennoch der Sprachgebrauch "Direkte Methode von Ljapunow" ver-
breitet.

Die naheliegende Vermutung, daß die auf SVP erweiterte Theorie
wegen der größeren Komplexität der Systeme besonders schwierig
zu handhaben sei, bestätigt sich *nicht generell*. Die Methode
führt bei SVP häufig sogar geradliniger zum Ziel als bei SKP.
Das hat seine Ursache darin, daß ein SVP trotz seiner unendlichen Dimension oft durch *wenige* skalare (partielle) Differentialgleichungen beschrieben werden kann (vgl. die mathematischen Modellbeispiele im Kapitel 2). Während in den zurückliegenden Kapiteln den verschiedenen Näherungsmethoden besonderes
Augenmerk galt, würde die jetzt zu behandelnde Direkte Methode
durch SKP-Näherungen unnötig erschwert. Ihr Vorzug besteht gerade darin, *die Stabilitätsfrage direkt anhand der partiellen
Differentialgleichungen zu klären, ohne diese lösen zu müssen.*

Unter Verzicht auf größtmögliche Allgemeinheit und mathematische Strenge werden im Abschnitt 8.2.1 zunächst die Grundzüge
dieser Methode erläutert. Dabei werden Nichtlinearitäten aus-

drücklich einbezogen, jedoch sollen die mathematischen Modelle wie seither zeitinvariant sein. Im Abschnitt 8.2.2 wird dann an einfachen Beispielen gezeigt, wie man die Direkte Methode zur Stabilitäts*analyse* linearer Regelungssysteme mit verteilten Parametern anwenden kann. Als Ergebnis erhält man *zulässige Werte für die Reglerparameter bei vorab gewählter Reglerstruktur*. Im Abschnitt 8.2.3 wird die Methode in Anlehnung an den *Kalman-Bertram-Regler* [67] für die *nichtlineare Reglersynthese bei nicht vorab festgelegter Reglerstruktur* angewandt.

8.2.1 Die Grundzüge der Direkten Methode

Zunächst sei das Wesen der Direkten Methode in Anwendung auf SKP kurz in Erinnerung gerufen. Ein dynamisches System werde durch die nichtlinearen Zustandsdifferentialgleichungen

$$\dot{\underline{x}}(t) = \underline{f}[\underline{x}(t),\underline{u}(t)] \ , \quad t > 0 \ , \tag{8.52}$$

beschrieben, mit dem n-dimensionalen Zustandsvektor $\underline{x}(t)$, dem p-dimensionalen Steuervektor $\underline{u}(t)$ und dem Funktionenvektor $\underline{f}$.

Es werde ein konstanter Eingangsvektor angenommen,

$$\underline{u}(t) \equiv \underline{u}_s \ ,$$

und $\underline{x}_s$ sei ein statischer Zustand des Systems, es gelte also

$$\underline{f}(\underline{x}_s,\underline{u}_s) = \underline{0}. \tag{8.53}$$

Dann interessiert man sich für die Frage, ob der aus einer Anfangsauslenkung $\underline{x}(0) \neq \underline{x}_s$ entstehende Einschwingvorgang $\underline{x}(t)$ schließlich wieder gegen $\underline{x}_s$ strebt oder wenigstens in der Nähe von $\underline{x}_s$ bleibt.

Es ist offenbar zweckmäßig, mit dem Differenzvektor

$$\Delta\underline{x}(t) = \underline{x}(t) - \underline{x}_s \tag{8.54}$$

zu arbeiten und Gl. (8.52) mittels $\Delta\underline{x}(t)$ darzustellen:

$$\Delta\dot{\underline{x}}(t) = \underline{f}[\underline{x}_s + \Delta\underline{x}(t),\underline{u}_s] := \underline{f}_\Delta[\Delta\underline{x}(t)]. \tag{8.55}$$

Diese Schreibweise hat den Vorteil, daß sie den statischen Zustand in den Nullpunkt transformiert:

$$\Delta \underline{x}_s = \underline{0}. \tag{8.56}$$

Die Schreibweise (8.55) bedeutet keine Linearisierung, die Nichtlinearität $\underline{f}$ wird lediglich in einem parallelverschobenen Koordinatensystem betrachtet [2].

Läßt man nun der Einfachheit halber das Δ-Symbol in Gl. (8.55) und (8.56) weg,

$$\dot{\underline{x}}(t) = \underline{f}[\underline{x}(t)], \tag{8.57}$$

$$\underline{x}_s = \underline{0}, \tag{8.58}$$

so heißt der statische Zustand $\underline{x}_s = \underline{0}$ *stabil* im Ljapunowschen Sinn, wenn die Systembewegung $\underline{x}(t)\cdot$ für alle $t \geq 0$ beliebig nah bei $\underline{0}$ bleibt, sofern nur $\underline{x}(0)$ hinreichend nah bei $\underline{0}$ liegt, wenn also gilt:

$$\|\underline{x}(t)\| \leq \varepsilon \qquad \text{für alle} \qquad t \geq 0, \tag{8.59}$$

sofern

$$\|\underline{x}(0)\| \leq \delta(\varepsilon). \tag{8.60}$$

Dabei steht $\|\underline{x}\|$ für die "Euklidische Norm"

$$\|\underline{x}\| = \left(\sum_{i=1}^{n} x_i^2 \right)^{1/2} = \left[\underline{x}^T \underline{x} \right]^{1/2}, \tag{8.61}$$

also für den *Abstand des Ortsvektors* $\underline{x}$ *vom Nullpunkt*.

Gilt zusätzlich zu Gl. (8.59) und (8.60)

$$\lim_{t \to \infty} \|\underline{x}(t)\| = 0, \tag{8.62}$$

strebt also die Systembewegung mit wachsender Zeit dem Zustand $\underline{0}$ zu, so heißt dieser statische Zustand *asymptotisch stabil*. Besitzt das System (8.57) diese Eigenschaft für *jeden* Anfangszustand $\underline{x}(0)$, so heißt der statische Zustand $\underline{x}_s = \underline{0}$ *global asymptotisch stabil*.

Auf diese Definitionen verschiedener Stabilitätsgrade beziehen sich die Stabilitätssätze von Ljapunow. Danach ist die *Stabilität* des Zustands $\underline{x}_s = \underline{0}$ gesichert, wenn man eine verallgemeinerte Energiefunktion $V(\underline{x})$ findet, die in einer Umgebung des Nullpunktes die folgenden Eigenschaften hat:

a) $\quad V(\underline{x})\begin{cases} = 0 \text{ für } \underline{x} = \underline{0}, \\ > 0 \text{ für } \underline{x} \neq \underline{0}, \end{cases}$ \hfill (8.63)

b) $\quad \dot{V}(\underline{x})\begin{cases} = 0 \text{ für } \underline{x} = \underline{0}, \\ \leq 0 \text{ für } \underline{x} \neq \underline{0}. \end{cases}$ \hfill (8.64)

Eine solche Funktion $V(\underline{x})$ heißt *positiv definit*, ihre Ableitung $\dot{V}(\underline{x})$ *negativ semidefinit*. In die Bildung von $\dot{V}(\underline{x})$ geht die Systemdynamik (8.57) ein, denn

$$\dot{V}(\underline{x}) = \sum_{i=1}^{n} \frac{\partial V}{\partial x_i} \dot{x}_i(t) = [\text{grad } V(\underline{x})]^T \cdot \dot{\underline{x}}(t) =$$

$$= [\text{grad } V(\underline{x})]^T \cdot \underline{f}(\underline{x}). \tag{8.65}$$

Ist $\dot{V}(\underline{x})$ sogar *negativ definit*,

$$\dot{V}(\underline{x})\begin{cases} = 0 \text{ für } \underline{x} = \underline{0}, \\ < 0 \text{ für } \underline{x} \neq \underline{0}, \end{cases} \tag{8.66}$$

so ist die *asymptotische Stabilität* des Zustands $\underline{x}_s = \underline{0}$ gesichert. Die Funktion $V(\underline{x})$ wird dann als *Ljapunow-Funktion* bezeichnet.

Ist $V(\underline{x})$ im gesamten Zustandsraum eine Ljapunow-Funktion und gilt darüber hinaus

$$V(\underline{x}) \to \infty \text{ für } \|\underline{x}\| \to \infty, \tag{8.67}$$

so sichert dies die *globale asymptotische Stabilität* des Zustands $\underline{x}_s = \underline{0}$.

Diese Eigenschaft ist auch dann noch nicht gefährdet, wenn $\dot{V}$ lediglich negativ *semidefinit* ist und nur in $\underline{x}_s = \underline{0}$ *identisch* verschwindet ($\dot{V} \equiv 0$).

Aus der Formulierung der Ljapunowschen Sätze geht bereits hervor, daß das Auffinden einer geeigneten V-Funktion das entscheidende Problem darstellt. Am häufigsten wird mit quadratischen Formen gearbeitet,

$$V = \underline{x}^T \underline{P} \, \underline{x}, \tag{8.68}$$

wobei $\underline{P}$ eine symmetrische, positiv definite Matrix ist.

Nach *V. I. Zubow* [89] (die Ergebnisse der schwer zugänglichen Originalarbeit sind auch in [25] dargestellt) läßt sich der soeben in aller Kürze zusammengefaßte Grundgedanke auf nichtlineare SVP übertragen. In Verallgemeinerung der linearen Zustandsdarstellung (2.60) werde das nichtlineare SVP durch eine Beziehung der Form

$$\boxed{\begin{aligned} \frac{\partial}{\partial t} \, \underline{x}(t,z) &= \underline{f}[\underline{x}(t,z),\underline{u}_\Omega(t,z)], \\[2mm] t &> 0, \quad 0 < z < 1, \end{aligned}} \tag{8.69}$$

beschrieben. Der Vektor $\underline{f}$ bezeichnet einen *nichtlinearen Operator*, da *auch örtliche Ableitungen* von $\underline{x}$ eingehen. Es sei an die skalaren Beispiele im Kapitel 5 erinnert. Isoliert man etwa in Gl. (5.1) oder Gl. (5.4) $\partial x/\partial t$ auf der linken Gleichungsseite, so erhält man rechts des Gleichheitszeichens Beispiele für den Operator f.

Die Randbedingungen des SVP werden zunächst als *homogen* angenommen.

Es sei nun die Quellenfunktion zeitunabhängig,

$$\underline{u}_\Omega(t,z) = \underline{u}_{\Omega s}(z), \tag{8.70}$$

und $\underline{x}_s(z)$ sei ein hierzu gehörender statischer Zustand. Es wird an Beispiel 4.14 erinnert, wonach in einem nichtlinearen System mehrere statische Zustände auftreten können, deren jeder ein anderes Stabilitätsverhalten aufweisen kann.

Entsprechend Gl. (8.54) schreibt man

$$\Delta \underline{x}(t,z) = \underline{x}(t,z) - \underline{x}_s(z) \qquad (8.71)$$

und erhält analog Gl. (8.55)

$$\frac{\partial}{\partial t}\Delta \underline{x}(t,z) = \underline{f}[\underline{x}_s(z) + \Delta \underline{x}(t,z), \underline{u}_{\Omega s}(z)] := \underline{f}_\Delta[\Delta \underline{x}(t,z)]. \qquad (8.72)$$

Der statische Zustand ist damit in den Nullpunkt transformiert worden,

$$\Delta \underline{x}_s(z) = \underline{0}, \qquad 0 \leq z \leq 1, \qquad (8.73)$$

und unter Verzicht auf das Δ-Symbol hat man wie in Gl. (8.57), (8.58)

$$\frac{\partial}{\partial t} \underline{x}(t,z) = \underline{f}[\underline{x}(t,z)], \qquad (8.74)$$

$$\underline{x}_s(z) = \underline{0}. \qquad (8.75)$$

Die für SKP bereits eingeführten Stabilitätsdefinitionen lassen sich nun wörtlich auf SVP übertragen, wenn man $\underline{x}(t)$ durch $\underline{x}(t,z)$ ersetzt und eine geeignete Norm als Maß für den Abstand des Momentanzustands $\underline{x}(t,z)$ vom Nullzustand definiert. Hierzu bietet sich in direkter Verallgemeinerung der Euklidischen Norm (8.61) die sog. "L_2-Norm" an (L_2 steht für die Gesamtheit der quadratisch integrierbaren Funktionen [35]):

$$\| \underline{x}(t,z) \| = \left[\int_{z=0}^{1} \underline{x}^T(t,z)\underline{x}(t,z)\,dz \right]^{1/2}. \qquad (8.76)$$

Durch die Ortsintegration in Gl. (8.76) wird erreicht, daß der Abstand ebenso wie in Gl. (8.61) eine Funktion der Zeit t allein ist.

Entsprechend dem Ansatz (8.68) bieten sich als verallgemeinerte Energieausdrücke jetzt *Funktionale* an, deren Integrand eine quadratische Form ist:

$$V(\underline{x}) = \int_{z=0}^{1} \underline{x}^T(t,z)\underline{P}(z)\underline{x}(t,z)\,dz. \qquad (8.77)$$

230

Die für alle $z\in[0,1]$ symmetrische und positiv definite Matrix
$\underline{P}(z)$ ermöglicht durch ortsabhängige Wichtung eine Einflußnahme
zur Erzielung der gewünschten negativen Definitheit von $\dot{V}$.

Ähnlich wie in Gl. (8.65) geht auch jetzt die Systemdynamik in
die Bildung von $\dot{V}$ ein:

$$\dot{V}(\underline{x}) = \int\limits_{z=0}^{1} \left[\frac{\partial \underline{x}^T}{\partial t} \underline{P}(z)\underline{x}(t,z) + \underline{x}^T(t,z)\underline{P}(z)\, \frac{\partial \underline{x}}{\partial t} \right] dz =$$

$$= \int\limits_{z=0}^{1} \left\{ \underline{f}^T[\underline{x}(t,z)]\underline{P}(z)\underline{x}(t,z) + \underline{x}^T(t,z)\underline{P}(z)\underline{f}[\underline{x}(t,z)] \right\} dz. \quad (8.78)$$

Sofern sich die *negative Semidefinitheit* dieses Ausdrucks nachweisen läßt, ist die gewöhnliche *Stabilität* des Zustands $\underline{x}_s(z) =$
$= \underline{0}$ gesichert.

Ist $\dot{V}(\underline{x})$ sogar *negativ definit*, so ist der Zustand $\underline{x}_s(z) = \underline{0}$
gesichert *asymptotisch stabil*, und $V(\underline{x})$ heißt dann ein *Ljapunow-Funktional* des SVP.

Ist $V(\underline{x})$ *für alle quadratisch integrierbaren* $\underline{x}(t,z)$ ein Ljapunow-Funktional, so ist der Zustand $\underline{x}_s(z) = \underline{0}$ gesichert *global
asymptotisch stabil*. (Die Bedingung (8.67) ist mit der Norm
(8.76) und dem V-Ansatz (8.77) von selbst erfüllt).

Diese Eigenschaft ist auch dann noch nicht gefährdet, wenn $\dot{V}$
lediglich negativ *semi*definit ist und nur in $\underline{x}_s(z) = \underline{0}$ *identisch* verschwindet ($\dot{V} \equiv 0$).

Ein ganz einfaches Beispiel mag die Vorgehensweise illustrieren.

Beispiel 8.4:

Der Zustand $x(t,z)$ eines nichtlinearen SVP genüge der Differentialgleichung

$$\frac{\partial x}{\partial t} = \frac{\partial^2 x}{\partial z^2} - f[x(t,z)], \qquad 0 < z < 1, \quad t > 0, \qquad (8.79)$$

mit einer noch nicht näher spezifizierten Kennlinie f. Es wird
zunächst lediglich

$$f(0) = 0 \qquad (8.80)$$

angenommen. Die Randbedingungen seien

$$x(t,0) = x(t,1) = 0. \qquad (8.81)$$

Wegen Gl. (8.80) ist

$$x_s(z) = 0, \qquad 0 \leq z \leq 1,$$

ein statischer Zustand des Systems. Seine Stabilität soll mit der Direkten Methode analysiert werden.

Hierzu wird versuchsweise das Ljapunow-Funktional

$$V(x) = \frac{1}{2} \int_0^1 x^2(t,z)\,dz$$

angesetzt. Es ist als Spezialfall in Gl. (8.77) enthalten. Damit wird nach der Kettenregel der Differentiation

$$\dot{V} = \int_0^1 x\,\frac{\partial x}{\partial t}\,dz = \int_0^1 x\left[\frac{\partial^2 x}{\partial z^2} - f(x)\right]dz =$$

$$= \int_0^1 x\,\frac{\partial^2 x}{\partial z^2}\,dz - \int_0^1 xf(x)\,dz.$$

Formt man das vorletzte Integral mittels partieller Integration um,

$$\int_0^1 x\,\frac{\partial^2 x}{\partial z^2}\,dz = \left[x\,\frac{\partial x}{\partial z}\right]_{z=0}^{z=1} - \int_0^1\left[\frac{\partial x}{\partial z}\right]^2 dz,$$

so kann man die Randbedingungen (8.81) einarbeiten. Man erhält so

$$\dot{V} = - \int_0^1\left[\frac{\partial x}{\partial z}\right]^2 dz - \int_0^1 xf(x)\,dz \qquad (8.82)$$

und hat nun zu untersuchen, unter welchen Bedingungen $\dot{V} \leq 0$ wird. Man sieht hier sofort, daß nur das letzte Integral in Gl. (8.82) kritisch werden kann. Verläuft jedoch die Kennlinie $f(x)$ nur innerhalb des 1. und 3. Quadranten nach Bild 8.4, so ist wegen $xf(x) \geq 0$ sicher $\dot{V}$ negativ definit für jedes x. Damit hat

man sogar *globale asymptotische Stabilität* nachgewiesen für
alle Kennlinien f(x), die der *Sektorbedingung* xf(x) $\geq$ 0 nach
Bild 8.4 genügen.

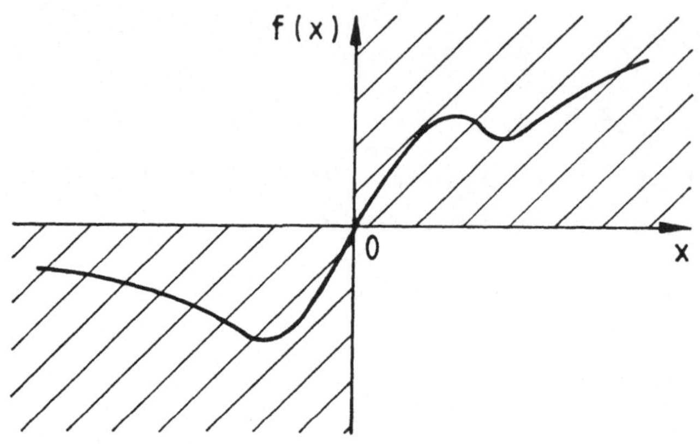

Bild 8.4: Kennlinie f(x), die nur im 1. und
3. Quadranten verläuft ∎

8.2.2 Stabilitätsanalyse linearer Regelungen

In diesem Abschnitt soll an Beispielen gezeigt werden, wie man
mit der Direkten Methode hinreichende Stabilitätsbedingungen
für die Regler*parameter* gewinnen kann, wobei die *Struktur* des
Reglers vorab gewählt wird. Die Darstellung beschränkt sich
hier auf *lineare* Systeme, für die die Zubowschen Stabilitätssätze natürlich ebenso anwendbar sind wie im nichtlinearen Fall.
Zur Einführung werden zunächst ganz einfache proportional wirkende Regler gewählt. In einem weiteren Beispiel wird illustriert, wie man auch dynamische Regler bzw. allgemein Teilsysteme mit konzentrierten Parametern in die Direkte Methode
einbeziehen kann.

Bereits bei dem einführenden Beispiel 8.4 wurde deutlich, daß
die *partielle Integration* ein wichtiges Hilfsmittel ist, um die
Randbedingungen in den Rechengang einzuarbeiten. Dies zeigt
sich erneut bei den folgenden Beispielen, bei denen der *Stell-*
eingriff am Rand zu inhomogenen Randbedingungen führt.

Beispiel 8.5:

Eine Platte, die auf der einen Oberfläche ($z = 1$) eine konstante Wärmezufuhr erfährt, soll auf der gegenüberliegenden Oberfläche ($z = 0$) mittels einer Regelung so gekühlt werden, daß sich dort eine vorgeschriebene Oberflächentemperatur w_s einstellt. Das folgende Gleichungsmodell für die Temperatur $x(t,z)$ wurde bereits mehrfach verwendet:

$$\frac{\partial x(t,z)}{\partial t} = \frac{\partial^2 x(t,z)}{\partial z^2}, \qquad 0 < z < 1, \quad t > 0, \tag{8.83}$$

$$\left.\frac{\partial x}{\partial z}\right|_{z=0} = u_1(t), \qquad \left.\frac{\partial x}{\partial z}\right|_{z=1} = u_{2s} = \text{const.} \tag{8.84}$$

Zunächst ist der gewünschte statische Zustand $x_s(z)$ dieser Regelstrecke festzulegen. Nach Kapitel 4 ist hierzu

$$u_1(t) \equiv u_{1s} = u_{2s}$$

erforderlich. Damit wird wegen der Forderung $x_s(0) = w_s$

$$x_s(z) = w_s + u_{2s}z.$$

Geht man entsprechend Gl. (8.71) zu Abweichungen von $x_s(z)$ über, so erhält man

$$\frac{\partial \Delta x}{\partial t} = \frac{\partial^2 \Delta x}{\partial z^2}, \tag{8.85}$$

$$\left.\frac{\partial \Delta x}{\partial z}\right|_{z=0} = \Delta u_1(t), \qquad \left.\frac{\partial \Delta x}{\partial z}\right|_{z=1} = 0. \tag{8.86}$$

Die Stellgröße ist also

$$u_1(t) = u_{1s} + \Delta u_1(t),$$

die Regelgröße

$$y(t) = x(t,0) = x_s(0) + \Delta x(t,0).$$

234

Da die Strecke integrierendes Verhalten besitzt (Kapitel 6),
kann man einen reinen P-Regler vorsehen:

$$u_1(t) = u_{1s} + K[y(t) - w_s] = u_{1s} + K\Delta x(t,0),$$

also

$$\Delta u_1(t) = K\Delta x(t,0). \qquad (8.87)$$

Setzt man diese Reglergleichung in die Randbedingung (8.86) ein
und unterdrückt dann einfachheitshalber das Δ-Symbol, so ergibt
sich mit dem Ansatz

$$V = \frac{1}{2} \int_0^1 x^2(t,z)\,dz$$

die zeitliche Änderung

$$\dot{V} = \int_0^1 x\,\frac{\partial x}{\partial t}\,dz = \int_0^1 x\,\frac{\partial^2 x}{\partial z^2}\,dz$$

und mittels partieller Integration

$$\dot{V} = \left[x\,\frac{\partial x}{\partial z}\right]_0^1 - \int_0^1 \left[\frac{\partial x}{\partial z}\right]^2 dz = -Kx^2(t,0) - \int_0^1 \left[\frac{\partial x}{\partial z}\right]^2 dz.$$

Für $K > 0$ ist $\dot{V} \leq 0$ und wird nur dann *gleich* Null, wenn sowohl
$x(t,0) = 0$ als auch $\partial x/\partial z = 0$ für alle $z\in[0,1]$, wenn also
$x(t,z) = 0$ für alle $z\in[0,1]$. Damit ist $\dot{V}$ *negativ definit*, sofern $K > 0$, womit die *globale asymptotische Stabilität des statischen Zustands für beliebige $K > 0$* nachgewiesen ist.

Daß hier eine beliebig große Reglerverstärkung zugelassen werden kann, kann man sich auch anschaulich plausibel machen:
Stellort ($z = o$) und Meßort ($z = o$) fallen zusammen. Dadurch
umgeht der Regelkreis die der Strecke innewohnenden Verzögerungen. ∎

Das Verzögerungsverhalten der Strecke kommt jedoch voll zur
Auswirkung, wenn der Meßort an den Rand $z = 1$ verlegt wird. Die
hiermit einhergehenden Komplikationen untersucht das folgende
Beispiel.

Beispiel 8.6:

Gegenüber Beispiel 8.5 sei jetzt $y(t) = x(t,1)$ die Meß- und Regelgröße, die an den Wert w_s angeglichen werden soll. Der Stelleingriff erfolge unverändert am Rand $z = 0$.

Der gewünschte statische Zustand ist jetzt

$$x_s(z) = w_s - u_{2s} + u_{2s}z.$$

Statt Gl. (8.87) hat man jetzt die Reglergleichung

$$\Delta u_1(t) = K\Delta x(t,1)$$

und damit nach Gl. (8.86)

$$\left.\frac{\partial \Delta x}{\partial z}\right|_{z=0} = K\Delta x(t,1).$$

Diese Randbedingung verknüpft einen Randausdruck bei $z = 0$ mit einem anderen bei $z = 1$. Unterdrückt man nun ebenso wie im Beispiel 8.5 das Δ-Symbol und setzt das gleiche V-Funktional an, so wird

$$\dot{V} = -Kx(t,0)x(t,1) - \int_0^1\left[\frac{\partial x}{\partial z}\right]^2 dz. \tag{8.88}$$

Die Komplikation besteht hier offenbar darin, daß $\dot{V}$, bedingt durch den Mischterm $x(t,0)x(t,1)$, zunächst keine Definitheitseigenschaft erkennen läßt.

Man kann sich jedoch in diesem wie in ähnlich gearteten Fällen durch einen simplen Trick weiterhelfen. Nach Bild 8.5 kann man $x(t,z)$ darstellen als

$$x(t,z) = x(t,0) + [x(t,1) - x(t,0)]z + \tilde{x}(t,z), \tag{8.89}$$

wobei

$$\tilde{x}(t,0) = \tilde{x}(t,1) = 0. \tag{8.90}$$

Der Sinn dieser Darstellung besteht - in Verbindung mit dem Integral in Gl. (8.88) - in der Erzeugung der quadratischen Terme

$x^2(t,0)$ und $x^2(t,1)$, die sich dann mit dem Mischterm in Gl. (8.88) zu vollständigen Quadraten ergänzen lassen.

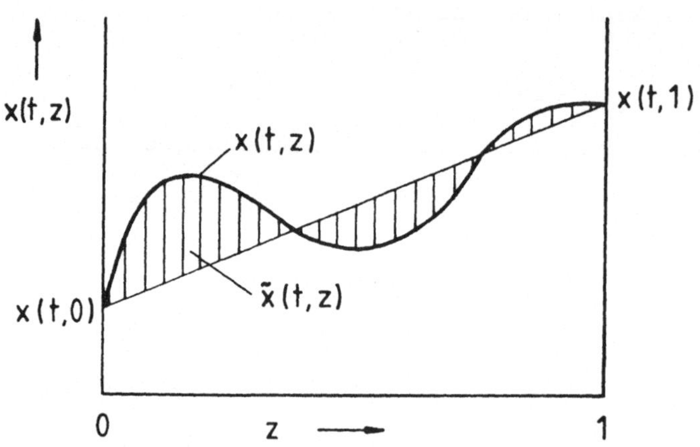

Bild 8.5: Zerlegung von x(t,z)

Im einzelnen wird mit Gl. (8.89)

$$\frac{\partial x}{\partial z} = x(t,1) - x(t,0) + \frac{\partial \tilde{x}}{\partial z} \; ,$$

also

$$\left[\frac{\partial x}{\partial z}\right]^2 = [x(t,1) - x(t,0)]^2 + 2[x(t,1) - x(t,0)]\cdot\frac{\partial \tilde{x}}{\partial z} + \left[\frac{\partial \tilde{x}}{\partial z}\right]^2 .$$

Nach Gl. (8.88) hat man daher

$$\dot{V} = - Kx.(t,0)x(t,1) - [x(t,1) - x(t,0)]^2 -$$

$$- 2[x(t,1) - x(t,0)]\cdot\int_0^1 \frac{\partial \tilde{x}}{\partial z}\,dz - \int_0^1\left[\frac{\partial \tilde{x}}{\partial z}\right]^2 dz.$$

Nun ist aber mit Gl. (8.90)

$$\int_0^1 \frac{\partial \tilde{x}}{\partial z}\,dz = \tilde{x}(t,1) - \tilde{x}(t,0) = 0.$$

Folglich bleibt

$$\dot{V} = (2 - K)x(t,0)x(t,1) - x^2(t,0) - x^2(t,1) - \int_0^1 \left[\frac{\partial \tilde{x}}{\partial z}\right]^2 dz. \tag{8.91}$$

Streicht man das noch auftretende, unkritische Integral und ergänzt dann quadratisch, so erhält man die Abschätzung

$$\dot{V} \leq -\left[\frac{2-K}{2} x(t,0) - x(t,1)\right]^2 - K\left(1 - \frac{K}{4}\right)x^2(t,0) \leq$$

$$\leq - K\left(1 - \frac{K}{4}\right)x^2(t,0). \tag{8.92}$$

$\dot{V}$ ist daher sicher negativ *semi*definit, sofern

$$K\left(1 - \frac{K}{4}\right) > 0,$$

also

$$\underline{0 < K < 4.}$$

Nach Abschnitt 8.2.1 hat man nun zu prüfen, ob $\dot{V}$ außerhalb des
statischen Zustands *identisch* verschwinden kann.

$\dot{V} \equiv 0$ impliziert hier $x(t,0) \equiv 0$, $x(t,1) \equiv 0$ *und* $\partial \tilde{x}/\partial z \equiv 0$.
Daraus folgt aber mit Blick auf Bild 8.5 sofort $x(t,z) \equiv 0$.

$\dot{V}$ kann also nur im statischen Zustand identisch verschwinden,
womit dessen *globale asymptotische Stabilität für $0 < K < 4$* gesichert ist. Es leuchtet ein (auch aus der Sicht des Nyquist-
Kriteriums), daß die Verzögerungen der Strecke jetzt gegenüber
Beispiel 8.5 nur noch einen begrenzten Bereich der Reglerverstärkung K zulassen.

Um zu überprüfen, ob diese *hinreichende* Stabilitätsbedingung
restriktiv ist oder nicht, wurde der Regelkreis für das Zahlenbeispiel $w_s = 0,6$; $u_{1s} = u_{2s} = 0,4$ simuliert. Dabei wurde die
bereits früher verwendete, recht genaue modale Näherung der
Strecke nach Bild 7.18 verwendet. Bild 8.6 zeigt die so erhal-
tene Reaktion der Regelgröße $y(t) = x(t,1)$ bei Sprunganregung
des zunächst energiefreien Regelkreises. Wie man sieht, führt

der nach der Direkten Methode gesicherte Wertebereich für K
hier durchaus nicht zu konservativem Verhalten. Um derart be-
friedigende Ergebnisse mit der Direkten Methode zu erzielen,

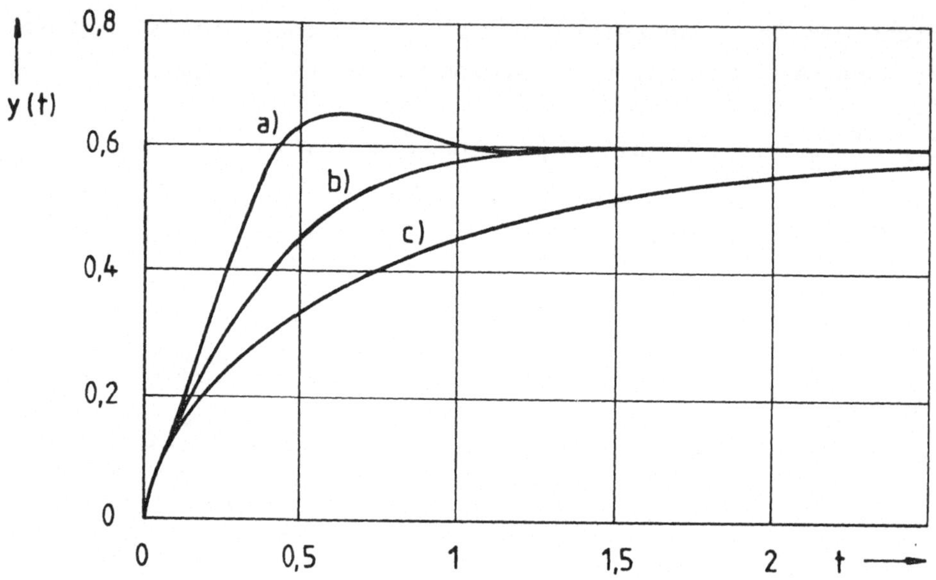

Bild 8.6: Führungsverhalten der Regelung
a) K = 4, b) K = 2, c) K = 1.

kommt es vor allem darauf an, bei der Abschätzung von $\dot{V}$ durch
einen negativ semidefiniten Ausdruck möglichst wenig zu ver-
schenken. Eine solche scharfe Abschätzung ist im vorliegenden
Beispiel mit Hilfe der Zerlegung von x(t,z) nach Bild 8.5 ge-
lungen.

Wie bereits im Kapitel 3 ausgeführt wurde, enthält eine Regelung mit verteilten Parametern meist *dynamische Teilsysteme mit
konzentrierten Parametern*. Da sich die Direkte Methode am Zu-
standsbegriff orientiert, hat man nun einen Zustandsvektor

$$\underline{n}(t,z) = \begin{bmatrix} \underline{\xi}(t) \\ \underline{x}(t,z) \end{bmatrix} \tag{8.93}$$

des Gesamtsystems einzuführen. Dabei ist $\underline{\xi}(t)$ der Zustand des
SKP und $\underline{x}(t,z)$ der Zustand des SVP. Denkt man sich das Gesamt-
system bereits in Abweichungen vom statischen Zustand beschrieben (Abschnitt 8.2.1), so ist im transformierten Koordinatensystem

$$\underline{n}_s(z) = \underline{O} \tag{8.94}$$

und somit

$$\underline{\xi}_s = \underline{O} \text{ und } \underline{x}_s(z) = \underline{O}.$$

Zur Beschreibung des "Abstands" des Momentanzustands $\underline{n}(t,z)$ vom
statischen Zustand $\underline{n}_s(z) = \underline{O}$ verwendet man eine Mischform der
Euklidischen Norm nach Gl. (8.61) und der L_2-Norm nach Gl.
(8.76) [25]:

$$\| \underline{n}(t,z) \| = \sqrt{\underline{\xi}^T(t)\underline{\xi}(t) + \int_{z=0}^{1} \underline{x}^T(t,z)\underline{x}(t,z)\,dz}. \tag{8.95}$$

Auf diese Weise können die Stabilitätsdefinitionen aus Abschnitt
8.2.1 direkt auf den Zustand $\underline{n}$ übertragen werden.

Entsprechend setzt man für die Stabilitätsanalyse am einfachsten
ein Ljapunow-Funktional als Mischform aus Gl. (8.68) und Gl.
(8.77) an,

$$V(\underline{n}) = \underline{\xi}^T(t)\underline{P}\,\underline{\xi}(t) + \int_{z=0}^{1} \underline{x}^T(t,z)\underline{Q}(z)\underline{x}(t,z)\,dz, \tag{8.96}$$

mit symmetrischen und positiv definiten Matrizen $\underline{P}$ und $\underline{Q}(z)$.

Der Normbegriff (8.95) ist mit dem Ljapunow-Funktional (8.96)
verträglich im Sinne von Gl. (8.67):

$$V(\underline{n}) \to \infty \quad \text{für } \|\underline{n}\| \to \infty. \tag{8.97}$$

Das ist immer dann wichtig, wenn man *globale* asymptotische Stabilität nachweisen möchte.

Im Zuge der Bildung von $\dot{V}(\underline{n})$ geht die Systemdynamik von SKP und
SVP ein, so wie dies bereits im Abschnitt 8.2.1 beschrieben wur-
de.

Beispiel 8.7:

Gegenüber Beispiel 8.6 wirke die Regeldifferenz jetzt über ein
konzentriertes Teilsystem n-ter Ordnung auf den Stelleingang.
In *Abweichungen* vom statischen Zustand hat man daher die folgende Beschreibung des Gesamtsystems:

$$\frac{\partial x}{\partial t} = \frac{\partial^2 x}{\partial z^2} \, , \qquad 0 < z < 1 , \tag{8.98}$$

$$\left.\frac{\partial x}{\partial z}\right|_{z=0} = u_1 , \qquad \left.\frac{\partial x}{\partial z}\right|_{z=1} = 0 , \tag{8.99}$$

$$\dot{\underline{\xi}} = \underline{A}\,\underline{\xi} + \underline{b}\,y , \tag{8.100}$$

$$u_1 = \underline{c}^T \underline{\xi} + dy , \tag{8.101}$$

wobei wie seither $y(t) = x(t,1)$. Bild 8.7 illustriert die Struktur dieser Regelung.

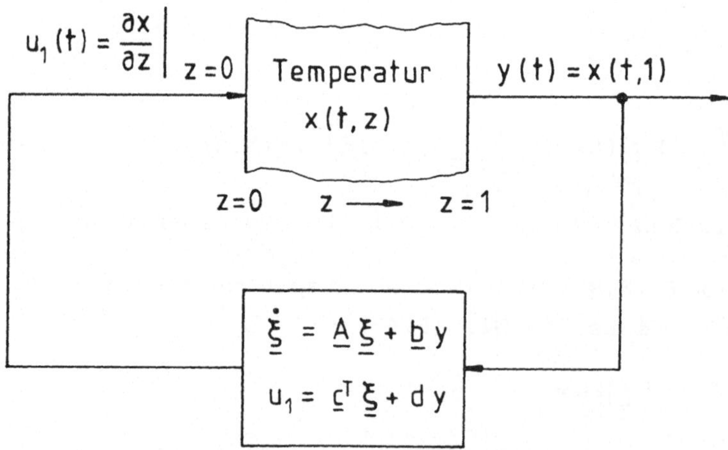

Bild 8.7: Illustration zu Beispiel 8.7

Als Ljapunow-Funktional werde angesetzt

$$V = \underline{\xi}^T(t)\,\underline{P}\,\underline{\xi}(t) + q \cdot \int\limits_{z=0}^{1} x^2(t,z)\,dz, \tag{8.102}$$

wobei $q > 0$ und $\underline{P}$ symmetrisch und positiv definit, jedoch noch nicht weiter festgelegt sind.

Damit wird bei Einarbeitung der Systemdynamik

$$\dot{V} = \underline{\dot{\xi}}^T\underline{P}\,\underline{\xi} + \underline{\xi}^T\underline{P}\,\underline{\dot{\xi}} + 2q \int\limits_{0}^{1} x\,\frac{\partial x}{\partial t}\,dz =$$

$$= \underline{\xi}^T(\underline{A}^T\underline{P} + \underline{P}\,\underline{A})\,\underline{\xi} + x(t,1)\cdot(\underline{b}^T\underline{P}\,\underline{\xi} + \underline{\xi}^T\underline{P}\,\underline{b}) +$$

$$+ 2q\left\{-x(t,0)\,[\underline{c}^T\underline{\xi} + dx(t,1)] - \int\limits_{0}^{1}\left[\frac{\partial x}{\partial z}\right]^2 dz\right\}. \tag{8.103}$$

Das Ortsintegral wurde dabei wie im Beispiel 8.5 mittels partieller Integration umgeformt und daraufhin die Randbedingungen (8.99) eingearbeitet.

Es werde vorausgesetzt, daß die Eigenwerte $\lambda_1, \ldots, \lambda_n$ der Matrix $\underline{A}$ sämtlich negativen Realteil haben. Das SKP (8.100) soll also für sich betrachtet stabil sein. Dann erhält man über die *Ljapunow-Gleichung* [2]

$$\underline{A}^T\underline{P} + \underline{P}\,\underline{A} = -\underline{R} \tag{8.104}$$

bei beliebig gewählter symmetrischer und positiv definiter Matrix $\underline{R}$ stets eine positiv definite Lösungsmatrix $\underline{P}$.

Schätzt man nun noch den in Gl. (8.103) vorkommenden Anteil

$$2q\left\{-dx(t,0)\,x(t,1) - \int\limits_{0}^{1}\left[\frac{\partial x}{\partial z}\right]^2 dz\right\}$$

nach der gleichen Methode wie im Beispiel 8.6 nach oben ab durch den Ausdruck

$$2q[(2-d)\,x(t,0)\,x(t,1) - x^2(t,0) - x^2(t,1)],$$

so hat man ein wichtiges Zwischenziel erreicht:
Man kann jetzt $\dot{V}$ durch eine *quadratische Form* abschätzen:

$$\dot{V} \leq \begin{bmatrix} \underline{\xi}(t) \\ x(t,0) \\ x(t,1) \end{bmatrix}^T \cdot \underbrace{\begin{bmatrix} -\underline{R} & -q\underline{c} & \underline{P}\,\underline{b} \\ -q\underline{c}^T & -2q & q(2-d) \\ \underline{b}^T\underline{P} & q(2-d) & -2q \end{bmatrix}}_{:=\ \tilde{\underline{Q}}} \cdot \begin{bmatrix} \underline{\xi}(t) \\ x(t,0) \\ x(t,1) \end{bmatrix} . \tag{8.105}$$

Um $\tilde{\underline{Q}}$ auf *negative* Definitheit zu untersuchen, prüft man mit dem Kriterium von *Sylvester* [2] die Matrix $-\tilde{\underline{Q}}$ auf *positive* Definitheit. Auf diese Weise gewinnt man *Bedingungen für die Parameter des SKP* nach Gl. (8.100) und (8.101), die ebenso wie q(> O) in der Regel noch nicht völlig festliegen. Man denke etwa an den einstellbaren Verstärkungsfaktor des Reglers.

Hat man die negative Definitheit von $\tilde{\underline{Q}}$ gesichert, so ist $\dot{V}$ bezüglich des Zustands $\underline{n}(t,z)$ nach Gl. (8.93) nur negativ *semidefinit*: Von dem Streckenzustand x(t,z) gehen ja nur die Randwerte in Gl. (8.105) ein. Ebenso wie in dem vorhergehenden Beispiel überzeugt man sich jedoch leicht davon, daß $\dot{V}$ nur im statischen Zustand $\underline{n}_s(z) = \underline{O}$ *identisch* verschwindet. Damit ist dessen *globale asymptotische Stabilität* gesichert unter der obigen Voraussetzung bezüglich $\tilde{\underline{Q}}$.

Konkret werde das konzentrierte Teilsystem im Bild 8.7 etwa durch die Übertragungsfunktion

$$G(s) = \frac{U_1(s)}{Y(s)} = K\,\frac{s+10}{s+5}$$

beschrieben. Dies führt zu einer Zustandsdarstellung mit

$$\underline{A} = -5, \quad \underline{b} = K, \quad \underline{c}^T = 5, \quad d = K.$$

Wählt man in Gl. (8.104)

$$\underline{R} = 1,$$

so gewinnt man daraus

$$\underline{P} = O,1.$$

Nach Gl. (8.105) wird damit

$$
- \tilde{\underline{Q}} = \begin{bmatrix} 1 & 5q & -0{,}1K \\ 5q & 2q & q(K-2) \\ -0{,}1K & q(K-2) & 2q \end{bmatrix} .
$$

Nach dem Kriterium von *Sylvester* müssen die drei Unterdeterminanten, die die linke obere Ecke gemeinsam haben, positiv sein. $H_1 = 1 > 0$ ist unkritisch. Aus $H_2 > 0$ folgt die Bedingung

$$
0 < q < 0{,}08 \tag{8.106}
$$

und aus $H_3 > 0$ nach etwas Zwischenrechnung

$$
\frac{1{,}5\,q}{q+0{,}01}\,(1-\gamma) < K < \frac{1{,}5\,q}{q+0{,}01}\,(1+\gamma). \tag{8.107}
$$

Dabei steht γ als Abkürzung für

$$
\gamma = \sqrt{1 - \left[\frac{50}{3}\,q\right]^2}
$$

was wiederum

$$
0 < q < 0{,}06 \tag{8.108}
$$

erfordert, da nur reelle Werte für γ und K sinnvoll sind.

Bild 8.8 zeigt den so gesicherten Wertebereich von K über der q-Achse. Wie man sieht, ist in diesem Beispiel die globale asymptotische Stabilität des statischen Zustands gesichert für jedes K aus dem Bereich

$$
0 < K < 2{,}1.
$$

Nach Bild 8.8 läßt sich nämlich für jeden dieser K-Werte ein $q > 0$ finden.

Die Simulation des geschlossenen Regelkreises wurde ebenso wie im Beispiel 8.6 durchgeführt und ergibt das Einschwingverhalten nach Bild 8.9. Auch hier wurden offenbar dank der scharfen Abschätzung von $\dot{V}$ technisch verwendbare Zahlenwerte des Verstärkungsfaktors K gewonnen.

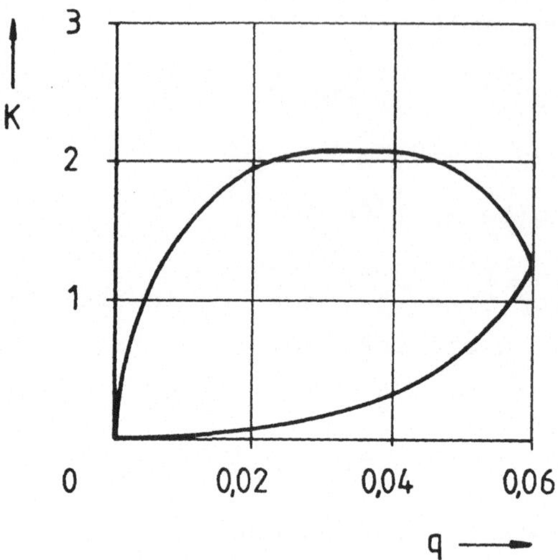

Bild 8.8: Gesicherter Bereich von K in der q,K-Ebene

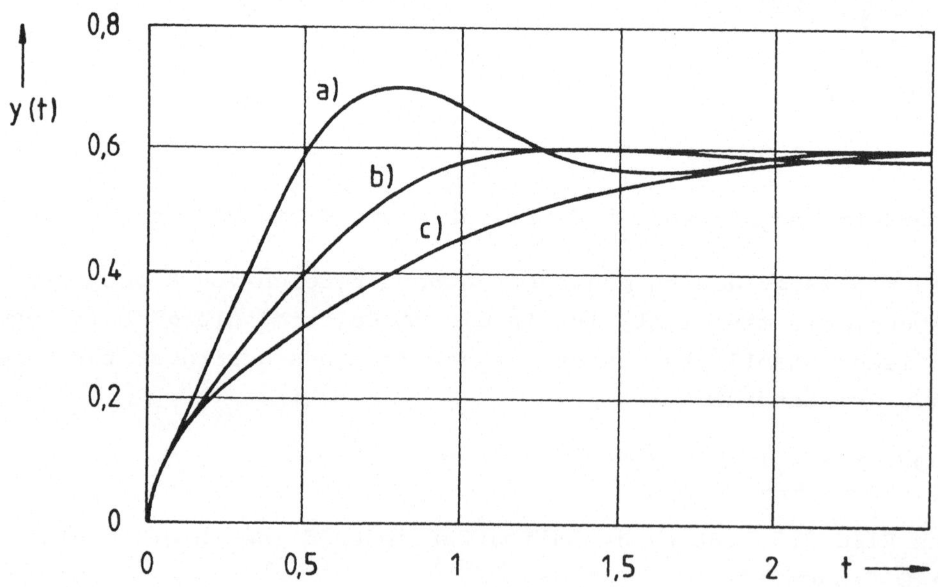

Bild 8.9: Führungsverhalten der Regelung
mit konzentriertem Teilsystem
a) K = 2, b) K = 1, c) K = 0,5.

Abschließend seien zu den beschriebenen Analyseverfahren noch einige Ungleichungen zusammengestellt, die bei der Abschätzung von $\dot{V}$ in anderen Fällen eine wichtige Hilfe bieten können:

Für beliebige auf dem Intervall $0 \leq z \leq 1$ quadratisch integrierbare Funktionen $x(t,z)$ und $y(t,z)$ gilt die

Schwarzsche Ungleichung [35]:

$$\left[\int_{z=0}^{1} x(t,z)y(t,z)\,dz \right]^2 \leq \int_{z=0}^{1} x^2(t,z)\,dz \cdot \int_{z=0}^{1} y^2(t,z)\,dz. \tag{8.109}$$

Für jede in $0 \leq z \leq 1$ beschränkte und stetig differenzierbare Funktion $x(t,z)$, die der Randbedingung $x(t,0) = 0$ und/oder $x(t,1) = 0$ genügt, gilt die

Ungleichung von Poincaré [43]:

$$\int_{z=0}^{1} \left[\frac{\partial x(t,z)}{\partial z} \right]^2 dz \geq \frac{\pi^2}{4} \cdot \int_{z=0}^{1} x^2(t,z)\,dz. \tag{8.110}$$

Streicht man das Wort "oder", hat man also $x(t,0) = 0$ *und* $x(t,1) = 0$, so gilt statt (8.110) sogar

$$\int_{z=0}^{1} \left[\frac{\partial x(t,z)}{\partial z} \right]^2 dz \geq \pi^2 \cdot \int_{z=0}^{1} x^2(t,z)\,dz. \tag{8.111}$$

Für derartige Funktionen $x(t,z)$ gilt darüber hinaus die

Rayleighsche Ungleichung [79]:

$$\int_{z=0}^{1} \left[\frac{\partial^2 x}{\partial z^2} \right]^2 dz \geq \pi^2 \cdot \int_{z=0}^{1} \left[\frac{\partial x}{\partial z} \right]^2 dz \geq \pi^4 \cdot \int_{z=0}^{1} x^2\,dz, \tag{8.112}$$

in der die Ungleichung (8.111) enthalten ist.

Für jede in $0 \leq z \leq 1$ beschränkte und stetig differenzierbare Funktion $x(t,z)$ mit $x(t,1) = 0$ gilt die

Ungleichung von Gavalas [43]:

$$x^2(t,z) \leq (1-z) \cdot \int_{z=0}^{1} \left[\frac{\partial x(t,z)}{\partial z}\right]^2 dz. \qquad (8.113)$$

Die Handhabung dieser Ungleichungen bei konkreten Anwendungsproblemen erfordert etwas Erfahrung und analytisches Geschick. Immerhin gewinnt man auf diesem Wege hinreichende Stabilitätsbedingungen, ohne auch nur eine einzige Differentialgleichung lösen zu müssen.

8.2.3 Synthese nichtlinearer Regelungen

Versteht man unter Synthese den Entwurf eines Reglers mit nicht vorab festgelegter *Struktur*, so ist dies naturgemäß eine kompliziertere Aufgabenstellung als die im Abschnitt 8.2.2 behandelte Stabilitäts*analyse*. Syntheseaufgaben können insbesondere dann erhebliche Schwierigkeiten bereiten, wenn *strukturelle Einschränkungen* einbezogen werden sollen, beispielsweise die Einschränkung, nur wenige meßbare Ausgangsgrößen der Strecke für die Regelung zu verwenden.

Nun haben bereits die seitherigen Betrachtungen (z.B. Abschnitte 7.3 und 8.1) gezeigt, daß die *idealisierende Rückführung des gesamten Systemzustands* zu Entwürfen führt, die durchaus Hinweise für realisierbare Näherungen geben.

Geht man von dieser Idealisierung aus, so lassen sich viele Syntheseaufgaben sogar einfacher lösen als manches Analyseproblem. In die Anwendung der Direkten Methode kann man dann sogar Nichtlinearitäten der Strecke sowie Stellgrößenbeschränkungen einbeziehen.

Die Regelstrecke mit verteilten Parametern werde - bereits in *Abweichungen* von den statischen Größen - durch eine nichtlineare Zustandsdifferentialgleichung des folgenden Typs beschrieben:

$$\frac{\partial}{\partial t}\, \underline{x}(t,z) = \underline{f}_0[\underline{x}(t,z)] + \underline{F}[\underline{x}(t,z)]\cdot\underline{u}(t) =$$
$$= \underline{f}_0[\underline{x}(t,z)] + \sum_{i=1}^{p} \underline{f}_i[\underline{x}(t,z)]u_i(t), \qquad 0 < z < 1. \qquad (8.114)$$

In dieser Gleichung sind $\underline{f}_o$ und $\underline{F}$ *nichtlineare örtliche Diffe-rentialoperatoren*, $\underline{f}_o$ als Vektor und $\underline{F}$ als Matrix mit den Spaltenvektoren $\underline{f}_1, \ldots, \underline{f}_p$. Im Unterschied zu Gl. (8.74) ist das System (8.114) nicht autonom: die Steuerung $\underline{u}(t)$ wirkt auf das System ein. Die nach Gl. (8.114) vorausgesetzte *Linearität in der Steuerung* $\underline{u}(t)$ ist für das Folgende wesentlich.

Sämtliche Randbedingungen von $\underline{x}(t,z)$ werden der Einfachheit halber homogen angenommen. Der Anfangszustand sei $\underline{x}(0,z) = \underline{x}_o(z)$.

Für $\underline{u}(t) \equiv \underline{0}$ sei $\underline{x}_s(z) \equiv \underline{0}$ ein statischer Zustand des Systems (8.114). Es gelte also

$$\underline{f}_o(\underline{0}) = \underline{0}. \tag{8.115}$$

Beispiel 8.8:

Das nichtlineare Gleichungsmodell (5.1) des Durchlaufofens nach Bild 2.12 wurde im Kapitel 5 um den statischen Zustand linearisiert. Jetzt soll dagegen das *nicht* linearisierte Modell in Abweichungen von $x_s(z)$ beschrieben werden. Statt der Näherung (5.13) schreibt man *exakt*:

$$u_1(t)\,\frac{\partial x(t,z)}{\partial z} = u_{1s}x_s'(z) + u_{1s}\,\frac{\partial \Delta x(t,z)}{\partial z} +$$
$$+ x_s'(z)\,\Delta u_1(t) + \frac{\partial \Delta x(t,z)}{\partial z}\,\Delta u_1(t). \tag{8.116}$$

Hinzugekommen ist der letzte Produktterm in dieser Gleichung. Bei der Linearisierung wurde er vernachlässigt. Unterdrückt man ihn nicht, so geht er in Gl. (5.14) ein. Unter Verzicht auf das Δ-Symbol hat man dann statt Gl. (5.14)

$$\frac{\partial x(t,z)}{\partial t} = - u_{1s}\,\frac{\partial x(t,z)}{\partial z} - cx(t,z) -$$
$$- \left[x_s'(z) + \frac{\partial x(t,z)}{\partial z}\right]u_1(t) + cu_2(t). \tag{8.117}$$

Mit der Symbolik von Gl. (8.114) ist also hier

$$f_o(x) = - u_{1s}\,\frac{\partial x}{\partial z} - cx,$$

$$f_1(x) = -\left[x'_s(z) + \frac{\partial x}{\partial z}\right],$$

$$f_2(x) \equiv c.$$

In Gl. (8.114) sei nun der statische Zustand $\underline{x}_s(z) = \underline{O}$ im Falle $\underline{u}(t) \equiv \underline{O}$ global asymptotisch stabil bezüglich der Norm (8.76), und $V(\underline{x})$ nach Gl. (8.77) sei ein Ljapunow-Funktional für dieses System. Es gelte also (vgl. Gl. (8.78))

$$\dot{V}(\underline{x})\Big|_{\underline{u}\equiv\underline{O}} = \int_{z=o}^{1} \left[\underline{f}_o^T(x)\underline{P}(z)\underline{x} + \underline{x}^T\underline{P}(z)\underline{f}_o(\underline{x})\right] dz \leq O. \tag{8.118}$$

Dann ist die Frage naheliegend:

Kann man für die Regelstrecke nach Gl. (8.114) ein Regelungsgesetz

$$\underline{u}(t) = \underline{r}[\underline{x}(t,z)] \tag{8.119}$$

so konstruieren, daß das Funktional nach Gl. (8.77) auch für das Regelungssystem

$$\frac{\partial \underline{x}}{\partial t} = \underline{f}_o(\underline{x}) + \sum_{i=1}^{p} \underline{f}_i(\underline{x})r_i(\underline{x}) \tag{8.120}$$

ein Ljapunow-Funktional ist?

Gelingt dies, so ist die Stabilität der Regelung gesichert. Hierzu bildet man für das System (8.114) die Ableitung des Ljapunow-Funktionals,

$$\dot{V}(\underline{x}) = \int_{z=o}^{1} \left[\underline{f}_o^T(\underline{x})\underline{P}(z)\underline{x} + \underline{x}^T\underline{P}(z)\underline{f}_o(\underline{x})\right] dz +$$

$$+ \sum_{i=1}^{p} u_i(t) \cdot \int_{z=o}^{1}\left[\underline{f}_i^T(\underline{x})\underline{P}(z)\underline{x} + \underline{x}^T\underline{P}(z)\underline{f}_i(\underline{x})\right] dz,$$

also

$$\dot{V}(\underline{x}) = \dot{V}(\underline{x})\Big|_{\underline{u}\equiv\underline{O}} + 2 \cdot \sum_{i=1}^{p} u_i(t) \cdot \int_{z=o}^{1} \underline{x}^T\underline{P}(z)\underline{f}_i(\underline{x})dz. \tag{8.121}$$

Falls es nun gelingt,

$$u_i(t) \cdot \int_{z=0}^{1} \underline{x}^T(t,z)\underline{P}(z)\underline{f}_i[\underline{x}(t,z)]dz \leq 0 \qquad (8.122)$$

zu erzielen für $i = 1, \ldots, p$, so bleibt offenbar nicht nur die negative Definitheit von $\dot{V}(\underline{x})$ erhalten, sondern $\dot{V}(\underline{x})$ wird zumindest zeitweise noch negativer als im ungeregelten Fall. Dies bedeutet eine wünschenswerte *Beschleunigung des Einschwingvorgangs*.

Die Bedingung (8.122) läßt sich besonders einfach erfüllen durch

$$\boxed{u_i(t) = - K_i \cdot \int_{z=0}^{1} \underline{x}^T(t,z)\underline{P}(z)\underline{f}_i[\underline{x}(t,z)]dz} \quad , \quad i = 1, \ldots, p,$$
$$(8.123)$$

wobei K_i, $i = 1, \ldots, p$, beliebige nichtnegative Konstanten sind. Gl. (8.123) ist bereits eine Konkretisierung des gesuchten Regelungsgesetzes (8.119). Wie man sieht, wird der Zustand $\underline{x}(t,z)$ mittels mehr oder weniger komplizierter *nichtlinearer Funktionale* in die Komponenten des Steuervektors $\underline{u}(t)$ abgebildet. Ist das System (8.114) *linear*, so sind die $\underline{f}_i = \underline{f}_i(z)$, $i = 1, \ldots, p$, $\underline{x}$-unabhängige Vektoren. In diesem Spezialfall wird der Regler (8.123) *linear*:

$$\boxed{u_i(t) = - K_i \cdot \int_{z=0}^{1} \underline{f}_i^T(z)\underline{P}(z)\underline{x}(t,z)dz,} \quad i = 1, \ldots, p. \qquad (8.124)$$

Wählt man die Konstanten K_i groß, so führt dies zu zeitweise großen Stellamplituden $u_i(t)$. Sind diese von der Aufgabenstellung her beschränkt,

$$m_i \leq u_i(t) \leq M_i, \qquad i = 1, \ldots, p, \qquad (8.125)$$

mit $m_i \leq 0$ und $M_i \geq 0$, so ersetzt man Gl. (8.123) durch das Regelungsgesetz

$$\boxed{u_i(t) = - g_i\left\{ \int_{z=0}^{1} \underline{x}^T(t,z)\underline{P}(z)\underline{f}_i[\underline{x}(t,z)]dz\right\}} \quad ,$$

$$i = 1, \ldots, p, \qquad (8.126)$$

mit Begrenzungskennlinien g_i nach Bild 8.10. Man sieht sofort
ein, daß auch dieses Regelungsgesetz die Bedingung (8.122) er-

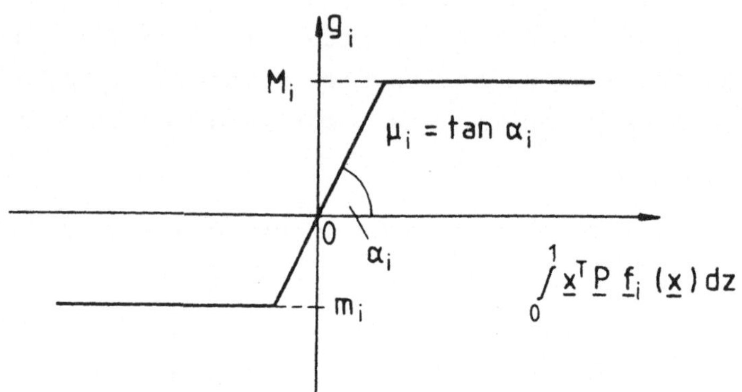

Bild 8.10: Begrenzungskennlinie bei Stellgrößenbeschränkung

füllt, und zwar für beliebige Steigung $\mu_i > 0$ im linearen Bereich der Kennlinie. Für $\mu_i \to \infty$ geht der Regler (8.126) in einen
schaltenden Regler über,

$$u_i(t) = \frac{M_i + m_i}{2} - \frac{M_i - m_i}{2} \; \text{sgn} \int\limits_{z=0}^{1} \underline{x}^T(t,z) \underline{P}(z) \underline{f}_i [\underline{x}(t,z)] dz,$$

$$i = 1, \ldots, p, \qquad (8.127)$$

der unmittelbar an den *Kalman-Bertram-Regler* [67] für SKP erinnert und diesen als Spezialfall umfaßt. Der Regler (8.127)
macht mit Blick auf Gl. (8.121) $\dot{V}(\underline{x})$ so negativ wie möglich unter Berücksichtigung der Stellgrößenbeschränkungen (8.125).

Die technische Realisierung der Regler nach Gl. (8.123), (8.124),
(8.126) und (8.127) erfordert die Auswertung von Funktionalen,
die im allgemeinen nur näherungsweise möglich sein wird (siehe
jedoch den *Spezialfall punktweisen Stelleingriffs* weiter unten).
Die örtlichen Ableitungen von $\underline{x}(t,z)$, die über die $\underline{f}_i$ in die
Funktionale eingehen, können in manchen Fällen mittels partieller
Integration umgeformt werden.

Beispiel 8.9:

Das beschriebene Syntheseverfahren soll auf das nichtlineare Modell (8.117) des Durchlaufofens aus Beispiel 8.8 angewandt werden. Vereinbarungsgemäß sei die Randbedingung homogen,

$$x(t,0) = u_3(t) = 0. \qquad (8.128)$$

Im ersten Schritt muß für das von der Physik her asymptotisch stabile autonome Teilsystem

$$\frac{\partial x}{\partial t} = - u_{1s} \frac{\partial x}{\partial z} - cx, \quad 0 < z < 1,$$

das der Randbedingung (8.128) unterliegt, ein Ljapunow-Funktional gefunden werden. Der Ansatz

$$V(x) = \int_{z=0}^{1} x^2(t,z)\,dz \qquad (8.129)$$

ergibt

$$\dot{V}(x) = 2 \cdot \int_0^1 x\,\frac{\partial x}{\partial t}\,dz = -2u_{1s} \int_0^1 x\,\frac{\partial x}{\partial z}\,dz - 2c \int_0^1 x^2\,dz =$$

$$= -u_{1s} \int_0^1 \frac{\partial x^2}{\partial z}\,dz - 2c \int_0^1 x^2\,dz = -u_{1s}x^2(t,1) - 2c \int_0^1 x^2\,dz.$$

Wegen $u_{1s} > 0$ und $c > 0$ (vgl. Beispiel 5.2, Bild 5.1) ist sicher $\dot{V}(x)$ negativ definit und damit Gl. (8.129) ein geeignetes Ljapunow-Funktional. Nach Gl. (8.77) ist hier also

$$\underline{P}(z) = 1.$$

Im zweiten Schritt werden die im Regelungsgesetz benötigten Funktionale angeschrieben, hier also

$$\int_0^1 xf_1(x)\,dz = -\int_0^1 x(t,z)x_s'(z)\,dz - \int_0^1 x(t,z)\,\frac{\partial x(t,z)}{\partial z}\,dz =$$

$$= -\int_0^1 x(t,z)x_s'(z)\,dz - \frac{1}{2} x^2(t,1)$$

und

$$\int_0^1 x f_2(x)\,dz = c \int_0^1 x(t,z)\,dz.$$

Der schaltende Regler nach Gl. (8.127) nimmt dann die folgende
Form an:

$$u_1(t) = \frac{M_1 + m_1}{2} + \frac{M_1 - m_1}{2}\,\operatorname{sgn}\left\{\frac{1}{2}\,x^2(t,1) + \int_0^1 x(t,z)x_s'(z)\,dz\right\}, \tag{8.130}$$

$$u_2(t) = \frac{M_2 + m_2}{2} - \frac{M_2 - m_2}{2}\,\operatorname{sgn}\int_0^1 x(t,z)\,dz. \tag{8.131}$$

Im dritten Schritt schließlich werden die auftretenden Integrale
so angenähert, daß man mit nicht all zu vielen Meßwerten auskommt. Hierzu kann man z.B. auf die Trapezregel oder Simpsonfor-
mel zurückgreifen, die von der numerischen Integration her bekannt sind.

Man beachte, daß in Gl. (8.130)

$$x_s'(z) = c\,\frac{u_{2s} - u_{3s}}{u_{1s}}\,e^{-cz/u_{1s}}$$

wegen Gl. (5.12) eine *bekannte* Ortsfunktion ist, wogegen $x(t,z)$
und damit auch $x(t,1)$ als Abweichungen vom statischen Zustand zu
verstehen sind. Das gilt auch für $u_1(t)$ und $u_2(t)$.

Für das Zahlenbeispiel $c = 1$, $u_{1s} = 0{,}5$, $u_{2s} = 0{,}5$, $u_{3s} = 0$, das
bereits dem Beispiel 6.12 zugrundelag, soll Gl. (8.130) nume-
risch ausgewertet werden. Hierzu werde noch angenommen, daß die
Originalgröße $u_1(t)$ gemäß

$$0 \leq u_1(t) \leq 1$$

beschränkt sei. In Gl. (8.130) ist dann $m_1 = -0{,}5$, $M_1 = 0{,}5$.
Die Auswertung des Integrals mit der Trapezregel unter Verwendung der fünf Stützstellen

$$x_i(t) = x(t,\tfrac{i}{5}), \quad i = 1, \ldots, 5,$$

liefert dann das folgende Regelungsgesetz für die *Originalgrößen*
$u_1(t)$ und $x_i(t)$:

$$u_1(t) = 0,5 + 0,5 \cdot \text{sgn}[0,268x_1(t) + 0,18x_2(t) +$$

$$+ 0,12x_3(t) + 0,081x_4(t) - 0,837x_5(t) + x_5^2(t)]. \qquad (8.132)$$

Da es wegen Gl. (8.122) nicht zwingend ist, *alle* $u_i(t)$, $i = 1$, ..., p, als Stellgrößen zu aktivieren, werde beim Ofenbeispiel einmal auf den Regler (8.131) verzichtet und die Ofentemperatur konstant gehalten: $u_2(t) \equiv u_{2s} = 0,5$. Die Regelung des Durchlaufofens erfolge also allein über die Verstellung des *Durchsatzes* mittels Gl. (8.132). Mit einem derartigen *parametrischen Stelleingriff* lassen sich für praktische Anwendungen interessante Wirkungen erzielen, wie das folgende Simulationsbeispiel zeigt.

Der Ofen wurde nach der im Beispiel 6.12 bereits erprobten Methode der gewichteten Reste simuliert. Diese Methode liefert zugleich die Werte $x_i(t)$, $i = 1$, ..., 5, die im Regelungsgesetz (8.132) benötigt werden. Schaltet man Regler und Strecke zusammen, so ergibt sich bei energiefreiem Anfangszustand das im Bild 8.11 wiedergegebene Einschwingverhalten. Gegenüber Bild 6.7 wurde also $u_1(t) \equiv u_{1s} = 0,5$ durch das Gesetz (8.132) ersetzt. In dem Bestreben, die Wärmguttemperatur $x(t,z)$ so schnell wie möglich an den statischen Zustand $x_s(z)$ anzugleichen, unterbindet der Regler selbsttätig den Transport während einer gewissen Wärmdauer, indem er den unteren Anschlag $u_1 = 0$ ausschöpft. Dadurch verläßt weniger Wärmgut mit zu niedriger Austrittstemperatur den Ofen.

(*Anmerkung*: Um im eingeschwungenen Zustand hochfrequente Schaltvorgänge, bedingt durch die Signum-Funktion, zu vermeiden, wurde diese Funktion durch eine Begrenzung nach Bild 8.10 mit großem, aber endlichem μ ersetzt).

Die günstige Wirkung der parametrischen Regelung kommt auch dann zum Tragen, wenn man sie nach Art von Bild 3.6 mit einem *linearen Grundregelkreis* kombiniert. Ein derartiger Grundregelkreis mit der Ofentemperatur $u_2(t)$ als Stellgröße wurde im Beispiel 7.1 im Frequenzbereich entworfen. Durch die Verwendung eines I-Reglers ist die statische Genauigkeit der Hauptregelgröße $y(t) = x(t,1)$ gesichert. Da weiterhin dieser lineare Kreis sta-

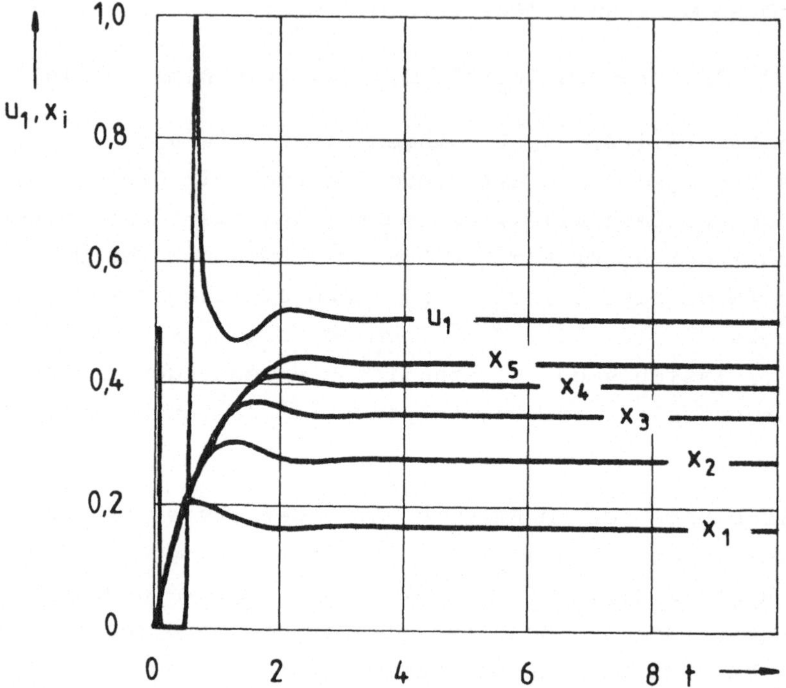

<u>Bild 8.11</u>: Einschwingverhalten des Durchlaufofens
bei Regelung über den Durchsatz

bil ist, weiß man auch ohne Konstruktion eines Ljapunow-Funktionals bereits vorab, daß in dieser linearen Regelung für die *Ab-
weichung* x vom statischen Zustand gilt:

$$\|x(t,z)\|^2 = \int\limits_{z=0}^{1} x^2(t,z)\,dz \to 0 \text{ für } t\to\infty.$$

Es ist daher naheliegend, den unterlagerten Regelkreis im Bild
3.6 so zu entwerfen, daß $\|x(t,z)\|$ und damit auch $\|x(t,z)\|^2$
*noch schneller abklingt, als dies mit der linearen Grundrege-
lung möglich ist.* (Für eine genauere theoretische Begründung
sei auf [51] verwiesen).

Mit Blick auf Gl. (8.129) führt dieses Vorgehen wiederum zu dem
Regler (8.130) bzw. (8.132), der nun eine die lineare Regelung

unterstützende Hilfsfunktion wahrnimmt. Die dynamische Wirkung dieses Konzepts ist beachtlich, wie man aus dem Simulationsschrieb im Bild 8.12 ablesen kann. Im Vergleich zur schwach gedämpften linearen Regelung (Bild 7.4) wurde einerseits der steile Anstieg der Führungssprungantwort beibehalten, während die im Bild 7.4 zu lange Ausregelzeit beträchtlich korrigiert wurde zugunsten einer raschen Annäherung an den eingeschwungenen Zustand $x_s(z)$. Dabei erweist sich die Transportgeschwindigkeit $u_1(t)$ als wesentliche Hilfsstellgröße: Ähnlich wie im Bild 8.11 wird während einer wohldosierten Vorwärmphase der Transport mittels des unterlagerten Reglers unterbunden. Interessanterweise wird dennoch der Gesamtdurchsatz nicht verkleinert, da während längerer Zeit $u_1(t) > u_{1s}$ ist. Der anfängliche Durchsatzverlust wird so durch einen späteren Durchsatzgewinn wettgemacht.

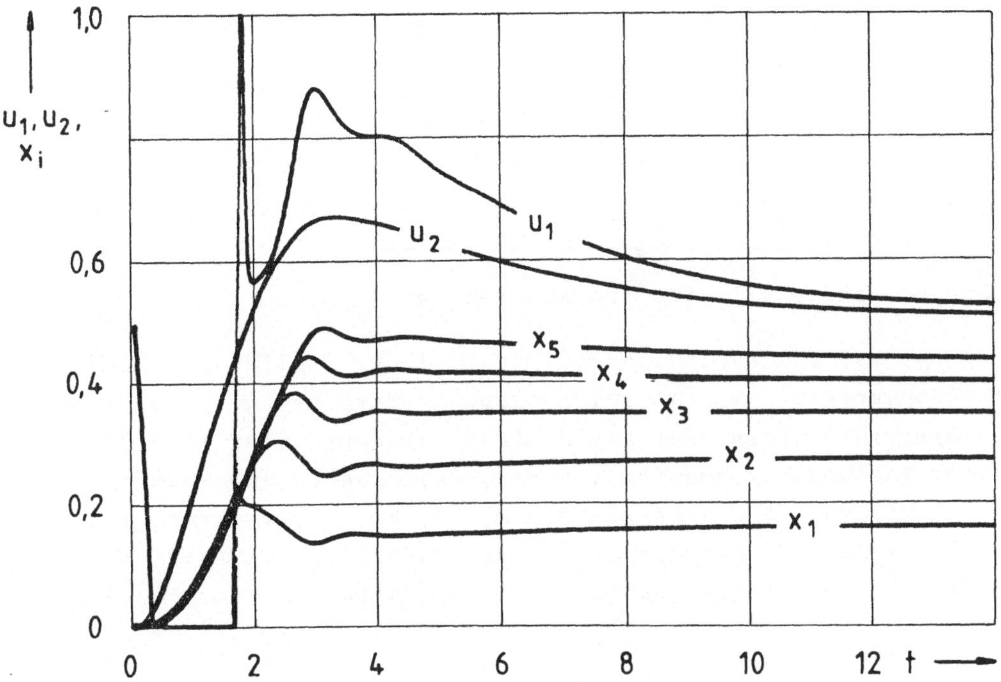

Bild 8.12: Anfahrverhalten der Regelung des Durchlaufofens nach Bild 3.6

Die bei dem Ljapunow-Entwurf auftretenden Reglerfunktionale
können im allgemeinen nur näherungsweise realisiert werden, etwa nach der im Beispiel 8.9 beschriebenen Vorgehensweise. In
einem häufig auftretenden Spezialfall kann man jedoch auf jegli-
che Integralauswertung verzichten, ohne dabei einen Näherungs-
fehler zu begehen.

Der Stelleingriff erfolge an *örtlich diskreten Punkten* $z_i \in (0,1)$,
$i = 1, \ldots, p$. Dann ist in Gl. (8.114)

$$\underline{f}_i[\underline{x}(t,z)] = \underline{\tilde{f}}_i[\underline{x}(t,z)] \cdot \delta(z,z_i), \quad i = 1, \ldots, p. \qquad (8.133)$$

Die in den Reglern nach Gl. (8.123), (8.124), (8.126) und
(8.127) auftretenden Funktionale nehmen damit folgende Form an:

$$\int_{z=0}^{1} \underline{x}^T(t,z)\underline{P}(z)\underline{f}_i[\underline{x}(t,z)]dz = \underline{x}^T(t,z_i)\underline{P}(z_i)\underline{\tilde{f}}_i[\underline{x}(t,z_i)],$$

$$i = 1, \ldots, p. \qquad (8.134)$$

Dies folgt unmittelbar aus der Ausblendeigenschaft (Abschnitt
2.2.5) des örtlichen Dirac-Impulses $\delta(z,z_i)$.

Mit Gl. (8.134) ergibt sich beispielsweise für den Regler
(8.123) jetzt

$$\boxed{u_i(t) = -K_i \cdot \underline{x}^T(t,z_i)\underline{P}(z_i)\underline{\tilde{f}}_i[\underline{x}(t,z_i)],} \quad i = 1, \ldots, p.$$

$$(8.135)$$

Entsprechendes gilt für die anderen Reglertypen.

Erfolgt bei dem Zustandsmodell (8.114) der Stelleingriff ört-
lich punktweise, so führt der Ljapunow-Entwurf zu (orts)inte-
gralfreien Reglern. Der Regler benötigt dann nicht mehr die ge-
samte Zustandsinformation der Strecke, sondern nur noch den Zu-
stand $\underline{x}(t,z_i)$ an den Stellorten z_i, $i = 1, \ldots, p$, sowie u.U.
örtliche Ableitungen von $\underline{x}(t,z)$ an den Stellen z_i (sofern die
$\underline{\tilde{f}}_i$ solche Ableitungen enthalten). Stellorte und Meßorte fallen
zusammen.

Beispiel 8.10:

Der nach Bild 2.4 drehbar gelagerte elastische Stab soll mit
Hilfe einer an der Stelle z_1 angreifenden Einzelkraft $u(t)$,

$$u_\Omega(t,z) = u(t)\,\delta(z,z_1), \tag{8.136}$$

eine aktive Schwingungsdämpfung erfahren. Der Stellort z_1 werde
zunächst noch nicht spezifiziert.

Das mathematische Modell lautet nach Gl. (2.27) in normierter
Form

$$\frac{\partial^2 x(t,z)}{\partial t^2} + \frac{\partial^4 x(t,z)}{\partial z^4} = u(t)\,\delta(z,z_1), \qquad 0 < z < 1, \tag{8.137}$$

und die Randbedingungen sind (Tabelle 2.1)

$$x(t,0) = x(t,1) = 0, \tag{8.138}$$

$$\left.\frac{\partial^2 x}{\partial z^2}\right|_{z=0} = \left.\frac{\partial^2 x}{\partial z^2}\right|_{z=1} = 0.$$

Im ersten Schritt muß man das mathematische Modell in Zustands-
form darstellen. Sinngemäß zu Gl. (2.58) bei der rotierenden
Welle wählt man jetzt z.B. die Zustandsvariablen

$$x_1(t,z) = \frac{\partial^2 x(t,z)}{\partial z^2}, \qquad x_2(t,z) = \frac{\partial x(t,z)}{\partial t}. \tag{8.139}$$

Damit wird

$$\frac{\partial x_1}{\partial t} = \frac{\partial^2 x_2}{\partial z^2}, \qquad \frac{\partial x_2}{\partial t} = -\frac{\partial^2 x_1}{\partial z^2} + u(t)\,\delta(z,z_1),$$

in Matrixschreibweise

$$\frac{\partial}{\partial t}\begin{bmatrix} x_1 \\ x_2 \end{bmatrix} = \begin{bmatrix} 0 & \partial^2/\partial z^2 \\ -\partial^2/\partial z^2 & 0 \end{bmatrix}\begin{bmatrix} x_1 \\ x_2 \end{bmatrix} + \begin{bmatrix} 0 \\ \delta(z,z_1) \end{bmatrix} u(t). \tag{8.140}$$

Der statische Zustand, in den das zu regelnde System einschwingen soll, ist der Nullzustand $x(t,z) \equiv 0$, d.h.

258

$$x_{1s}(z) = 0, \quad x_{2s}(z) = 0. \tag{8.141}$$

Im zweiten Schritt wird für das aus $u(t) \equiv 0$ entstehende *autonome* System versuchsweise ein Ljapunow-Funktional angesetzt, hier am einfachsten

$$V(\underline{x}) = \int_{z=0}^{1} \underline{x}^T(t,z)\underline{x}(t,z)dz = \int_{z=0}^{1} [x_1^2(t,z) + x_2^2(t,z)]dz. \tag{8.142}$$

Mit Blick auf Gl. (8.77) ist also

$$\underline{P}(z) = \underline{I}. \tag{8.143}$$

Damit ergibt sich für die *autonome* Regelstrecke

$$\dot{V}(\underline{x}) = 2 \cdot \int_{z=0}^{1}\left[x_1 \frac{\partial x_1}{\partial t} + x_2 \frac{\partial x_2}{\partial t}\right]dz =$$

$$= 2 \cdot \int_{z=0}^{1}\left[x_1 \frac{\partial^2 x_2}{\partial z^2} - x_2 \frac{\partial^2 x_1}{\partial z^2}\right]dz.$$

Mittels partieller Integration wird daraus

$$\dot{V}(\underline{x}) = 2 \cdot \int_{z=0}^{1}\left[-\frac{\partial x_1}{\partial z}\frac{\partial x_2}{\partial z} + \frac{\partial x_2}{\partial z}\frac{\partial x_1}{\partial z}\right]dz +$$

$$+ 2\cdot\left[x_1 \frac{\partial x_2}{\partial z} - x_2 \frac{\partial x_1}{\partial z}\right]_{z=0}^{1}.$$

Wie man sieht, verschwindet das Integral, und mit Gl. (8.139) bleibt der Randwerteausdruck

$$\dot{V}(\underline{x}) = 2\cdot\left[\frac{\partial^2 x}{\partial z^2}\cdot\frac{\partial}{\partial t}\left(\frac{\partial x}{\partial z}\right) - \frac{\partial x}{\partial t}\cdot\frac{\partial^3 x}{\partial z^3}\right]_{z=0}^{1}.$$

Wegen der Randbedingungen (8.138) verschwindet auch dieser Term, übrigens auch bei jeder anderen Randbedingungsform aus Tabelle 2.1. Es wird also für die *autonome* Strecke

$$\dot{V}(\underline{x}) \equiv 0. \tag{8.144}$$

Dieses Zwischenergebnis kann nicht überraschen: Da die Schwingung eines ungedämpften Balkens naturgemäß nicht abklingt, ist die Suche nach einem Ljapunow-Funktional hier von vornherein zum Scheitern verurteilt. Gl. (8.144) bringt daher zum Ausdruck, daß der mit einer Anfangsauslenkung verbundene Energieinhalt in dem mechanischen System erhalten bleibt.

Wie man aus Gl. (8.121) abliest, ist die Stabilisierung mittels $u(t)$ dennoch nicht aussichtslos, sofern es nämlich gelingt, den Beitrag nach Gl. (8.122) zumindest negativ *semi*definit zu machen. Im vorliegenden Fall ist mit Gl. (8.140)

$$\underline{f}_1 = \begin{bmatrix} 0 \\ \delta(z,z_1) \end{bmatrix} = \begin{bmatrix} 0 \\ 1 \end{bmatrix} \delta(z,z_1) = \underline{\tilde{f}}_1 \cdot \delta(z,z_1).$$

Berücksichtigt man noch Gl. (8.143), so nimmt der Regler (8.135) die folgende Form an:

$$\boxed{u(t) = -Kx_2(t,z_1) = -K\,\frac{\partial x(t,z_1)}{\partial t}.} \qquad (8.145)$$

Es wird also die Balkengeschwindigkeit an der Stelle z_1 proportional auf den Stelleingang gegengekoppelt.

Mit diesem Regler wird nach Gl. (8.121)

$$\dot{V}(\underline{x}) = -2Kx_2^2(t,z_1) = -2K\left[\frac{\partial x(t,z_1)}{\partial t}\right]^2,$$

also in der Tat negativ *semi*definit. Um die globale asymptotische Stabilität des statischen Zustands $\underline{x}_s(z) = \underline{0}$ nachzuweisen, hat man im letzten Schritt noch zu prüfen, ob $\dot{V}$ nur in diesem Nullzustand *identisch* verschwinden kann (Abschnitt 8.2.1).

$\dot{V} \equiv 0$ impliziert $\partial x(t,z_1)/\partial t \equiv 0$ und folglich wegen Gl. (8.145) auch $u(t) \equiv 0$. Für die weitere Argumentation ist die modale Struktur der Strecke nach Bild 6.4 hilfreich. Danach kommt für $u(t) \equiv 0$ nur die folgende allgemeine Schwingungslösung $x(t,z)$ in Frage:

$$x(t,z) = \sum_{i=1}^{\infty} x_i^*(t)\varphi_i(z) = \sum_{i=1}^{\infty} A_i \sin[(i\pi)^2 t + \alpha_i]\varphi_i(z) =$$

$$= \sum_{i=1}^{\infty} A_i \sin[(i\pi)^2 t + \alpha_i]\sqrt{2}\sin i\pi z. \qquad (8.146)$$

Die Amplituden A_i und Phasenwinkel α_i der Schwingungsmoden $x_i^*(t)$ sind durch den Anfangszustand bestimmt.

Mit Gl. (8.146) wird

$$\frac{\partial x(t,z_1)}{\partial t} = \sum_{i=1}^{\infty} A_i\varphi_i(z_1)(i\pi)^2 \cos[(i\pi)^2 t + \alpha_i].$$

Wegen der linearen Unabhängigkeit der Cosinus-Schwingungen impliziert $\partial x(t,z_1)/\partial t \equiv 0$

$$A_i\varphi_i(z_1) = 0, \quad i = 1, 2, 3, \ldots \qquad (8.147)$$

Sorgt man nun durch geeignete Wahl des Stellortes dafür, daß

$$\boxed{\varphi_i(z_1) \neq 0, \quad i = 1, 2, 3, \ldots,} \qquad (8.148)$$

so folgt aus Gl. (8.147) weiter

$$A_i = 0, \quad i = 1, 2, 3, \ldots$$

und damit nach Gl. (8.146)

$$x(t,z) \equiv 0.$$

Damit ist gezeigt, daß unter der Voraussetzung (8.148) die negativ *semi*definite Funktion $\dot{V}$ nur im statischen Zustand *identisch* verschwindet, womit dieser Zustand als global asymptotisch stabil nachgewiesen ist.

Die Bedingung (8.148) besagt, daß der Stell- und Meßort z_1 nicht mit einer Nullstelle irgendeiner Eigenfunktion

$$\varphi_i(z) = \sqrt{2}\sin i\pi z$$

zusammenfallen darf. Diese Nullstellen liegen bei

$$z = \frac{k}{i}, \quad i = 1, 2, 3, \ldots,$$
$$k = 0, \ldots, i,$$

sie machen also die *Gesamtheit der rationalen Zahlen* aus dem Intervall [0,1] aus! Man muß daher bei mathematisch strenger Betrachtungsweise den *Stell- und Meßort z_1 als irrationale Zahl* aus dem Intervall (0,1) wählen, z.B. $z_1 = \sqrt{2}/2$. Zusammengefaßt hat man so das Ergebnis:

Der Regelkreis, bestehend aus der Strecke nach Gl. (8.137) und (8.138) und dem Regler nach Gl. (8.145), hat für beliebige Reglerparameter $K > 0$ den global asymptotisch stabilen statischen Zustand $x_s(z) \equiv 0$, sofern der Stell- und Meßort z_1 als beliebige irrationale Zahl $z_1 \in (0,1)$ gewählt wird.

Im Lichte der modalen Streckenstruktur nach Bild 6.4 ist sofort klar, was bei rationalem $z_1 = k/i$ geschähe: wegen $\varphi_\nu(z_1) = 0$, $\nu = i, 2i, 3i, \ldots$, wären die Schwingungsmoden $x_\nu^*(t)$, $\nu = i, 2i, 3i, \ldots$, weder mittels $u(t)$ beeinflußbar noch vom Meßglied beobachtbar. Daher könnten diese Schwingungsanteile nicht im geschlossenen Kreis gedämpft werden.

In realisierungstechnischer Hinsicht bereitet der Regler (8.145) keine nennenswerten Probleme. Man plaziert das Stellglied sowie das Meßglied zur Geschwindigkeitsmessung an einer solchen Stelle z_1, daß die Nulldurchgänge etwa der ersten fünf Eigenfunktionen $\varphi_i(z)$ gemieden werden. Die höheren Moden sind wegen der im mathematischen Modell vernachlässigten inneren Dämpfung in der Regel unkritisch (vgl. Beispiel 7.6).

Es sei noch darauf hingewiesen, daß ohne Gefährdung der globalen asymptotischen Stabilität der P-Regler nach Gl. (8.145) durch eine Begrenzungskennlinie zur Beschränkung von $u(t)$ ersetzt werden darf (vgl. Bild 8.10). Damit wird der Regelkreis nichtlinear. Der Entwurf läßt sich in gleicher Weise mit mehreren Steuer- und Meßgrößen durchführen. Die stabilisierende Wirkung der Regelung wird dadurch noch verstärkt. ∎

9 Technische Realisierung einer Regelung für einen Mehrzonen-Durchlaufofen

In diesem Kapitel soll an einem konkreten Anwendungsbeispiel
nochmals der gesamte Entwurfsablauf von der mathematischen Modellbildung und Modellvalidierung über die Analyse, Reglersynthese und Erprobung in der Simulation bis hin zur technischen
Realisierung dargestellt werden. Hierzu wurde ein Durchlaufofen,
wie er schematisch vereinfacht bereits im Bild 2.12 eingeführt
wurde, als Laborversuch aufgebaut. In den zurückliegenden Kapiteln ist dieses Beispiel in vielfältiger Hinsicht vorbereitend
behandelt worden.

Die Anregung zu einem derartigen Labormodell ging nicht zuletzt
von den überaus interessanten Untersuchungen aus, die *H. F. Mäder* [76] an einem technisch realisierten Wärmeleitsystem durch-
führte. Gegenüber der rein thermischen Natur der Beispielstrecke
nach *Mäder* kommt bei unserem Durchlaufofen in dem verstellbaren
Antrieb der Transportvorrichtung noch eine elektromechanische
Komponente hinzu. Daher ist bereits das mathematische Modell
und folglich auch die Regelungskonzeption völlig verschieden
von [76].

Der im folgenden beschriebene Versuchsaufbau und die mit ihm er-
zielten Ergebnisse beanspruchen nicht, auf die Verhältnisse in-
dustrieller Anlagen übertragbar zu sein. So erfolgt die Beheizung des Ofens ebenso wie in [76] mit Infrarotstrahlern, während Industrieöfen in der Mehrzahl befeuert werden. Auch wird
die Transportgeschwindigkeit des Wärmgutes, bereits im Beispiel
8.9 als unkonventionelle Stellgröße herangezogen, bei Industrie-
anlagen nicht in jedem Fall verstellbar sein. Jedoch zeigen unsere Experimente die grundsätzliche Anwendbarkeit einiger neue-
rer Methoden der Prozeßführung auf, insbesondere im Hinblick
auf Anfahrvorgänge.

Wie stets bei technischen Realisierungen sind auch bei unseren
Laborversuchen Abstriche von der strengen Theorie zu machen: So
werden gewisse Phänomene der realen Strecke vernachlässigt, um
ein einfaches mathematisches Modell zu erhalten. Da sich der
Reglerentwurf auf dieses Modell stützt, werden bei der Inbe-

Bild 9.1: Technisch realisierter Labordurchlaufofen

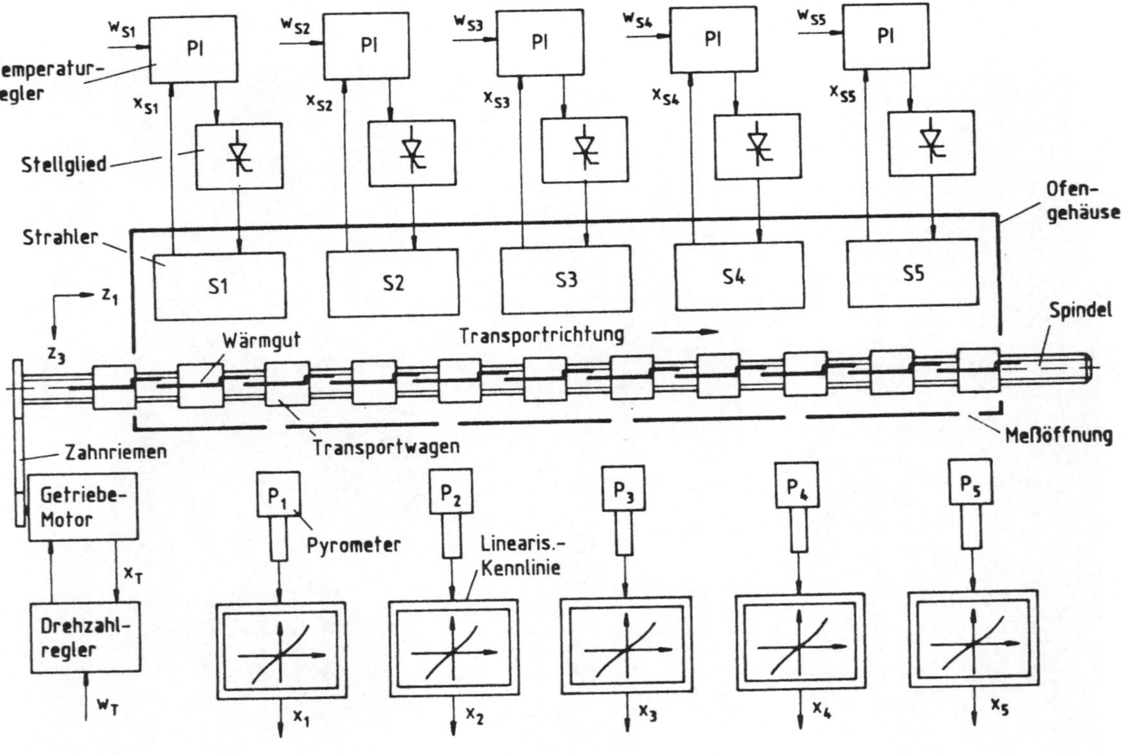

Bild 9.2: Ofenanlage (Draufsicht) mit Meß-, Stell- und Regelkomponenten

triebnahme experimentelle Modifikationen der Reglereinstellungen erforderlich. Insgesamt erweist sich jedoch die Anwendung theoretischer Methoden als außerordentlich hilfreich zur Gewinnung geeigneter Reglerstrukturen und Reglerparameter.

9.1 Gerätetechnische Beschreibung der Laborversuchsanlage

Im Bild 9.1 ist der Labordurchlaufofen als Foto wiedergegeben. Bild 9.2 zeigt schematisch vereinfacht eine Draufsicht auf den Ofen, ergänzt um einige elektronische Komponenten, die noch erläutert werden. Schließlich geht aus Bild 9.3 hervor, wie das

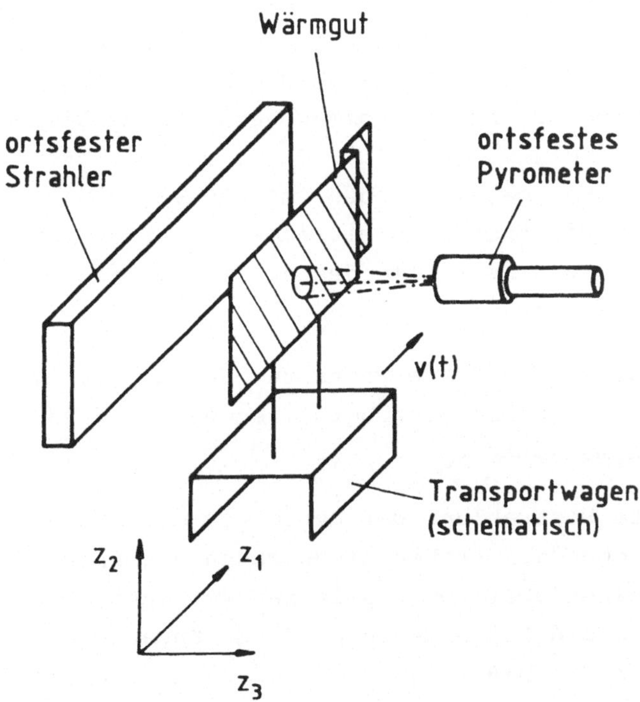

<u>Bild 9.3</u>: Wärmguttransport zwischen Strahler und Pyrometer

Wärmgut in z_1-Richtung zwischen den ortsfesten Strahlern und den ebenfalls ortsfesten Temperaturmeßfühlern (Pyrometer) vorbeibewegt wird. Jedem der fünf Strahler (TQS, Typ FS 750, Leistung 750 W) ist ein Pyrometer so zugeordnet (Bild 9.2), daß das Pyrometer P_i im wesentlichen die thermische Wirkung des Strahlers S_i auf das Wärmgut mißt. Die fünf Pyrometer sind deutlich auf dem Foto 9.1 zu erkennen.

Das Wärmgut besteht aus schwarz eloxierten Aluminiumplättchen mit den Maßen 130 x 60 x 2 mm. Jede dieser Proben ist über zwei Keramikstützen (um Wärmeverluste zu vermeiden) auf einem kleinen Transportwagen befestigt (vgl. Bild 9.3). Drei dieser Wagen sind auch im Vordergrund des Fotos 9.1 bei der Einfahrt in den Ofen zu erkennen. Die Wagen werden auf Schienen in z_1-Richtung durch den Ofen befördert, und zwar über eine Spindel mit Trapezgewinde (Steigung 7 mm/Umdrehung). Auf der Unterseite jedes Wagens ist eine passende halbierte Trapezgewindemutter als Mitnehmer montiert. Dadurch können die Wagen während der Versuchsdurchführung in einfacher Weise am Ofeneingang manuell aufgesetzt und am Ofenausgang abgenommen werden. Das Ofengehäuse besteht aus dünnwandigem Aluminium. Seine Längsabmessung beträgt 132 cm, somit haben ca. 10 Proben im Ofen Platz, wie im Bild 9.2 angedeutet. Die thermisch wirksame Ofenlänge vom Beginn des 1. Strahlers bis zur Meßstelle des 5. Pyrometers beträgt allerdings nur $\ell = 122$ cm.

Es stehen 36 probenbestückte Wagen zur Verfügung, um die regelungsdynamischen Experimente über einen genügend langen Zeitraum ausdehnen zu können.

Um eine direkte Bestrahlung der Pyrometer durch den Luftzwischenraum zwischen den Proben hindurch zu verhindern, sind die Proben mit kleinen Überlappungsblechen versehen, die auch in den Bildern 9.2 und 9.3 angedeutet sind. Zusätzlich werden über Kontaktschalter die Meßöffnungen immer dann durch schwenkbare Klappen abgedeckt, wenn sich kein Wärmgut vor der Meßöffnung befindet. Der letzte Meßwert vor dem Schließen der Klappe wird dann zwischengespeichert.

In z_3-Richtung beträgt der Abstand zwischen Strahleroberfläche und Probe 7 cm und zwischen Probe und Pyrometer 15 cm.

Die erwähnte Spindel zum Wärmguttransport wird von einem Gleichspannungs-Getriebemotor (Engel; 6000 U/min; Untersetzung 30:1) über einen Zahnriemen angetrieben. Damit ergibt sich eine maximale Transportgeschwindigkeit von

$$v_{max} = 6000 \cdot \frac{1}{30} \cdot 7 \ \frac{mm}{min} = 1400 \ \frac{mm}{min} = 2,333 \ \frac{cm}{s} \ .$$

Die entsprechende minimale Verweilzeit einer Probe im Heizbereich des Ofens beträgt daher

$$\tau_{min} = \frac{\ell}{v_{max}} = \frac{122}{140} \ min = 0,87 \ min.$$

Wie aus Bild 9.2 hervorgeht, ist der Getriebemotor mit einem Drehzahlregler ausgestattet, der als PI-Regler mit dem Frequenzkennlinienverfahren bereits vorab dimensioniert wurde. Der Drehzahl-Istwert wird dabei mit einem Tachogenerator gemessen. Die Reglereingangsspannung $w_T(t)$ entspricht dem Drehzahl-Sollwert. Auf diese Weise kann durch entsprechende Sollwertvorgabe jede Transportgeschwindigkeit innerhalb der Grenzen

$$0 \leq v(t) \leq v_{max}$$

eingestellt werden.

Bild 9.2 zeigt weiterhin, daß auch jeder der fünf Strahler mit einer eigenen Temperaturregelung versehen ist. Regelgröße ist dabei jeweils die Strahleroberflächentemperatur, die mit einem Thermoelement in ein Niederspannungssignal $x_{Si}(t)$, $i = 1, \ldots, 5$, gewandelt wird. Über einen PI-Regler und einen Leistungsteil in Form eines steuerbaren Gleichrichters (Triac) wird der Strahler elektrisch angesteuert. Die notwendige galvanische Trennung zwischen Regler und Leistungsteil erfolgt über Spannungs/Frequenz- bzw. Frequenz/Spannungs-Wandler mit zwischengeschaltetem Optokoppler.

Diese fünf gleichartigen Heizregelkreise erfüllen einen mehrfachen Zweck: Primär dienen sie der Verbesserung der Strahlerdynamik (Kompensation der dominanten Stahlerzeitkonstante, die ca. 3 min. beträgt), darüber hinaus werden durch die Regelung Exemplarstreuungen der Strahler ausgeglichen. Auch dem Wärmeverlust an den Ofenstirnseiten wird durch entsprechend stärkere Ansteuerung der Strahler S_1 und S_5 entgegengewirkt. Ebenso wie der Drehzahlregler wurden die fünf gleichen Heizregler bereits vorab nach klassischen Verfahren entworfen und in analoger Technik elektronisch realisiert.

Im Gesamtkonzept der Regelung (Abschnitte 9.3 bis 9.5) haben die soeben beschriebenen Regelungen die Funktion *unterlagerter Kreise*. Daher sind im Bild 9.2 die Führungsgrößen w_T sowie w_{S1}, ..., w_{S5} im weiteren Sinn die Stelleingänge der Strecke.

Die ortsfesten Pyrometer zur berührungslosen Temperaturmessung des Wärmgutes weisen einen nichtlinearen Zusammenhang zwischen zu messender Temperatur und abgegebener Spannung auf. Durch ein jeweils nachgeschaltetes digital programmierbares Kennlinienglied (Bild 9.2) läßt sich insgesamt ein linearer Zusammenhang zwischen Probentemperatur $\theta_i(t)$, $i = 1$, ..., 5, und Meßspannung $x_i(t)$, $i = 1$, ..., 5, herstellen. Diese Meßgrößen stehen somit für Zwecke der Regelung zur Verfügung. Dabei wird $\theta_5(t)$, die Wärmgutaustrittstemperatur, als Hauptregelgröße zu betrachten sein.

Die Übertragungskonstante jedes Meßgliedes ist

$$K_M = \frac{10\,V}{320\,grd} = 0{,}0312\ Vgrd^{-1}. \tag{9.1}$$

Die Probentemperatur $\theta_i = 320^\circ C$ liefert also die Meßspannung $x_i = 10\ V$. Die Meßglieder haben eine vernachlässigbare Dynamik.

9.2 Modellbildung, Parameteridentifikation und Modellvalidierung

9.2.1 Mathematische Modellbildung

Der Ofen ist konstruktiv so ausgelegt, daß bereits ein einfaches mathematisches Modell sein Verhalten recht gut zu beschreiben vermag (vgl. Kapitel 2):

$$\frac{\partial\theta(t,z)}{\partial t} + v(t)\,\frac{\partial\theta(t,z)}{\partial z} + \frac{\alpha\kappa}{C\rho}\,\theta(t,z) = \frac{\alpha\kappa}{C\rho}\,u_\Omega(t,z)\,, \tag{9.2}$$

$$0 < z < \ell.$$

Dabei entspricht z der im Bild 9.2 und 9.3 mit z_1 bezeichneten wesentlichen Ortskoordinate in Bewegungsrichtung des Wärmgutes. $\theta(t,z)$ ist die Wärmguttemperatur, $u_\Omega(t,z)$ die Ofenraumtemperatur und $v(t)$ die Transportgeschwindigkeit. Der Koeffizient

$$\frac{\alpha\kappa}{C\rho}$$

wird als konstant angenommen.

Dieses Gleichungsmodell wurde bereits im Kapitel 2 mit Gl. (2.69) eingeführt und in den weiteren Kapiteln in normierter Form unter vielfältigen Gesichtspunkten behandelt.

Das Gleichungsmodell (9.2) enthält ausdrücklich keinen Wärme-*leitungs*anteil (vgl. dagegen Gl. (2.14)). In der Tat wird Wärmeleitung in z-Richtung weitgehend unterbunden, da die einzelnen Aluminiumproben sich nicht berühren. Dennoch wird ein Mangel des mathematischen Modells offenkundig: Es berücksichtigt nicht die Wärmeleitung *innerhalb* jeder Probe in z-Richtung, die zu einem sehr schnellen *örtlichen* Temperaturausgleich innerhalb jeder Probe führt. Die Auswirkungen dieses Effektes werden im folgenden noch deutlich zutage treten. Angesichts der im Vergleich zur Ofenlänge geringen Wärmgutlänge hält sich dieser Modellierungsfehler in Grenzen und wird zugunsten eines einfachen Modells in Kauf genommen.

Eine weitere mögliche Modellverfeinerung könnte der Tatsache Rechnung tragen, daß das Wärmgut nur einseitig bestrahlt wird, während auf der den Pyrometern zugewandten Wärmgutoberfläche Wärme an die u.U. kühlere Umgebung sogar wieder abfließt. Die *rechnerische* Ofenraumtemperatur $u_\Omega(t,z)$ in Gl. (9.2) liegt daher unterhalb der Strahlertemperatur.

Eine nichtlineare Modellierung der Wärmestrahlung (Stefan-Boltzmann-Gesetz nach Art von Gl. (5.4)) kann unterbleiben, da der Ofen nur bis zu einer Strahlertemperatur von etwa 500° C betrieben wird.

Die Untergliederung der Heizzone $0 < z < \ell$ in fünf unabhängig voneinander ansteuerbare Zonen führt in guter Näherung zu einem abschnittsweise ortsunabhängigen Verlauf von $u_\Omega(t,z)$:

$$u_\Omega(t,z) = u_i(t), \qquad (i-1)\cdot\frac{\ell}{5} < z < i\cdot\frac{\ell}{5}, \qquad (9.3)$$

$$i = 1, \ldots, 5.$$

Dies schließt die Möglichkeit ein, durch Parallelschalten der Führungseingänge $w_{S1}(t), \ldots, w_{S5}(t)$ (Bild 9.2) den Ofen über seine gesamte Länge ℓ ortsunabhängig zu beheizen (siehe Abschnitte 9.3 und 9.4). Die Parallelschaltung von $w_{S1}(t)$, $w_{S2}(t)$ einerseits und $w_{S3}(t), \ldots, w_{S5}(t)$ andererseits führt zu einem Zweizonenofen (siehe Abschnitt 9.5).

Im Unterschied zur flächigen Wirkung der Strahler sind die Pyrometer in der hier realisierten Anordnung Beispiele für nahezu punktförmig aufnehmende Meßglieder: Die Meßspannungen $x_i(t)$, $i = 1, \ldots, 5$, entsprechen den Wärmguttemperaturen $\theta_i(t) = \theta(t,i\cdot\ell/5)$, $i = 1, \ldots, 5$, an den äquidistanten ortsfesten Meßstellen $z_i = i\cdot\ell/5$, $i = 1, \ldots, 5$.

9.2.2 Experimentelle Parameteridentifikation

a) Der Koeffizient $\alpha\kappa/C\rho$

Der wichtige Koeffizient $\alpha\kappa/C\rho$ in Gl. (9.2) läßt sich in einfacher Weise experimentell ermitteln: In den auf eine konstante Temperatur vorgeheizten Ofen schiebt man einen mit Wärmgut bestückten Wagen sehr schnell vor das Pyrometer P_1. In Gl. (9.2) ist jetzt $v(t) \equiv 0$, und folglich genügt die (ortsunabhängige) Wärmguttemperatur der *gewöhnlichen* Differentialgleichung

$$\frac{d\theta(t)}{dt} + \frac{\alpha\kappa}{C\rho}\,\theta(t) = \frac{\alpha\kappa}{C\rho}\,u_\Omega. \qquad (9.4)$$

Dies ist die Differentialgleichung eines Verzögerungsgliedes 1. Ordnung mit der Zeitkonstante

$$T_P = \frac{C\rho}{\alpha\kappa}.$$

Der Index P steht für "<u>P</u>robe". Nach Maßgabe dieser Zeitkonstante wird sich also die Aluminiumplatte von anfänglicher Raumtemperatur schließlich auf die Ofentemperatur u_Ω erwärmen. Bild 9.4 zeigt einen auf diese Weise aufgenommenen Meßschrieb. Man liest ab, daß die Zeitkonstante bei

$$T_P = \frac{c\rho}{\alpha\kappa} = 1,5 \text{ min} \tag{9.5}$$

liegt.

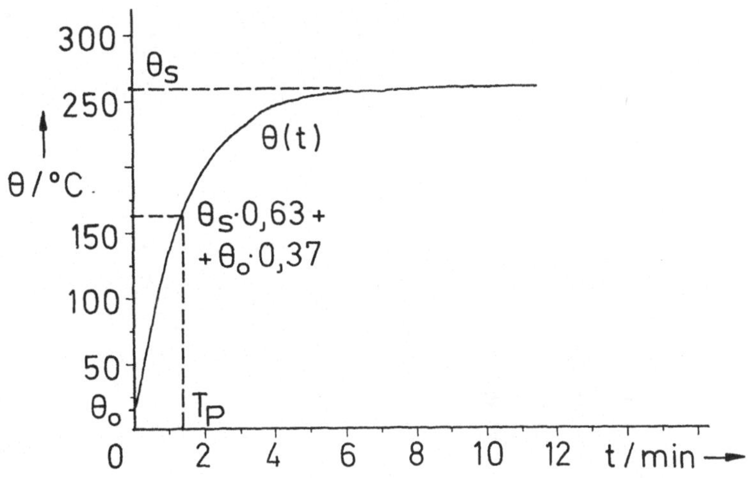

<u>Bild 9.4</u>: Meßschrieb zur Probenerwärmung

b) Statisches und dynamisches Verhalten der fünf Heizregelkreise

Das im vorigen Abschnitt a) beschriebene Experiment liefert zugleich die (hier konstante) rechnerische Ofentemperatur $u_{\Omega s}$. Nach Gl. (9.4) ist sie gleich der Temperatur θ_s, die das Wärmgut schließlich annimmt, im Bild 9.4 also $u_{\Omega s} = 260°$ C.

Ermittelt man den statischen Wert $\theta_s = u_{\Omega s}$ nacheinander für verschiedene konstante Führungsgrößen w_s (Bild 9.5), so gewinnt man die statischen Kennlinien der Heizregelkreise. Im Bild 9.6 ist die Kennlinie des zweiten Heizregelkreises wiedergegeben. Die Kennlinien der übrigen Kreise weisen nur geringfügige Exemplarstreuungen auf. In Ordinatenrichtung ist die Meßspannung x_2 sogleich mittels Gl. (9.1) in die Temperatur $\theta_s = u_{2s}$ umgerechnet worden.

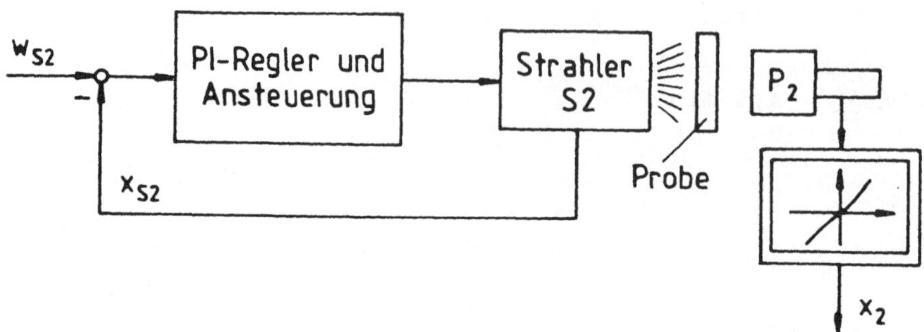

<u>Bild 9.5</u>: Meßaufbau für die statische Kennlinie
des 2. Heizregelkreises

Wie man sieht, ist die Kennlinie in einem großen Bereich nahezu
linear. Die eingezeichnete linearisierende Gerade hat die Steigung

$$K_H = \frac{233 \text{ grd}}{3,1 \text{ V}} = 75 \text{ grd V}^{-1} \,. \tag{9.6}$$

Für Eingangsgrößen $w_S > 6,5$ V geht die Kennlinie in eine durch
das Stellglied bedingte Sättigung über.

Was die Dynamik betrifft, so wurden die Heizregler für ein gut
gedämpftes Verhalten der Übergangsfunktion ausgelegt. Wegen Bild
9.6 ist dieses Verhalten etwas vom Arbeitspunkt abhängig. Bild
9.7 zeigt einen typischen Meßschrieb der Führungssprungantwort
$x_{S2}(t)$. Der geschlossene Heizregelkreis kann im linearen Aus-
steuerbereich mit guter Näherung als Verzögerungsglied 1. Ordnung mit der Zeitkonstante

$$T_H = 0,5 \text{ min} \tag{9.7}$$

beschrieben werden.

Damit ist ein wichtiger Teil der Gesamtanlage modelliert, nämlich das Übertragungsverhalten von den Führungswerten $w_{Si}(t)$
(in V), i = 1, ..., 5, auf die rechnerischen Ofenraumtemperatu-

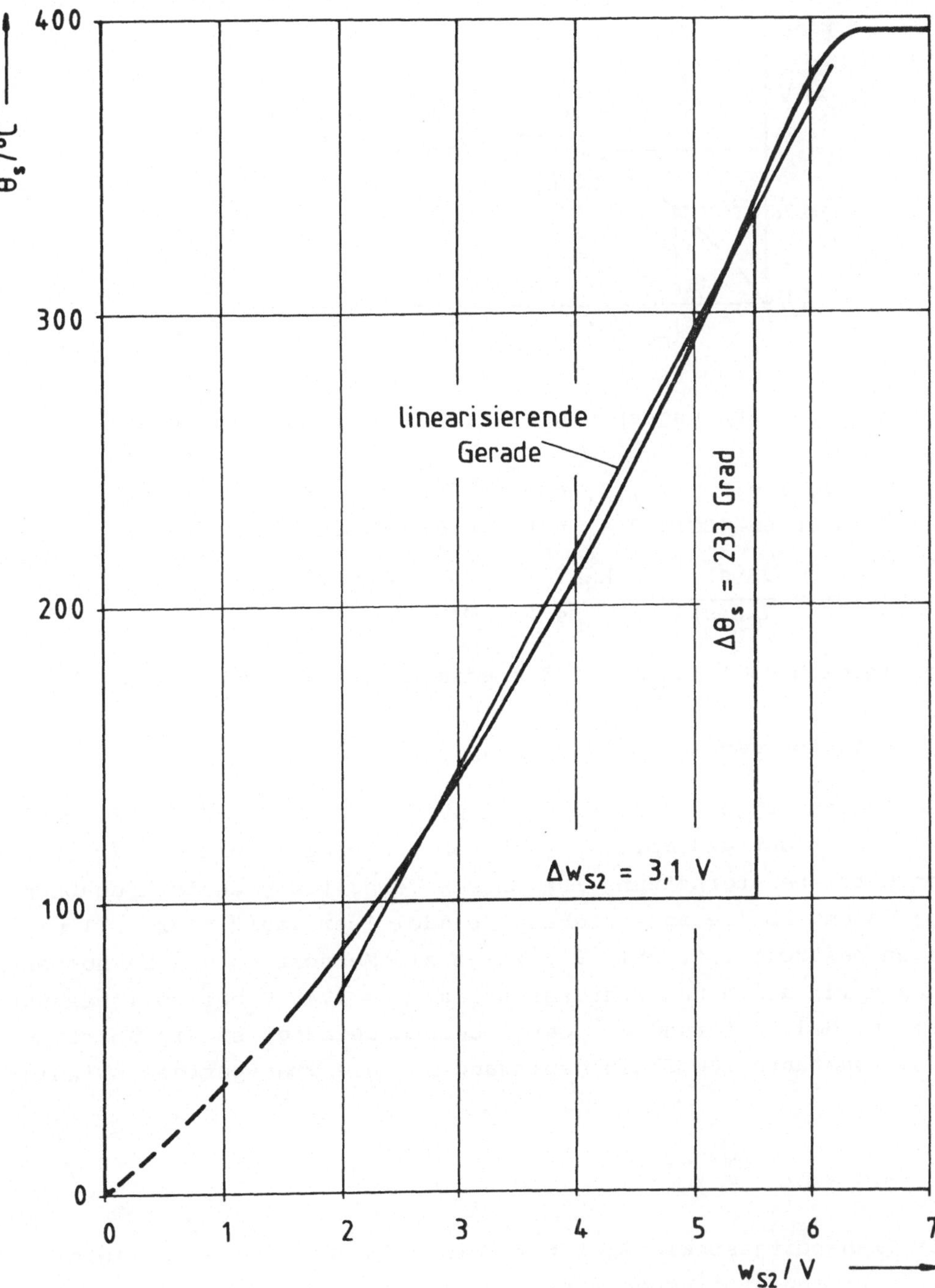

Bild 9.6: Statische Kennlinie des zweiten Heizregelkreises

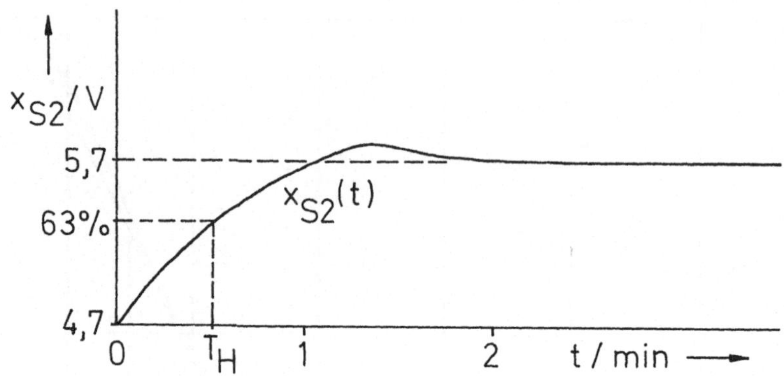

Bild 9.7: Führungssprungantwort eines Heizregelkreises

ren $u_i(t)$, $i = 1, \ldots, 5$, nach Gl. (9.3): Im linearen Bereich
der Kennlinien (Bild 9.6) hat man die Übertragungsfunktionen

$$G_{Hi}(s) = \frac{U_i(s)}{W_{Si}(s)} = \frac{K_H}{1 + T_H s} \, , \quad i = 1, \ldots, 5. \tag{9.8}$$

Der Index H soll dabei auf die Heizregelkreise hinweisen.

c) Verhalten der Antriebsregelung

Die Antriebsregelung im Bild 9.2 wurde ebenso wie die Heizregelkreise auf gut gedämpftes Verhalten ausgelegt. Infolge der star-
ken Getriebeuntersetzung ist dieses Verhalten praktisch unabhängig davon, ob die angetriebene Spindel leer läuft oder voll mit
Wagen bestückt ist. Bild 9.8 zeigt als Meßschrieb die Tachospan-
nung $x_T(t)$ auf einen Führungssprung $w_T = 2{,}45$ V bei voll bestück-
ter Spindel. Aufgrund der Getriebeuntersetzung ist die Übertragungskonstante vom Führungseingang auf die Transportgeschwindigkeit

$$K_T = 0{,}277 \; \frac{cm}{s} \; V^{-1}. \tag{9.9}$$

Die Transportgeschwindigkeit schwingt im angegebenen Beispiel
also auf den statischen Wert

$$v_s = K_T \cdot w_T = 0{,}277 \cdot 2{,}45 \; \frac{cm}{s} = 0{,}678 \; \frac{cm}{s}$$

ein.

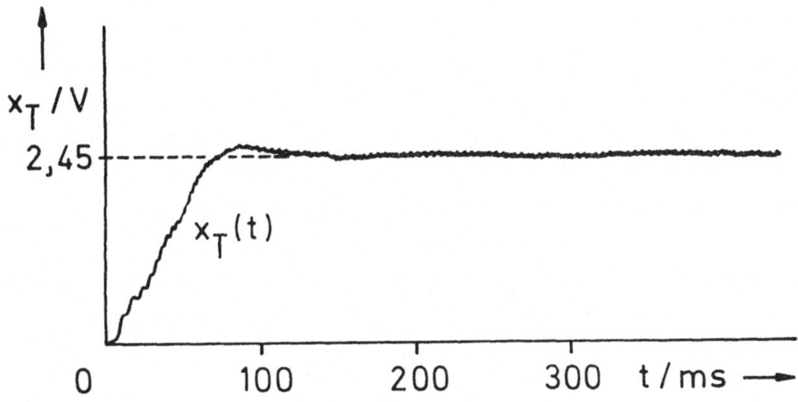

<u>Bild 9.8</u>: Sprungantwort des geregelten Antriebes

Wie man sieht, hat die Drehzahl nach etwa 100 ms ihren statischen
Wert erreicht. Die Einschwingzeit des Antriebsregelkreises ist
also erwartungsgemäß um mehrere Größenordnungen kleiner als die
Zeitkonstanten T_P und T_H für Metallprobe und Heizregelkreis. Daher wird im weiteren die Eigendynamik des Antriebsregelkreises
rechnerisch vernachlässigt.

9.2.3 <u>Modellvalidierung anhand des Nennbetriebszustands</u>

Im Nennbetrieb (Index N) des Durchlaufofens werde gefordert, daß
jede Probe innerhalb einer Verweildauer

$$\tau_N = 3 \text{ min}$$

von der anfänglichen Raumtemperatur

$$\theta_o = 20^\circ \text{ C}$$

bei konstanter Beheizung auf den Wert

$$\theta_N(\ell) = 250^\circ \text{ C} \tag{9.10}$$

erwärmt wird. Die Nenntransportgeschwindigkeit beträgt daher

$$v_N = \frac{\ell}{\tau_N} = \frac{122}{3 \cdot 60} \text{ cm s}^{-1} = 0{,}678 \text{ cm s}^{-1} . \tag{9.11}$$

276

Nach Gl. (9.9) gehört hierzu die Eingangsspannung

$$w_{TN} = \frac{0,678}{0,277} \; V = 2,45 \; V. \tag{9.12}$$

Die erforderliche Ofenraumtemperatur $u_{\Omega N}$ gewinnt man aus der statischen Version des mathematischen Modells (9.2),

$$v_N \frac{d\theta_N(z)}{dz} + \frac{1}{T_P} \theta_N(z) = \frac{1}{T_P} \; u_{\Omega N}. \tag{9.13}$$

Die Lösung dieser Differentialgleichung ist

$$\theta_N(z) = u_{\Omega N} - (u_{\Omega N} - \theta_o) \cdot \exp\left(-\frac{z}{T_P v_N}\right), \tag{9.14}$$

vgl. Gl. (5.12) und Bild 5.1. Setzt man $z = \ell$ und löst nach $u_{\Omega N}$ auf,

$$u_{\Omega N} = \frac{\theta_N(\ell) - \theta_o \cdot e^{-\ell/(T_P v_N)}}{1 - e^{-\ell/(T_P v_N)}}, \tag{9.15}$$

so ergibt sich zahlenmäßig

$$u_{\Omega N} = 286^{\circ} \; C.$$

Nach der Kennlinie im Bild 9.6 gehört hierzu die Eingangsspannung

$$w_{SN} = 5 \; V$$

für jeden der Heizregelkreise. Bei diesem Arbeitspunkt ist die Stellreserve nach oben nicht allzu groß (Bild 9.6), der Ofen ist damit thermisch gut ausgenutzt.

Zur Modellvalidierung und Arbeitspunktkontrolle wurde der leere Ofen mittels

$$w_{Si} = w_{SN} = 5 \; V, \; i = 1, \; \ldots, \; 5,$$

auf eine konstante Temperatur vorgeheizt. Sodann wurden die Proben mittels

$$w_T = w_{TN} = 2,45 \; V$$

mit Nenntransportgeschwindigkeit durch den Ofen gefahren. Nachdem die erste Probe den Ofen verlassen hatte und somit alle Pyrometer im Betrieb waren, wurde der im Bild 9.9 wiedergegebene Meßschrieb aufgenommen. Gestrichelt sind die nach Gl. (9.14) berechneten theoretischen Werte $\theta_N(i \cdot \ell/5)$ ebenfalls eingetragen.

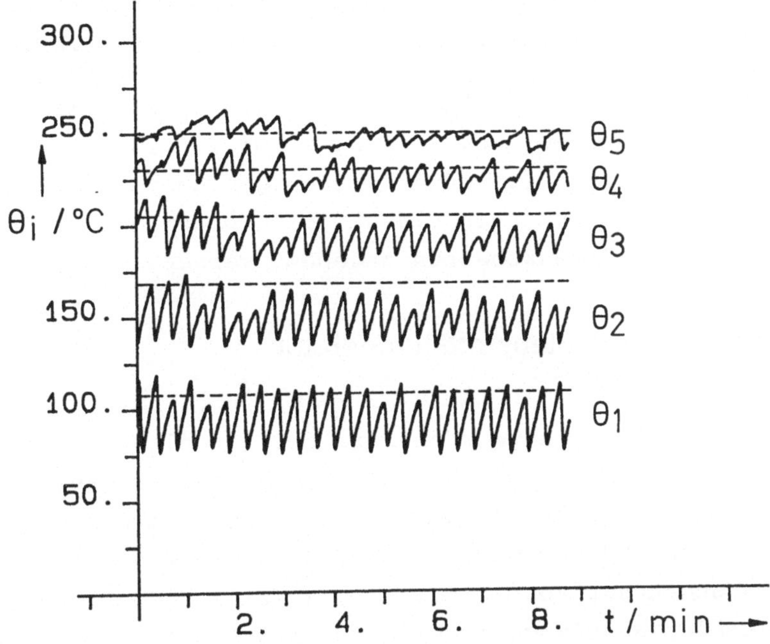

Bild 9.9: Wärmguttemperaturen θ_i an den fünf Meßstellen bei Nennbetrieb

Auffallend ist vor allem der gezackte Verlauf der Meßwerte. Er erklärt sich unmittelbar aus dem bereits angesprochenen Effekt der Wärmeleitung innerhalb jeder Probe, der im mathematischen Modell vernachlässigt wurde. Diese Erscheinung führt zu einer kontinuierlichen *zeitlichen* Erwärmung jeder Probe. Daher verursacht jede Probe einen Sägezahn im Meßwertverlauf, während sie am Pyrometer P_i vorbeizieht. Im Bild 9.9 kann man leicht nachzählen, daß während der Verweildauer $\tau_N = 3$ min ca. 9 Proben an jedem

Pyrometer vorbeibewegt werden. Die Sägezahnhöhe nimmt von P_1 bis P_5 ab, da die Probentemperatur sich immer mehr einem konstanten Wert nähert.

Repräsentativ für die Probentemperatur an der Meßstelle P_i ist der *Mittelwert* der jeweiligen Sägezahnkurve. Wie man sieht, weicht dieser Mittelwert - abgesehen von der 4. und 5. Meßstelle - etwas vom rechnerischen Wert ab. Dies hat seine Ursache in der im Abschnitt 9.2.1 eingeführten *rechnerischen* Ofenraumtemperatur, die die realen Verhältnisse nicht völlig genau wiedergibt.

Die festgestellten Modellierungsfehler fallen nicht allzu sehr ins Gewicht und werden bei den folgenden Reglerentwürfen in Kauf genommen. Lediglich bei der meßwertabhängigen Geschwindigkeitsverstellung in den Abschnitten 9.4 und 9.5 werden die Reglerparameter an die wahren Streckendaten angepaßt werden.

9.3 Regelung der Wärmgutaustrittstemperatur über die Ofenheizung

Bei den folgenden Reglerentwürfen wird der Durchlaufofen nach Bild 9.2 einschließlich der fünf Heizregelkreise und des Antriebsregelkreises als Regelstrecke im weiteren Sinn betrachtet. Als Steuergrößen stehen daher $w_{S1}(t)$, ..., $w_{S5}(t)$ sowie $w_T(t)$ zur Verfügung, als Ausgangsgrößen $x_1(t)$, ..., $x_5(t)$. Um die Strukturbilder der folgenden Regelungsentwürfe nicht grafisch zu überladen, wird diese Regelstrecke durch das Blocksymbol nach Bild 9.10 charakterisiert. Die Hauptregelgröße ist in allen Fällen die Wärmgutaustrittstemperatur $\theta_5(t)$, der der Meßwert $x_5(t) = y(t)$ entspricht.

Physikalisch sind sämtliche Größen im Bild 9.10 elektrische Spannungen. Für eine dimensionslose Durchführung der Entwürfe werden sie auf 10 V normiert, ohne jedoch neue Bezeichnungen einzuführen. Die Zeit t sowie sämtliche Zeitkonstanten werden auf 1 s normiert.

Die zu entwerfenden Regler werden in digitaler Technik realisiert. Hierzu steht ein Mikroprozessorsystem auf Basis 8086 zur Verfügung, das in der Sprache "TURBO-PASCAL" programmiert wird. Die

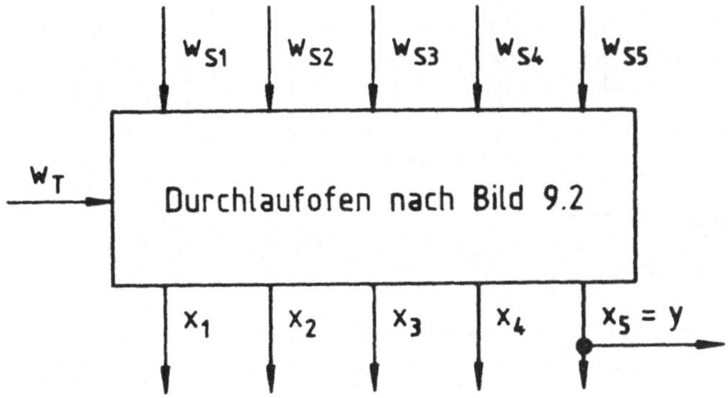

Bild 9.10: Blocksymbol der Strecke

analogen Meßwerte der Strecke werden über einen 8-Kanal-A/D-Wandler eingelesen und die Stellwerte über einen 4-Kanal-D/A-Wandler ausgegeben, jeweils mit 12 bit Auflösung. Die Algorithmen der zeitdiskreten Regler arbeiten mit der Abtastperiode T = 200 ms. Diese ist gegenüber den thermischen Zeitkonstanten der Strecke so klein, daß die Regelung quasi-kontinuierlich wirkt. Daher dürfen die Regler ohne weiteres mit Methoden der kontinuierlichen Systeme entworfen werden.

Zunächst soll ein ganz einfacher Temperaturregelkreis betrachtet werden, der an das Beispiel 7.1 erinnert: Nach Bild 9.11 wird bei Nenndurchsatz die Wärmgutaustrittstemperatur über die Ofenheizung geregelt. Dabei wird durch Parallelschalten aller w_{Si}, $i = 1, \ldots, 5$, eine praktisch ortsunabhängige Beheizung der Ofenzone erreicht: Im Gleichungsmodell (9.2) wird daher

$$u_\Omega(t,z) = u(t), \quad 0 < z < \ell. \tag{9.16}$$

Dies entspricht genau der Annahme, die auch in den zurückliegenden Kapiteln beim Ofenbeispiel stets getroffen wurde.

Die Meßwerte $x_1(t), \ldots, x_4(t)$ werden hier nicht für die Regelung herangezogen, jedoch für die Protokollierung ebenso wie $x_5(t)$ aufgenommen.

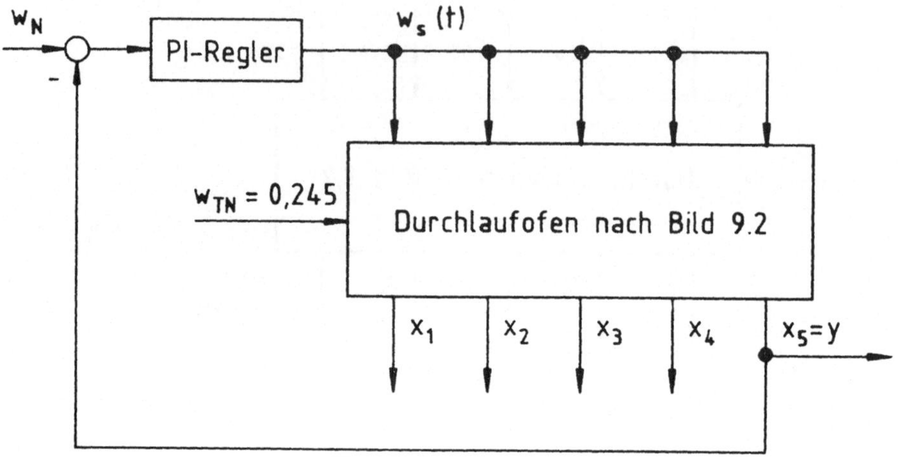

<u>Bild 9.11</u>: Temperaturregelkreis

Der gewünschten Nennaustrittstemperatur $\theta_5 = 250^\circ$ C entspricht wegen Gl. (9.1) der normierte Sollwert

$$w_N = \frac{250}{320} = \underline{0,78}.$$

Die Regelung erfolgt (im Unterschied zu Beispiel 7.1) mit einem PI-Regler

$$G_R(s) = K_R \cdot \frac{1 + T_R s}{s} \; .$$

Dieser "sieht" die Regelstrecke

$$G_S(s) = K_M \cdot \frac{K_H}{1 + T_H s} \cdot \frac{1}{1 + T_P s} \cdot \left[1 - \exp\left(-\frac{\ell}{T_P v_N}\right) \cdot \exp\left(-\frac{\ell}{v_N} s\right) \right]. \tag{9.17}$$

Der Ausdruck ergibt sich unmittelbar mit Gl. (9.1), (9.5), (9.8), sowie der Gl. (7.10), in der lediglich die Symbole zu aktualisieren sind ($c \,\hat{=}\, 1/T_P$, $u_{1s} \,\hat{=}\, v_N$, $z = \ell$).

Mit den Zahlenwerten nach Abschnitt 9.1 und 9.2 wird in normierter Form

$$G_S(s) = \frac{2,34}{(1+30s)\,(1+90s)} \cdot \left(1 - e^{-2} \cdot e^{-180s}\right).$$

Der Faktor $e^{-2} = 0,1353 \ll 1$ entspricht dem Radius r in der Ortskurvendarstellung im Bild 7.1. Folgt man dem Grundsatz, den Entwurfsaufwand nur so weit zu treiben wie erforderlich, so kann man $G_S(s)$ ohne weiteres annähern durch (vgl. den Text am Ende von Abschnitt 6.5.1)

$$G_S(s) \approx \frac{2,34}{(1+30s)\,(1+90s)}. \tag{9.18}$$

Man kompensiert nun in bekannter Weise mittels

$$T_R = 90$$

die größte Streckenzeitkonstante und erhält so den offenen Kreis

$$G_O(s) = G_R(s)\,G_S(s) = \frac{K}{s(1+30s)},$$

mit

$$K = 2,34\ K_R.$$

Damit ergibt sich die Führungsübertragungsfunktion

$$G_W(s) = \frac{G_O(s)}{1+G_O(s)} = \frac{1}{1+\frac{1}{K}s+\frac{30}{K}s^2}.$$

Dieses Verzögerungsglied 2. Ordnung mit der Zeitkonstante

$$T = \sqrt{\frac{30}{K}}$$

und der Dämpfung

$$d = \frac{1}{2KT}$$

wird mittels K für die Dämpfung $d = 0,7$ ausgelegt. Das ergibt

$$K = 0,017$$

also

$$\underline{K_R = 7,27 \cdot 10^{-3}}.$$

Der PI-Regler hat damit die Übertragungsfunktion

$$G_R(s) = 7,27 \cdot 10^{-3} \cdot \frac{1 + 90s}{s} \; . \tag{9.19}$$

In der digitalen Realisierung wurde der Ausgang dieses Reglers
auf 0 V nach unten und 6,5 V nach oben begrenzt, da die unterlagerten Heizregelkreise (siehe Bild 9.6) darüber hinausgehende
Werte ohnehin abschneiden. Man vermeidet so ein dynamisch ungün-
stiges Hochlaufen des Hauptreglers $G_R(s)$.

Der so entworfene Regler soll zunächst in der Simulation erprobt
und dann auf den realen Ofen angewandt werden. Hierbei wie auch
bei den Strukturerweiterungen nach Abschnitt 9.4 und 9.5 wird
stets die gleiche Anfangssituation gewählt, kalter Ofen voll mit
kaltem Wärmgut bestückt (Raumtemperatur), um die Ergebnisse ver-
gleichen zu können. Man kann sich diese Anfangssituation z.B.
als Ergebnis einer vorausgegangenen Notabschaltung entstanden
denken. Im Hinblick auf den gewünschten Nennbetriebszustand
(Abschnitt 9.2.3) liegt somit eine beträchtliche Anfangsabwei-
chung vor.

Anders als im Beispiel 8.9 stützt sich die Simulation diesmal
nicht auf die Methode der gewichteten Reste, denn diese Methode
vermag den hier vorliegenden *Stückprozeß* nur unscharf wiederzugeben. Da die Simulation jetzt ohnehin auf dem Digitalrechner
erfolgen soll, bietet es sich an, den Temperaturverlauf in jeder einzelnen Probe auf dem Weg durch den Ofen zu simulieren.
Nach Abschnitt 9.2 darf jede Aluminiumprobe mit guter Näherung
als Verzögerungsglied 1. Ordnung modelliert werden. Geht man davon aus, daß sich jederzeit rund 10 Proben im Ofen befinden, so
kann man jedem der fünf Strahler zu jedem Zeitpunkt rechnerisch
je 2 Proben zuordnen.

Der Transportvorgang wird - nachrichtentechnisch gesprochen -
als Schieberegister nachgebildet, wobei sich der Registerinhalt
jedes der 10 Speicher kontinuierlich verändert. Getaktet wird
das Register durch zeitliche Integration der Transportgeschwindigkeit v(t): Immer wenn der daraus berechnete Transportweg

einer Probenlänge entspricht, werden die Temperaturen der einzelnen Proben auf die jeweils folgenden übertragen. Die in den Ofen hineingeschobene erste Probe erhält dann den Anfangswert von hier 20° C.

Diese Simulationsmethode unterscheidet sich wesentlich von dem im Abschnitt 6.6 angesprochenen finiten Differenzenverfahren. In der Numerik ist sie als *Charakteristikenverfahren* bekannt. Kennzeichnend für dieses Verfahren ist - vereinfacht ausgedrückt - die Überführung der partiellen Transportdifferentialgleichung (9.2) in eine gewöhnliche Differentialgleichung, indem man ein mit der Geschwindigkeit $v(t)$ mitbewegtes Koordinatensystem wählt.

In der Struktur nach Bild 9.11 ist die Transportgeschwindigkeit von Anfang an konstant und sind alle 5 Strahler parallelgeschaltet. Das beschriebene Simulationsverfahren ist jedoch in gleicher Weise anwendbar, wenn der Durchsatz dynamisch verstellt wird (Abschnitt 9.4) und wenn die Strahler unabhängig voneinander angesteuert werden (Abschnitt 9.5). Sämtliche in der Regelungsstruktur vorhandenen konzentrierten Teilsysteme werden quasi-kontinuierlich simuliert (Zeitinkrement 1 s), und alle Reglerbegrenzungen werden nachgebildet.

Auf diese Weise wurde mit dem Regler nach Gl. (9.19) der Simulationsschrieb im Bild 9.12 aufgenommen. Ihm wird sogleich im Bild 9.13 das Anfahrverhalten des realen Ofens gegenübergestellt. Wie man sieht, gibt die Simulation das reale Systemverhalten recht gut wieder. Im oberen Teilbild (a) sind jeweils die fünf mit den Pyrometern gemessenen Wärmguttemperaturen $\theta_1(t)$, ..., $\theta_5(t)$ dargestellt, im unteren Teilbild (b) die Meßspannung $x_{S2}(t)$ des Thermoelementes am 2. Strahler (stellvertretend für alle parallelgeschalteten Strahler). Diese Größe ist deshalb recht interessant, weil sie zugleich das Zeitverhalten der Strahlertemperatur und der rechnerischen Ofenraumtemperatur wiedergibt.

Nach den Erläuterungen im Abschnitt 9.2.3 braucht der sägezahnförmige Verlauf der $\theta_i(t)$ nicht weiter zu stören. Keinesfalls darf diese Erscheinung als eine Art Instabilität oder gar als nichtlineare Grenzschwingung interpretiert werden! Innerhalb

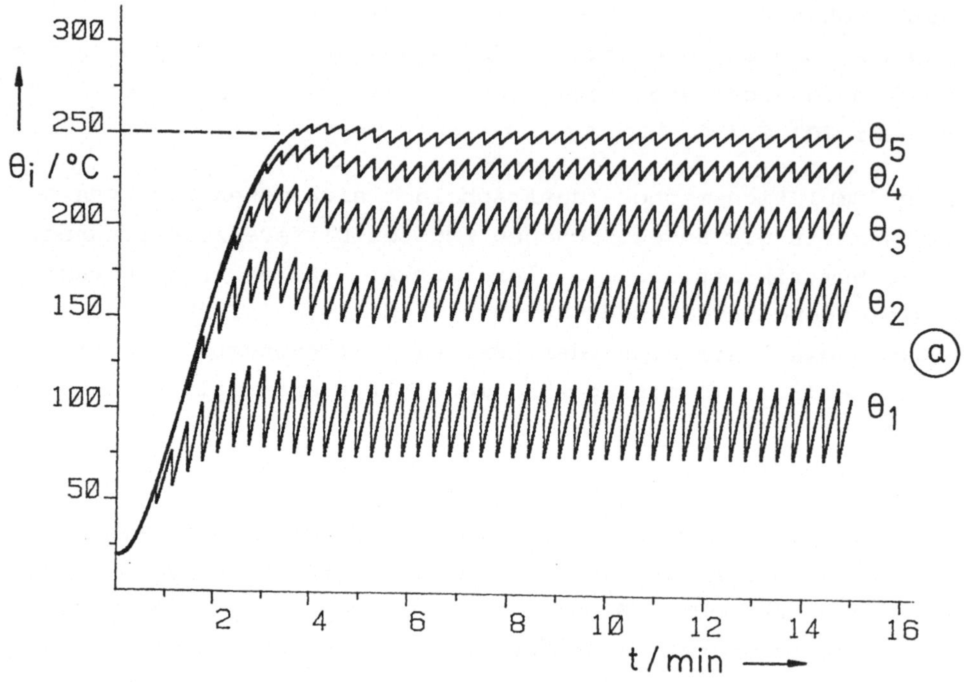

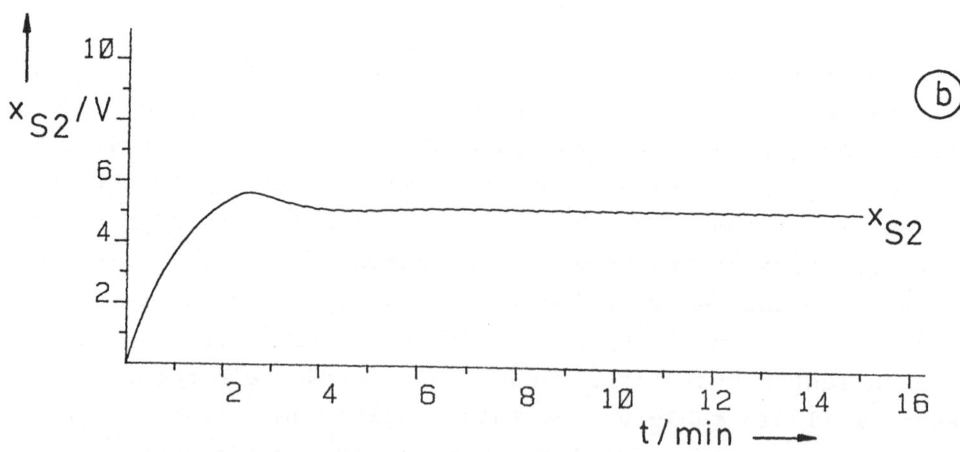

<u>Bild 9.12</u>: Simulation des Anfahrverhaltens
der Regelung nach Bild 9.11

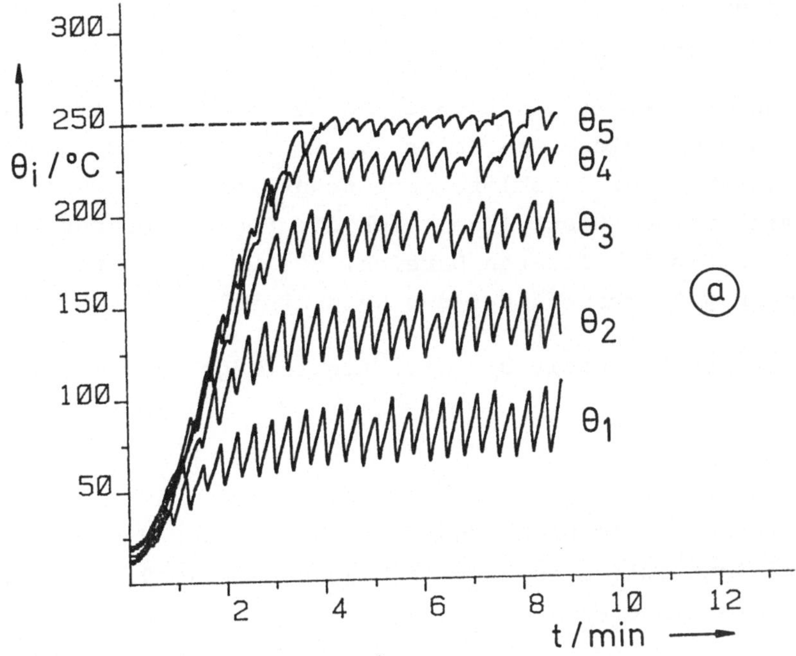

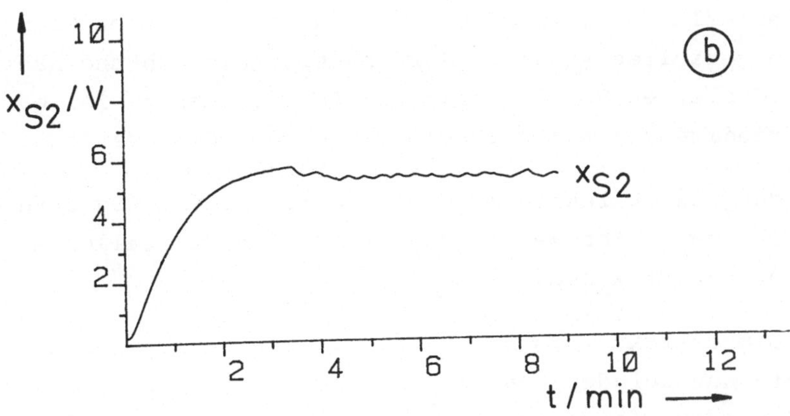

Bild 9.13: Anfahrverhalten der Regelung nach Bild 9.11 beim realen Ofen

jeder einzelnen Probe ergibt sich vielmehr ein weicher, stetiger Temperaturverlauf.

Wegen der guten thermischen Ausnutzung des Ofens (geringe Stellreserve nach oben, siehe Abschnitt 9.2.3) erfolgt das Anfahren an der Heizgrenze der Strahler. Nach etwa 2,5 min (Simulation) bzw. 3,5 min (realer Ofen) lösen sich die Regler aus der Begrenzung und arbeiten im linearen Bereich. Die Größe $x_{S2}(t)$ schwingt dann gut gedämpft auf den Nennbetriebswert von 5 V ein.

Während der Einschwingzeit T_e = 3,5 min beträgt der Transportweg

$$\ell_T = v_N \cdot T_e = 142 \text{ cm}.$$

Daher verlassen ca. 10 Proben den Ofen, bevor der Nennbetriebszustand erreicht ist! Dies läßt sich auch im Bild 9.13 an der Anzahl der Sägezähne ablesen.

9.4 Erweiterung um eine Meßvektorrückführung zur gezielten Verstellung des Durchsatzes

Bereits im Beispiel 8.9 wurde deutlich, wie die Regelung über den Durchsatz das dynamische Verhalten von Fließprozessen günstig zu beeinflussen vermag: Beim Anfahren des kalten Ofens wird durch gezieltes Anhalten der Transporteinrichtung während einer wohldosierten Vorwärmphase verhindert, daß zuviel Wärmgut mit unbefriedigender Austrittstemperatur den Ofen verläßt.

Die Anwendung der Direkten Methode führte auf das Reglerfunktional (8.130), das unter Verwendung von fünf Stützstellen mit Gl. (8.132) angenähert wurde.

Nach der Grundstruktur im Bild 3.6 soll ein derartiges Regelungsgesetz nun auf den realen Ofen zur Unterstützung des im Abschnitt 9.3 entworfenen Temperaturregelkreises angewandt werden. Hierzu stehen die fünf Pyrometermeßwerte $x_1(t)$, ..., $x_5(t)$ zur Verfügung.

Der schaltende Regler nach Gl. (8.132) muß im Hinblick auf das Verhalten und die Parameter des realen Ofens etwas modifiziert werden. Das Argument der Schaltfunktion lautet nach Gl. (8.130) - wenn man von Abweichungen zu den Originalgrößen übergeht -

$$\frac{1}{2}[x(t,1) - x_s(1)]^2 + \int\limits_{z=0}^{1} x_s'(z)[x(t,z) - x_s(z)]dz.$$

Es empfiehlt sich, den hier einzutragenden statischen Zustand $x_s(z)$ an den Meßschrieb nach Bild 9.9 (Nennbetrieb) anzupassen. Hierzu wird in Anlehnung an Gl. (9.14) der Ansatz

$$x_s(z) = c_1 - c_2 \cdot e^{-c_3 z}$$

gemacht. Die Parameter c_1, c_2 und c_3 werden in der Weise an die *realen* Verhältnisse angepaßt, daß die Werte $\theta_o = 20^\circ$ C, $\theta_2 = 145^\circ$ C und $\theta_5 = 250^\circ$ C im Bild 9.9 richtig wiedergegeben werden. Das ergibt numerisch in normierter Form schließlich

$$x_s(z) = 1,1 - 1,031 \cdot e^{-1,175z}. \tag{9.20}$$

Die Ermittlung dieses angeglichenen Ortsprofils ist auch deshalb zweckmäßig, weil man die im obigen Funktional benötigte Ableitung $x_s'(z)$ nun analytisch bilden kann. Wertet man daraufhin das Integral wie im Beispiel 8.9 mit der Trapezregel aus, so ergibt sich das folgende, gegenüber Gl. (8.132) modifizierte Argument der Signumfunktion:

$$f(\underline{x}) = 0,3922x_1 + 0,3036x_2 + 0,24x_3 + 0,1896x_4 -$$
$$- 1,484x_5 + x_5^2 + 0,028. \tag{9.21}$$

Eine weitere Modifikation der Gl. (8.132) betrifft die Signumfunktion selbst: In den Bildern 8.11 und 8.12 ist eine steile Spitze im Geschwindigkeitsverlauf erkennbar, die von der Schaltfunktion herrührt. In der praktischen Anwendung möchte man einen weichen Verlauf dieser Stellgröße erzielen. Schon aus Gründen der Stabilität verbietet sich die Verwendung des schaltenden Reglers bei der realen Anlage. Denn insbesondere zwei Modellvorstellungen, auf denen der Regler (8.130) entscheidend beruht, sind bei der realen Anlage nicht gegeben:

a) Reiner Transportvorgang ohne Wärmeleitung (vgl. dagegen
   Bild 9.9 und den zugehörigen Text)

b) Verfügbarkeit des gesamten Wärmgut-Temperaturprofils
   $x(t,z)$.

Man muß deshalb nicht das gesamte Regelungskonzept verwerfen.
Es genügt bereits, den Zweipunktregler durch einen entsprechend
begrenzten PI-Regler zu ersetzen. Der I-Anteil ist deshalb wichtig, weil er im statischen Zustand (ebenso wie der Zweipunktregler)

$$f(\underline{x}) = 0$$

erzwingt. Auf diese Weise wird ein größerer statischer Profil-
fehler vermieden.

Die Struktur der gesamten Regelung ist im Bild 9.14 wiedergegeben. Unter Berücksichtigung praktischer Erfordernisse spiegelt
sie die Grundstruktur nach Bild 3.6 wider.

Der Regler 1 entspricht dem PI-Regler aus Abschnitt 9.3 (Bild
9.11) und wird von dort unverändert übernommen.

Die Ausgangsspannung des PI-Reglers 2 wird im Algorithmus auf
0 V nach unten und 8,4 V nach oben (entsprechend v_{max}) begrenzt.
Auf diese Weise kann der Antrieb wie gewünscht bis zum Still-
stand abgebremst werden.

Angesichts der bereits beträchtlichen Komplexität der realen,
nichtlinearen Regelungsstruktur nach Bild 9.14 ist die theore-
tisch abgesicherte und zugleich dynamisch wirkungsvolle Dimen-
sionierung von P- und I-Anteil des Reglers 2 keine leichte Aufgabe. Man stößt hier bereits an die Grenzen der heute verfügbaren theoretischen Verfahren. Daher wurde für die Einstellung
dieser beiden Reglerparameter ein experimenteller Weg gewählt.
Mit Hilfe der im Abschnitt 9.3 beschriebenen digitalen Simulationsmethode wurde für den Regler 2 die Einstellung

$$G_{R2}(s) = 0{,}05 \cdot \frac{1 + 20s}{s} \tag{9.22}$$

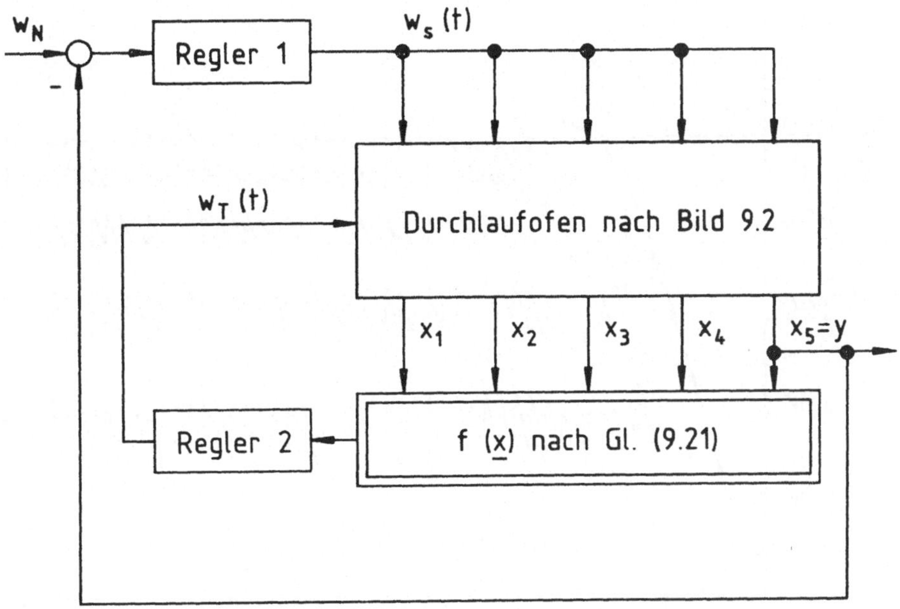

Bild 9.14: Temperaturregelkreis, erweitert um eine Meßvektorrückführung zur Durchsatzverstellung

als günstig ermittelt, da sie zu einem weichen und gut gedämpften Verlauf der Transportgeschwindigkeit führt. Die entsprechende Führungsgröße $w_T(t)$ ist in dem Simulationsschrieb im Bild
9.15 zusätzlich zu den bereits aus Bild 9.12 bekannten Größen
dargestellt. Die Unruhe in den Pyrometermeßwerten schlägt über
den Regler 2 etwas auf die Größe $w_T(t)$ durch.

Bild 9.16 zeigt die am realen Ofen aufgenommenen Größen, die
offenbar auch hier von der Simulation mit recht guter Genauigkeit vorweggenommen wurden.

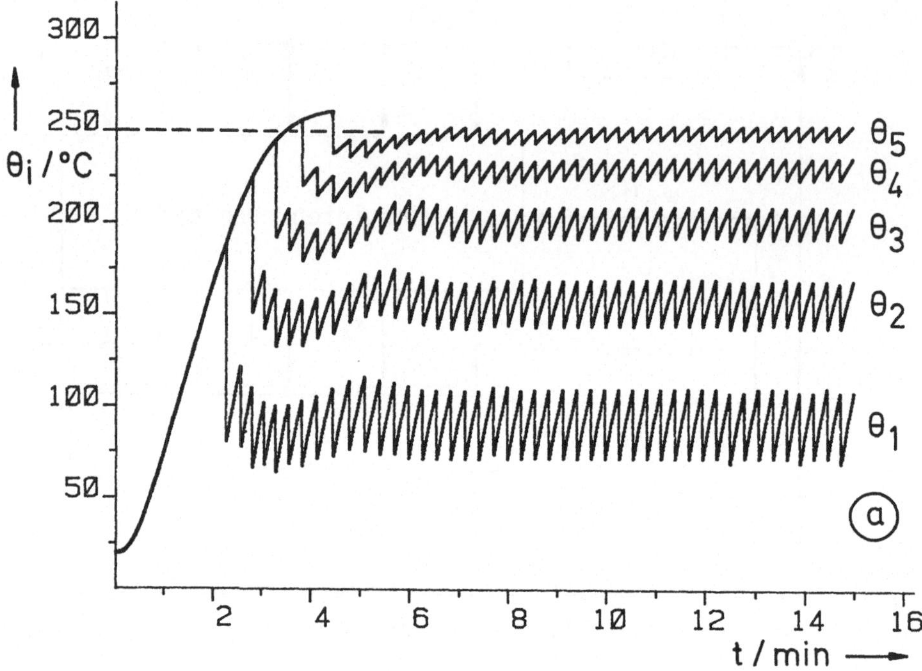

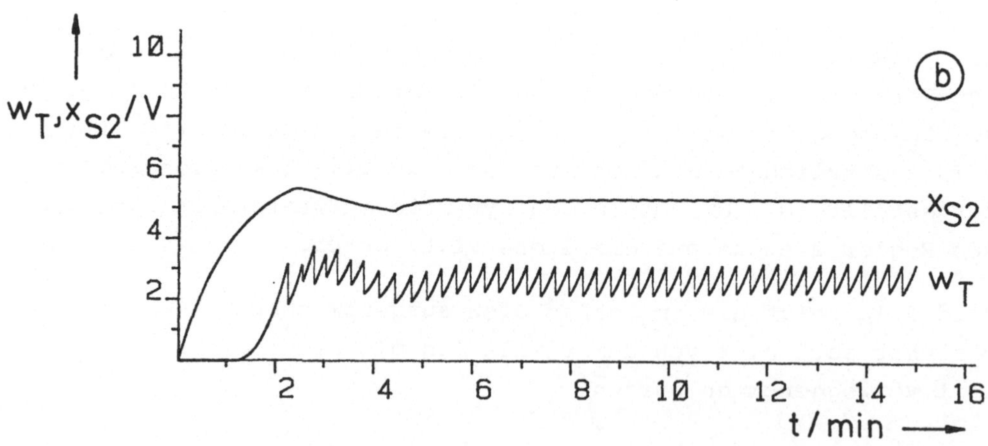

Bild 9.15: Simulation des Anfahrverhaltens
der Regelung nach Bild 9.14

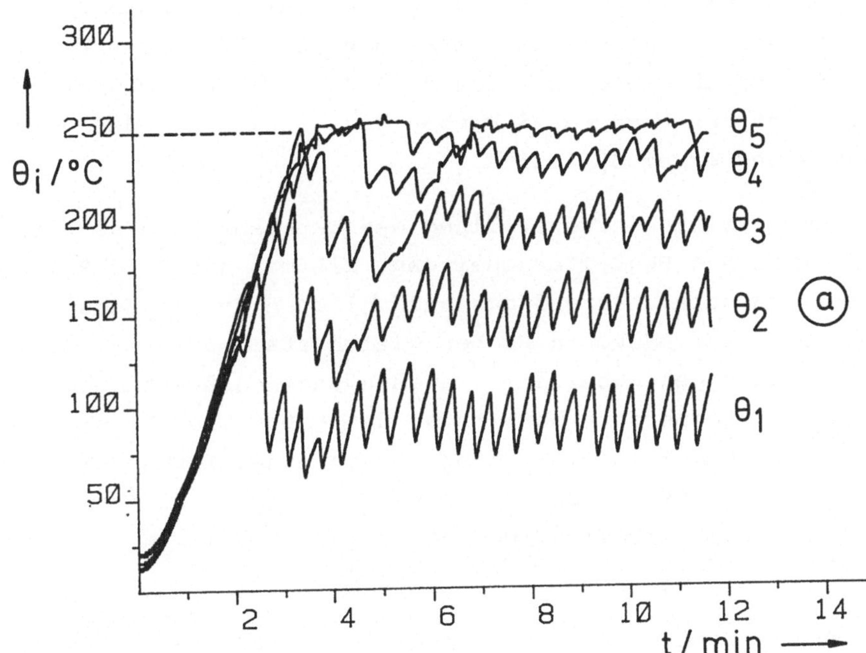

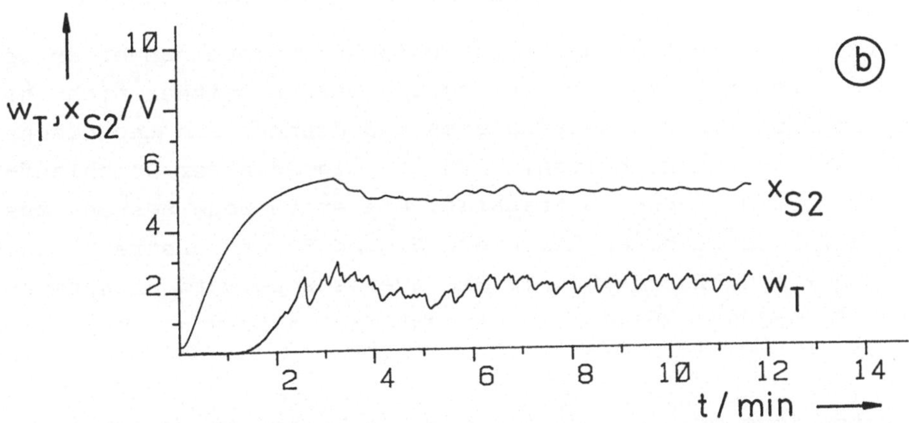

Bild 9.16: Anfahrverhalten der Regelung nach
Bild 9.14 beim realen Ofen

Die Verbesserung im Verhalten gegenüber dem Betrieb mit konstantem Durchsatz ist deutlich zu erkennen: Der Transport kommt erst nach einer Vorwärmzeit von etwa 2 Minuten in Gang. Dadurch verlassen jetzt nur noch ca. 3 Proben den Ofen, bevor der Nennbetriebszustand erreicht ist!

Jedoch impliziert die Verstellung des Durchsatzes eine nicht immer erwünschte Begleiterscheinung, die man aus Bild 9.15 und 9.16 ablesen kann: Während des anfänglichen Stillstands werden alle im Ofen befindlichen Proben gleich stark erwärmt. Dies führt zu einer gegenüber dem eingeschwungenen Zustand unnötig hohen Wärmguttemperatur bereits an den Meßstellen P_1 und P_2 (siehe $\theta_1(t)$ und $\theta_2(t)$). Erst bei beginnendem Transport werden diese Temperaturwerte drastisch zurückgenommen. Wie man sieht, wirkt sich der tiefe Einbruch auch noch auf $\theta_5(t)$ am Ofenausgang aus.

Will man die Nachteile dieser Erscheinung reduzieren und dennoch die genannten Vorteile der Durchsatzverstellung bewahren, so muß man *die Heizung örtlich differenzierter gestalten*. Ein derartiger Entwurf soll Gegenstand des nächsten Abschnitts sein.

9.5 Erweiterung zu einer Mehrgrößenregelung mit zwei Heizzonen

Unser Laborofen verfügt über fünf unabhängig voneinander ansteuerbare Heizzonen. Diese Freiheitsgrade wurden seither nicht genutzt. Um ihre Wirkung zu studieren und dennoch den technischen Aufwand in Grenzen zu halten, wird im folgenden der Durchlaufofen mit *zwei* Heizzonen betrachtet. Die erste Zone bestehe aus den parallel betriebenen Strahlern S_1 und S_2 und erstreckt sich somit von $z = 0$ bis $z = 0,4\,\ell$. Die zweite Zone wird entsprechend aus S_3, S_4 und S_5 gebildet, erstreckt sich also von $z = 0,4\,\ell$ bis $z = \ell$.

Der ersten Zone wird als Regelgröße die Temperatur $\theta_2(t)$ bzw. Meßspannung $x_2(t)$ zugeordnet, während die zweite Zone für die Hauptregelgröße $\theta_5(t)$ bzw. $x_5(t)$ verantwortlich sein soll.

Die Gesamtstruktur der Regelung ergibt sich damit ganz zwangsläufig so wie im Bild 9.17 dargestellt.

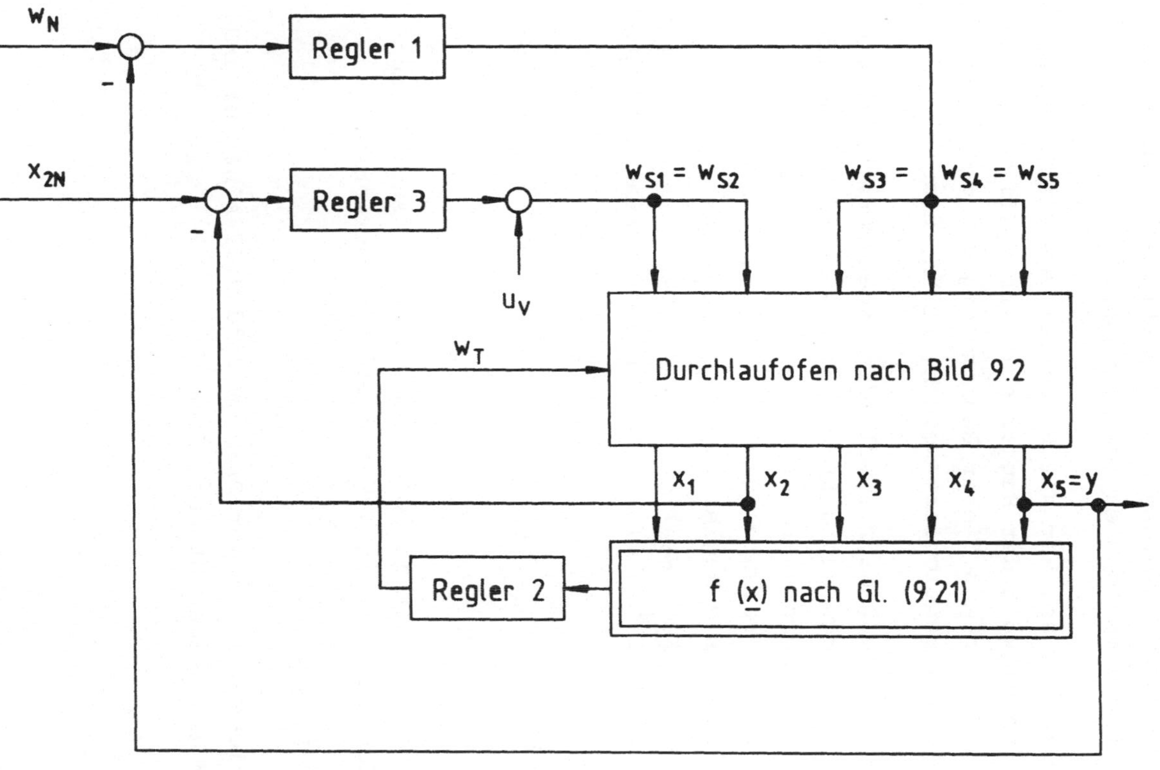

Bild 9.17: Regelungsstruktur für den Zweizonen-Durchlaufofen

294

Der Regler 2 sowie die zugehörige Funktion f($\underline{x}$) werden unverändert von dem Entwurf nach Abschnitt 9.4 übernommen. Wie seither
soll diese Meßvektorrückführung über den Durchsatz das Tempera-
turprofil des Wärmgutes im Ofen beeinflussen.

Der Regler 1 wird wie seither als PI-Regler ausgelegt, da er
die statische Genauigkeit der Hauptregelgröße $x_5(t) = y(t)$ garantieren soll. Jedoch muß dieser Regler aufgrund der andersar-
tigen Struktur neu dimensioniert werden (siehe unten).

Der neu hinzugekommene Regler 3 soll die Regelgröße $x_2(t)$ möglichst schnell auf ihren Nennwert x_{2N} bringen, der als Sollwert
eingespeist wird. Insbesondere soll dieser Regler die im Bild
9.16 festgestellte Übererwärmung an der Meßstelle P_2 reduzieren.
Dieser Regler wird als P-Regler ausgelegt. Um auch im eingeschwungenen Zustand ($x_2 = x_{2N}$) die erste Strahlergruppe versor-
gen zu können, wird hinter diesem Regler die konstante Vorsteu-
ergröße

$$u_V = w_{SN} \quad (\hat{=} 5\,V)$$

eingekoppelt.

Die Regler 1 und 3 werden im folgenden unter der Annahme entworfen, der Ofen arbeite mit *Nenn*durchsatz entsprechend

$$w_T = w_{TN} \quad (\hat{=} 2,45\,V).$$

In diesem Betriebsfall ist der Ofen im Bild 9.17 eine *Zweigrößenstrecke* mit den beiden Steuergrößen

$$w_{S1}(t) = w_{S2}(t)$$

und

$$w_{S3}(t) = w_{S4}(t) = w_{S5}(t)$$

sowie den beiden Regelgrößen $x_2(t)$ und $x_5(t)$.

Im Abschnitt 7.2 wurden verschiedene Verfahren zur näherungsweisen Entkopplung von Mehrgrößenstrecken mit verteilten Parametern
beschrieben. Demgegenüber ist im Bild 9.17 keinerlei Entkopp-
lungsmaßnahme vorgesehen.

*Eine Entkopplung ist hier deshalb entbehrlich, weil die Zweigrö-
ßenstrecke nur einseitig gekoppelt ist.*

Dies hängt ursächlich mit dem rückwirkungsfreien, gerichteten
Transportvorgang zusammen: Die aus S_3, S_4 und S_5 gebildete Strah-
lergruppe beeinflußt (nahezu) *nicht* die Wärmguttemperatur $\theta_2(t)$.
Man kann den Zweizonenofen durch gedankliches Auftrennen an der
Stelle $z = 0,4\,\ell$ in *zwei Einzonenöfen* zerlegen. Die Wärmgut-
"Austrittstemperatur" $\theta_2(t)$ beim ersten Teilofen ist zugleich
die Wärmgut-"Eintrittstemperatur" für den zweiten Teilofen.

Auf jeden der beiden Teilöfen läßt sich Gl. (6.66) sinngemäß anwenden. Auf diese Weise ergibt sich für den Zweizonenofen bei
Nenndurchsatz die im Bild 9.18 dargestellte Struktur. Bei Berücksichtigung der unterlagerten Heizregelkreise, Gl. (9.8), erhält
man für die einzelnen Übertragungsfunktionen im Bild 9.18 die
folgenden Ausdrücke:

$$G_{SO1}(s) = \exp\left(-\frac{0,4\ell}{T_P v_N}\right)\exp\left(-\frac{0,4\ell}{v_N}\,s\right), \tag{9.23}$$

$$G_{S11}(s) = \frac{K_H}{1+T_H s}\cdot\frac{1}{1+T_P s}\cdot\left[1 - \exp\left(-\frac{0,4\ell}{T_P v_N}\right)\exp\left(-\frac{0,4\ell}{v_N}\,s\right)\right], \tag{9.24}$$

$$G_{S12}(s) = \exp\left(-\frac{0,6\ell}{T_P v_N}\right)\exp\left(-\frac{0,6\ell}{v_N}\,s\right), \tag{9.25}$$

$$G_{S22}(s) = \frac{K_H}{1+T_H s}\cdot\frac{1}{1+T_P s}\cdot\left[1 - \exp\left(-\frac{0,6\ell}{T_P v_N}\right)\exp\left(-\frac{0,6\ell}{v_N}\,s\right)\right]. \tag{9.26}$$

Der Regler 3 im Bild 9.17 ist hinsichtlich der Teilstrecke
$G_{S11}(s)$ auszulegen. Ist dieser einschleifige Kreis stabil, so
wird θ_2 über das Teilsystem $G_{S12}(s)$ lediglich als *Störgröße* in
die zweite Ofenzone eingekoppelt. Daher braucht der Hauptregler
1 nur für die Teilstrecke $G_{S22}(s)$ ausgelegt zu werden.

Die dominante Zeitkonstante jeder der beiden Teilstrecken ist
wie seither die Probenzeitkonstante

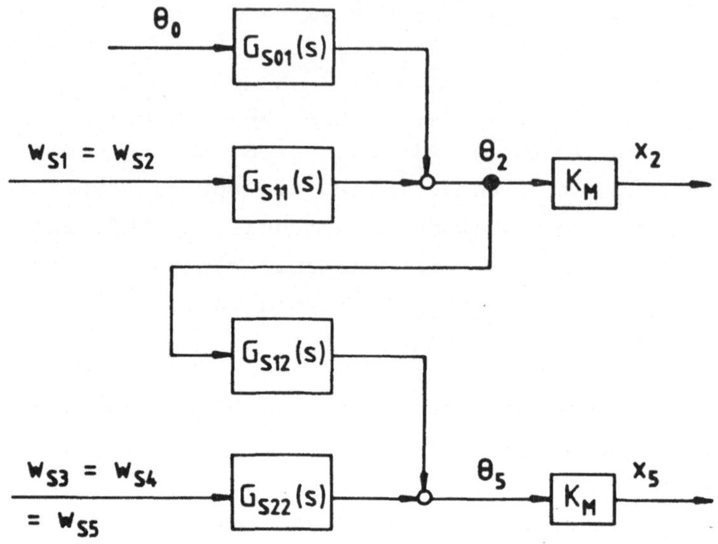

Bild 9.18: Einseitige Kopplung des Zweizonenofens

T_P = 1,5 min.

Daher wird der PI-Regler 1 in bereits normierter Form wie folgt angesetzt:

$$G_{R1}(s) = K_{R1} \frac{1 + 90s}{s} \quad , \tag{9.27}$$

der P-Regler 3,

$$G_{R3}(s) = K_{R3}, \tag{9.28}$$

nimmt dagegen nur eine Hilfsfunktion wahr.

Aus den bereits im Abschnitt 9.3 genannten Gründen werden die Ausgänge beider Regler auf 0 V und 6,5 V begrenzt. Streng genommen ist daher der Entwurf mit linearen Methoden nur bedingt zulässig.

Für die Anwendung des Frequenzkennlinien-Verfahrens im linearen Arbeitsbereich schreibt man nun die Frequenzgänge der beiden aufgetrennten Regelkreise an:

$$G_{O11}(j\omega) = \frac{K_1 \cdot (1 - 0,45\ e^{-72j\omega})}{(1 + 30j\omega)(1 + 90j\omega)}\ , \tag{9.29}$$

$$G_{O22}(j\omega) = \frac{K_2 \cdot (1 - 0,3\ e^{-108j\omega})}{j\omega(1 + 30j\omega)}\ , \tag{9.30}$$

wobei

$$K_1 = 2,34\ K_{R3}\ ,\qquad K_2 = 2,34\ K_{R1}.$$

Mit Blick auf Bild 7.1 gehören zu den transzendenten Zählerausdrücken in Gl. (9.29) und (9.30) nun Kreise mit den Radien 0,45 und 0,3, die im Unterschied zu dem Entwurf nach Abschnitt 9.3 nicht mehr vernachlässigt werden sollten. Als Folge der Aufteilung des Ofens in zwei Heizzonen ist der transzendente Charakter der Frequenzgänge jetzt ausgeprägt und nicht mehr parasitär!

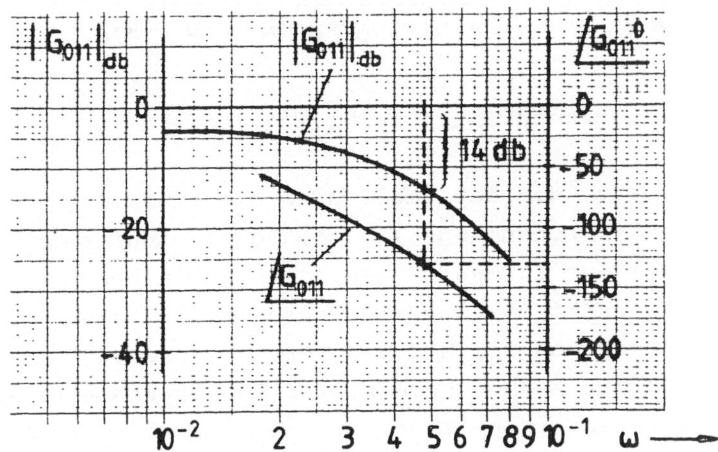

Bild 9.19: Frequenzkennlinien zu $G_{O11}(j\omega)$

Für $K_1 = 1$ und $K_2 = 1$ sind die Bode-Diagramme von $G_{O11}(j\omega)$ und $G_{O22}(j\omega)$ im relevanten Frequenzbereich in den Bildern 9.19 und 9.20 wiedergegeben. Legt man jeweils die Phasenreserve $\varphi_R = 50^\circ$ zugrunde, so liest man ab:

$$K_1 = 14 \text{ db} \;\hat{=}\; 5 = 2{,}34 \; K_{R3} \quad \sim \quad K_{R3} = 2{,}14 ,$$

$$K_2 = -29{,}5 \text{ db} \;\hat{=}\; 0{,}033 = 2{,}34 \; K_{R1} \quad \sim \quad K_{R1} = 0{,}0141 .$$

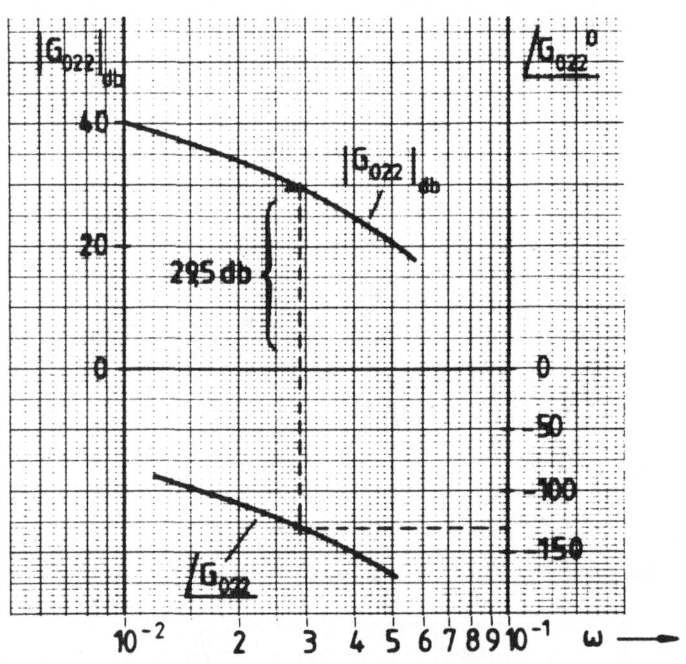

Bild 9.20: Frequenzkennlinien zu $G_{O22}(j\omega)$

Es sei daran erinnert, daß der reale Ofen ein *Stückprozeß* ist. Insbesondere ist die Probenlänge (13 cm) jetzt nicht mehr klein im Vergleich zu der aus S_1 und S_2 gebildeten Heizzone $(0{,}4\ \ell = 49$ cm$)$. Der im Abschnitt 9.2.3 beschriebene Modellierungsfehler wirkt sich daher mehr aus als bei den vorangegangenen Entwürfen. Folglich sind auch die soeben berechneten Reglerparameter nur als Anhaltswerte zu interpretieren. Bei der folgenden Simulation (Bild 9.21) und der praktischen Inbetriebnahme (Bild 9.22) wurde sogar $K_{R3} = 5$ gewählt, um eine starke Regelwirkung in der ersten Heizzone zu erzielen. Der Regler 1 wurde so eingestellt wie oben berechnet.

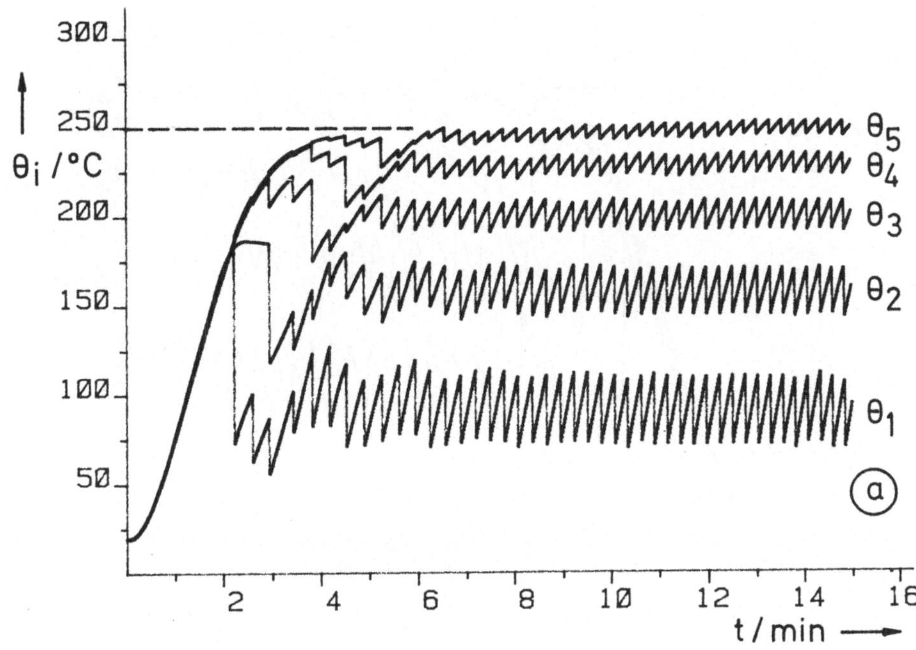

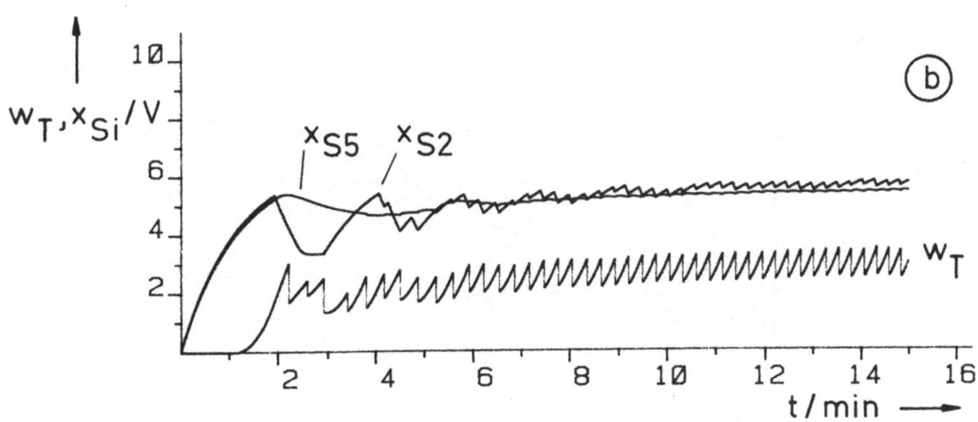

Bild 9.21: Simulation des Anfahrverhaltens
der Regelung nach Bild 9.17

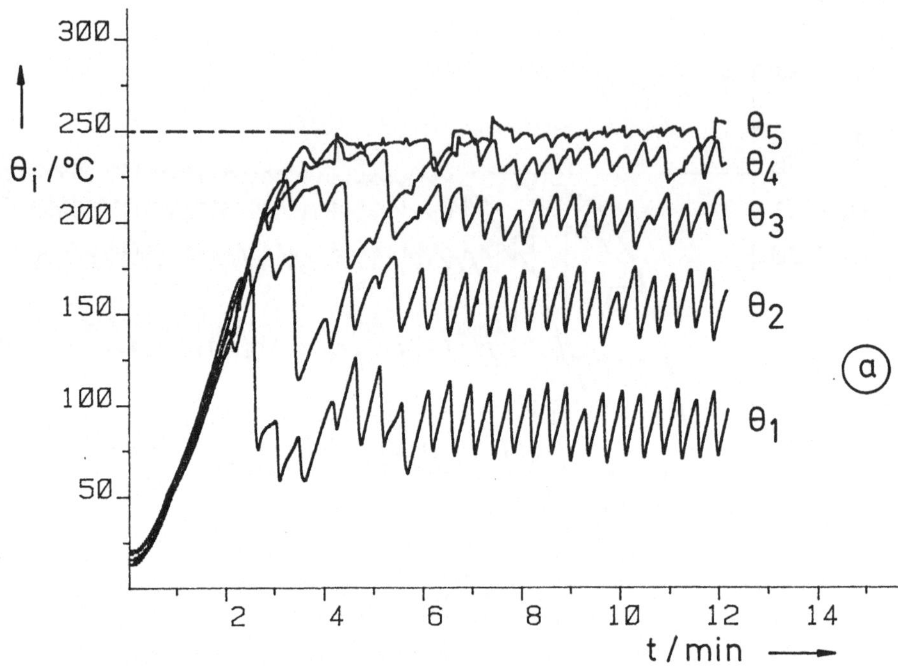

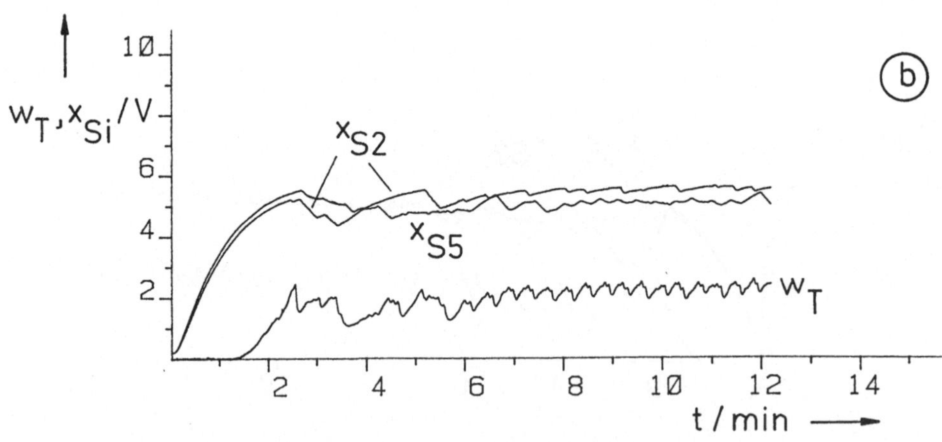

Bild 9.22: Anfahrverhalten der Regelung nach
Bild 9.17 beim realen Ofen

Wie man sieht, zeigt dieses Regelungskonzept die beabsichtigte
Wirkung: Einerseits wird wie beim Entwurf nach Abschnitt 9.4
die Transportvorrichtung zunächst angehalten, indem die untere
Begrenzung des Reglers 2 ausgeschöpft wird. Andererseits sieht
man aus dem Verlauf der Thermoelement-Spannungen $x_{S2}(t)$ und
$x_{S5}(t)$, daß die beiden Heizzonen tatsächlich unterschiedlich
betrieben werden. Die aus S_1 und S_2 gebildete erste Zone erfährt einen deutlichen Einbruch der Heiztemperatur, der die erwünschte Abflachung des Maximums von $\theta_2(t)$ bewirkt. Als Folge
davon fällt auch der kurzzeitige Temperatureinbruch am Ofenausgang deutlich geringer aus als bei der Regelung nach Abschnitt
9.4.

9.6 Zusammenfassung

Der Durchlaufofen in der hier realisierten Bauart ist ein Beispiel für eine Regelstrecke mit verteilten Parametern, die durch
ein sehr einfaches mathematisches Modell, Gl. (9.2), hinreichend
gut beschrieben werden kann. Der bei der Modellvalidierung zuta-
getretende Modellierungsfehler hat seine Ursache in dem Charakter des Prozesses als eines Stückprozesses, der bei der Modellierung unberücksichtigt blieb. Da sich dieser Fehler in Grenzen hält, wurde dem Reglerentwurf das kontinuierliche Modell, Gl.
(9.2) zugrundegelegt, während die Simulation mit dem Charakteristikenverfahren den Stückprozeß nachbildete. Dadurch konnte bei
allen Regelungsversuchen recht gute Übereinstimmung zwischen
Simulation und realem Prozeß festgestellt werden.

Die Regelungsstruktur wurde in den Abschnitten 9.3 bis 9.5
schrittweise entwickelt, beginnend mit einem einfachen Temperaturregelkreis. Die zunehmende Nutzung der vorhandenen Stell- und
Meßmöglichkeiten, insbesondere der verstellbaren Transportgeschwindigkeit, führte schließlich zu einer Gesamtstruktur von
bereits beträchtlicher Komplexität (Bild 9.17). Einschließlich
der Regler in den unterlagerten Kreisen (Bild 9.2) enthält diese Struktur immerhin neun Regler!

Der Entwurf dieser Regler erfolgte nicht durchgehend in mathematischer Strenge, es wurden andererseits nicht lediglich gezielte

302

Probierverfahren angewandt. Es ist vielmehr die zweckgerichtete
Kombination beider Vorgehensweisen, die charakteristisch für
die Denkweise des Ingenieurs ist und die schließlich zu einem
brauchbaren Entwurf führt. Dabei werden gewisse *strukturelle
Merkmale der Regelung durch Anwenden theoretischer Methoden gewonnen*. Ein ganz entscheidendes Strukturmerkmal in den Regelungen nach Bild 9.14 und 9.17 ist beispielsweise die nichtlineare
Funktion f($\underline{x}$) nach Gl. (9.21). Diese Funktion rührt letztlich
von einer Anwendung der Direkten Methode von Ljapunow/Zubow her
(Abschnitt 8.2.3). Wollte man jedoch diese Methode in mathematischer Strenge durchhalten, um den Stabilitätsnachweis für die
in hohem Maße nichtlineare Gesamtregelung nach Bild 9.17 zu
führen, so müßte ein solcher Versuch angesichts der Komplexität
der Struktur vermutlich mißlingen. Dies ist auch der Grund, wes-
halb die Parameter des Reglers 2 experimentell in der Simulation festgelegt wurden.

Die Regelungsversuche konzentrierten sich hier auf das Anfahrverhalten. Bei industriell realisierten Transport- und Fließprozessen stellt dies ein nicht selten auftretendes dynamisches
Problem dar. Beim Anfahren überstreichen die Zustandsgrößen wei-
te Bereiche und werden die Stellgrößen bis in die Beschränkungen
ausgesteuert. Methoden der Linearisierung um einen Arbeitspunkt
werden dieser Problemstellung eigentlich nicht gerecht.

Mit den hier berichteten Regelungsversuchen sind die mit unserem Labormodell gegebenen Möglichkeiten bei weitem nicht ausgeschöpft. Weitergehende Untersuchungen sind geplant.

Literatur

A.   <u>Regelungstechnische Lehrbücher über Systeme mit</u>
<u>konzentrierten Parametern</u>

[1] *Föllinger, O.*: Regelungstechnik. Elitera-Verlag Berlin,
2. völlig überarbeitete Auflage 1978.

[2] *Föllinger, O.*: Nichtlineare Regelungen, Bd. I (2. verbesser-
te und erweiterte Auflage 1978) und Bd. II (3. überarbeitete
und erweiterte Auflage 1980), R. Oldenbourg Verlag, München,
Wien.

[3] *Leonhard, W.*: Einführung in die Regelungstechnik. Vieweg
Verlag, Braunschweig, 1981.

[4] *Schmidt, G.*: Grundlagen der Regelungstechnik. Springer-Verlag, Berlin, Heidelberg, New York, 1982.

[5] *Unbehauen, H.*: Regelungstechnik, Bd. I (1982), Bd. II (1983)
und Bd. III (1985). Vieweg Verlag, Braunschweig.

[6] *Weinmann, A.*: Regelungen, Bd. I (1983), Bd. II (1984) und
Bd. III (1986). Springer-Verlag, Wien, New York.

B.   <u>Bücher bzw. Buchbeiträge und Tagungsbände über Regelungs-</u>
<u>systeme mit verteilten Parametern</u>

[7] *Ahmed, N.U. und Theo, K.L.*: Optimal Control of Distributed
Parameter Systems. North Holland, New York, Oxford, 1981.

[8] *Babary, J.P. und Le Letty, L.* (Hrsg.): Control of Distributed Parameter Systems. Proc. IFAC-Symposium, Pergamon
Press, Oxford, 1982.

[9] *Banks, S. und Pritchard, A.* (Hrsg.): Control of Distributed
Parameter Systems. Proc. IFAC-Symposium, Pergamon Press,
Oxford, 1978.

[10] *Brogan, W.L.*: Optimal Control Theory Applied to Systems
Described by Partial Differential Equations. In C. Leon-
des (Hrsg.): Advances in Control Systems 6, Academic Press,
New York, London, 1968, S. 221-321.

[11] *Butkovskiy, A.G.*: Distributed Control Systems. American
Elsevier Publ. Comp., New York, 1969.

[12] *Curtain, R.F. und Pritchard, A.J.*: Infinite Dimensional
Linear Systems Theory. Lecture Notes in Control and Information Sciences, Vol. 8. Springer-Verlag, Berlin, 1978.

[13] *Franke, D.*: Control of Bilinear Distributed Parameter Systems. In I. Hartmann (Hrsg.): Advances in Control Systems
and Signal Processing, Vol. 1, Vieweg Verlag, Braunschweig,
1980, S. 1-113.

[14] *Gilles, E.D.*: Systeme mit verteilten Parametern. R. Oldenbourg Verlag, München, Wien, 1973.

[15] *Kappel, F., Kunisch, K. und Schappacher, W.* (Hrsg.): Distributed Parameter Systems. Lecture Notes in Control and
Information, Nr. 75.Springer Verlag, Berlin, Heidelberg,
1985.

[16] *Lions, J.L.*: Optimal Control of Systems Governed by Partial
Differential Equations. Springer Verlag, Berlin, Heidelberg,
New York, 1971.

[17] Proc. of the 1. IFAC-Symposium on Control of Distributed
Parameter Systems. Banff/Alberta, Canada, 1971.

[18] *Ray, W.H.*: Advanced Process Control. McGraw-Hill, New York,
London, 1981 (Kapitel 4).

[19] *Ray, W.H. und Lainiotis, D.G.* (Hrsg.): Distributed Parameter Systems - Identification, Estimation and Control. Mar-
cel Deccer, Inc., New York, Basel, 1978.

[20] *Ruberti, A.* (Hrsg.): Distributed Parameter Systems:
Modelling and Identification. Springer-Verlag, Berlin, Heidelberg, New York, 1978.

[21] *Takahashi, Y., Rabins, M.J. und Auslander, D.M.*: Control
     and Dynamic Systems, Addison-Wesley Publ. Comp., London,
     Sydney, 1972 (Kapitel 7).

[22] *Tzafestas, S.G.* (Hrsg.): Simulation of Distributed-Parame-
     ter and Large-Scale Systems. North Holland Publ. Comp.,
     Amsterdam, New York, 1980.

[23] *Tzafestas, S.G.* (Hrsg.): Distributed Parameter Control Sys-
     tems - Theory and Application. Pergamon Press, Oxford, New
     York, 1982.

[24] *Tzafestas, S.G. und Borne, P.* (Hrsg.): IMACS Transactions
     on Scientific Computation, Vol. 4: Complex and Distributed
     Systems. North Holland, Oxford, 1986.

[25] *Wang, P.K.C.*: Control of Distributed Parameter Systems. In
     C. Leondes (Hrsg.): Advances in Control Systems 1, Academic
     Press, New York, London, 1964, S. 75-172.

C.   <u>Lehrbücher über Methoden der Mathematischen Physik, insbe-
     sondere klassische Behandlung partieller Differentialglei-
     chungen</u>

[26] *Courant, R. und Hilbert, D.*: Methoden der Mathematischen
     Physik, Bd. I und II. Springer-Verlag, Berlin, Heidelberg,
     New York, 3. Auflage 1968.

[27] *Finlayson, B.A.*: The Method of Weighted Residuals and Var-
     iational Principles. Academic Press, New York, London, 1972.

[28] *Frank, Ph. und Mises, R.*: Differentialgleichungen der Phy-
     sik, Bd. I und II. Vieweg Verlag, Braunschweig, 1961.

[29] *Friedmann, B.*: Principles and Techniques of Applied Mathe-
     matics. John Wiley, New York, London, 8. Auflage 1966.

[30] *Greenberg, M.D.*: Application of Green's Functions in Sci-
     ence and Engineering. Prentice-Hall, Inc., Englewood
     Cliffs, New Yersey, 1971.

306

[31] *Morse, Ph.M. und Feshbach, H.*: Methods of Theoretical
     Physics, Bd. I und II. McGraw-Hill, New York, London, 1953.

[32] *Sauer, R. und Szabo, I.*: Mathematische Hilfsmittel des In-
     genieurs, Teil II. Springer-Verlag, Berlin, Heidelberg,
     1969.

[33] *Sommerfeld, A.*: Partielle Differentialgleichungen der Phy-
     sik. Akad. Verlagsgesellschaft, Leipzig, 6. Auflage 1966.

D.   <u>Lehrbücher über Funktionalanalysis</u>

[34] *Collatz, L.*: Funktionalanalysis und numerische Mathematik.
     Springer-Verlag, Berlin, Heidelberg, New York, 1968.

[35] *Großmann, S.*: Funktionalanalysis, Bd. I und II. Akadem. Ver-
     lagsgesellschaft, Leipzig, 1970.

[36] *Hill, E. und Phillip, R.S.*: Functional analysis and semi-
     groups. Revised Edition, American Mathematical Society,
     Province R.I., 1957.

[37] *Kreyszig, E.*: Introductory Functional Analysis with Appli-
     cations. John Wiley, New York, London, 1978.

[38] *Rolewicz, S.*: Funktionalanalysis und Steuerungstheorie.
     Springer-Verlag, Berlin, Heidelberg, New York, 1976.

[39] *Wulich, B.S.*: Einführung in die Funktionalanalysis, Bd. I
     und II. B.G. Teubner, Stuttgart, 1961/62.

E.   <u>Weiteres Schrifttum</u>

[40] *Boksenbohm, A.S. und Hood, R.*: General Algebraic Method to
     Control Analysis of Complex Engine Types. NACA Report 980,
     1950.

[41] *Curtain, R.F.*: Compensator Design for Distributed Parame-
     ter Systems (Survey Paper). In [8], Seite S.P. 13-S.P. 19.

[42] *Curtain, R.F.*: Stabilization of Parabolic Systems with
Point Observation and Boundary Control via Integral Dynamic
Output Feedback of a Finite Dimensional Compensator. In A.
Bensoussan and J.L. Lions (Hrsg.): Analysis and Optimization
of Systems. Springer-Verlag, Berlin, Heidelberg, New York,
1982, S. 761-775.

[43] *Denn, M.M.*: Stability of Reaction and Transport Processes.
Prentice-Hall, Inc., Englewood Cliffs, New Yersey, 1975.

[44] *Desoer, C.A.*: A General Formulation of the Nyquist Criterion.
IEEE Trans. Circuit Theory, 1965, S. 230-234.

[45] *Duschek, A.*: Vorlesungen über höhere Mathematik, 3. Band.
Springer-Verlag, Wien, 2. Auflage, 1960.

[46] *Eckhaus, W.*: Studies in Non-Linear Stability Theory. Springer-Verlag, Berlin, Heidelberg, New York, 1965.

[47] *Eitelberg, E.*: Modellreduktion linearer, zeitinvarianter Systeme durch Minimieren des Gleichungsfehlers. HochschulVerlag Freiburg, 1979.

[48] *Eykhoff, P.*: System identification. John Wiley & Sons, London, 1974.

[49] *Feintuch, A. und Rosenfeld, M.*: On pole assignment for a
class of infinite dimensional linear systems. SIAM J. Control and Optimization, Vol. 16 (1978), S. 270-276.

[50] *Föllinger, O.*: Laplace- und Fourier-Transformation. Elitera-
Verlag, Berlin, 1977.

[51] *Franke, D.*: Control of Distributed Parameter Systems with
Independent Linear and Bilinear Modes. In J.E. Marshal et.
al. (Hrsg.): Proceedings of the Third IMA-Conference on Control Theory, Academic Press, London, New York, 1981, S. 827-
841.

[52] *Franke, D.*: Soft Variable Structure Control of Non-Linear
Distributed Parameter Systems. In A. Bensoussan und J.L.
Lions (Hrsg.): Analysis and Optimization of Systems. Sprin-
ger-Verlag, Berlin, Heidelberg, New York, 1982, S. 831-842.

[53] *Franke, D.*: Zum Einfluß der nicht berücksichtigten Eigenbewegungen in Regelungen mit verteilten Parametern. Regelungstechnik 32 (1984), S. 151-156.

[54] *Franke, D.*: Stability Analysis via Eigenvalue Enclosure in Distributed Parameter Control Systems. In [24], S. 223-228.

[55] *Gilles, E.D.*: Die chemischen Reaktoren als Regelstrecke und ihre Dynamik. Regelungstechnik 13 (1965), S. 361-368 und 493-500.

[56] *Gilles, E.D.*: Dynamik und Regelung chemischer Rohrreaktoren. Messen Steuern Regeln 9 (1966), S. 158-166.

[57] *Gilles, E.D.*: Profilregelung bei Systemen mit örtlich verteilten Parametern. Messen Steuern Regeln 11 (1968), S. 414-418.

[58] *Gilles, E.D.*: Modellbildung für Systeme der Verfahrens- und Energietechnik. Aussprachetag der VDI/VDE-Fachgruppe Regelungstechnik, 1969.

[59] *Gilles, E.D. und Marquardt, W.*: Dynamische Anlagensimulation in der chemischen Verfahrenstechnik. atp-Sonderheft Prozeßleittechnik für die Chemische Industrie. R. Oldenbourg Verlag, München, 1985, S. 65-83.

[60] *Gould, L.A. und Murray-Lasso, M.A.*: On the Modal Control of Distributed Systems with Distributed Feedback. IEEE Trans. Aut. Control AC-11 (1969), S. 729-737.

[61] *Gressang, R.V. und Lamont, G.B.*: Observers for systems characterized by semigroups. IEEE Trans. Aut. Control, Vol. AC-20 (1975), S. 523-528.

[62] *Hamatsuka, T., Moomen, A.A. und Akashi, H.*: Observer design for linear contractive control systems on Hilbert space. SIAM J. on Control and Optimization, Vol. 19 (1981), S. 586-594.

[63] *Hamatsuka, T. und Akashi, H.*: Stabilizability and Observer
Design of a Class of Infinite Dimensional Linear Systems.
In A. Bensoussan und J.L. Lions (Hrsg.): Analysis and Opti-
mization of Systems, Lecture Notes in Control and Informa-
tion Sciences. Springer-Verlag, Berlin, Heidelberg, New
York, 1982.

[64] *Hansen, E.R.*: A Table of Series and Products. Prentice-Hall,
Inc., Englewood Cliffs, New Yersey, 1975.

[65] *Isermann, R.*: Prozeßidentifikation. Springer-Verlag, Berlin,
1974.

[66] *Johnson, C.L.*: Analog Computer Techniques. McGraw-Hill, New
York, 2. Auflage, 1956.

[67] *Kalman, R.E. und Bertram, J.E.*: Control System Analysis and
Design Via the "Second Method" of Lyapunov. J. Basic Eng.,
Trans. ASME 82 (1960), S. 371-400.

[68] *Kalman, R.E.*: On the General Theory of Control Systems. Proc.
First International Congress on Automatic Control, Moskau
1960. Butterworth, 1961, Band 1, S. 481-492.

[69] *Klix, F., Schmelowsky, K.-H., Sydow, A., Peschel, M. und
Zwick, W.* (Hrsg.): Mathematische Modellbildung in Naturwis-
senschaft und Technik. Akademie-Verlag, Berlin, 1976.

[70] *Köhne, M.*: Lineare optimale Regelung elastischer Systeme.
Dissertation, Univ. Stuttgart, 1975.

[71] *Köhne, M.*: Zustandsbeobachter für Systeme mit verteilten
Parametern - Theorie und Anwendung. Fortschritt Ber. VDI-Z,
Reihe 8, Nr. 26, VDI-Verlag, Düsseldorf, 1978.

[72] *Kožešnik, J.*: Maschinendynamik. Carl Hanser Verlag, München,
1966.

[73] *La Salle, J. und Lefschetz, S.*: Die Stabilitätstheorie von
Ljapunow, die direkte Methode mit Anwendungen. Bibliograph.
Inst. Mannheim, Hochschultaschenbücher-Verlag, 1967

[74] *Litz, L.*: Reduktion der Ordnung linearer Zustandsraummodelle mittels modaler Verfahren. HochschulVerlag Stuttgart, 1979.

[75] *Luenberger, D.G.*: Observing the state of a linear system. IEEE Trans. Mil. Electron., Vol. MIL-8 (1964), S. 74-80.

[76] *Mäder, H.F.*: Zeitoptimale Steuerung und modale Regelung eines technisch realisierten Wärmeleitsystems. Dissertation, Univ. Stuttgart, 1975.

[77] *Massera, J.L.*: Contributions to Stability Theory. Ann. Math. 64 (1956).

[78] *Munack, A.*: Zur Theorie und Anwendung adaptiver Steuerungsverfahren für eine Klasse von Systemen mit verteilten Parametern. Dissertation, Univ. Hannover, 1980.

[79] *Parks, P.C. und Hahn, V.*: Stabilitätstheorie. Springer-Verlag, Berlin, Heidelberg, New York, 1981.

[80] *Persidskii, K.*: On the Stability of Solutions of Denumerable Systems of Differential Equations. Ser. Mat. Mek. 56 (1948).

[81] *Porter, B. und Crossley, R.*: Modal Control. Taylor & Francis Ltd., London, 1972.

[82] Proc. of the 2. IFAC-Symposium on Identification and Process Parameter Estimation, Prag. Acedemia-Verlag Prag, 1970.

[83] *Roppenecker, G.*: Vollständige modale Synthese linearer Systeme und ihre Anwendung zum Entwurf strukturbeschränkter Zustandsrückführungen. Fortschritt Ber. VDI-Z., Reihe 8, Nr. 59, VDI-Verlag, Düsseldorf, 1983.

[84] *Schwarz, H.*: Mehrfachregelungen. Bd. 1. Springer-Verlag, Berlin, Heidelberg, 1967.

[85] *Unbehauen, H.*: Parameterschätzverfahren zur Systemidentifikation. R. Oldenbourg Verlag, München, 1974.

[86] *Wei, J.*: The stability of a reaction with intra-particle diffusion of mass and heat: The Ljapunov methods in a metric function space. Chemical Eng. Science 20 (1965), S. 729-736.

[87] *Zeitz, M.*: Ein Verfahren zur hybriden Simulation von örtlich verteilten Systemen. Dissertation, Univ. Stuttgart, 1974.

[88] *Zeitz, M.*: Nichtlineare Beobachter für chemische Reaktoren. Fortschritt Ber. VDI-Z, Reihe 8, Nr. 27, VDI-Verlag, Düsseldorf, 1977.

[89] *Zubow, V.I.*: The Methods of Ljapunow and their Applications. Univ. Leningrad, UdSSR, 1957.

[90] *Zurmühl, R. und Falk, S.*: Matrizen und ihre Anwendungen. Teil 1: Grundlagen. Springer-Verlag, Berlin, New York, 5. überarbeitete und erweiterte Auflage, 1984.

Kurzbeschreibung der textbegleitenden Beispiele

gelung. Überlagerung eines linearen Hauptregelkreises für die Wärmgutaustrittstemperatur.
Simulation des Anfahrverhaltens.

Beispiel 8.10:   257

Anwendung der Direkten Methode zum Entwurf einer
Regelung für die aktive Schwingungsdämpfung der
ungedämpften Balkengleichung. Diskussion von
Stell- und Meßortplazierung.

Sachverzeichnis

322